高等职业教育工学结合系列教材

# 机械设计基础

## （第 2 版）

主　编　颜志勇　刘笑笑
副主编　刘　彤　张　坤　魏　华　陈　云
　　　　严国陶　吴云峰　郝　江

北京理工大学出版社
BEIJING INSTITUTE OF TECHNOLOGY PRESS

版权专有　侵权必究

### 图书在版编目(CIP)数据

机械设计基础 / 颜志勇,刘笑笑主编. -- 2版. -- 北京：北京理工大学出版社,2021.3(2022.12重印)

ISBN 978-7-5682-9592-5

Ⅰ. ①机… Ⅱ. ①颜… ②刘… Ⅲ. ①机械设计 - 高等学校 - 教材 Ⅳ. ①TH122

中国版本图书馆 CIP 数据核字(2021)第 040257 号

| | |
|---|---|
| 出版发行 / | 北京理工大学出版社有限责任公司 |
| 社　　址 / | 北京市海淀区中关村南大街 5 号 |
| 邮　　编 / | 100081 |
| 电　　话 / | (010)68914775(总编室) |
| | (010)82562903(教材售后服务热线) |
| | (010)68944723(其他图书服务热线) |
| 网　　址 / | http://www.bitpress.com.cn |
| 经　　销 / | 全国各地新华书店 |
| 印　　刷 / | 三河市天利华印刷装订有限公司 |
| 开　　本 / | 787 毫米 × 1092 毫米　1/16 |
| 印　　张 / | 23.75 |
| 字　　数 / | 414 千字 |
| 版　　次 / | 2021 年 3 月第 2 版　2022 年 12 月第 3 次印刷 |
| 定　　价 / | 59.80 元 |

责任编辑 / 张旭莉
文案编辑 / 张旭莉
责任校对 / 周瑞红
责任印制 / 李志强

图书出现印装质量问题,请拨打售后服务热线,本社负责调换

# 前言

机械设计基础是装备制造大类专业的专业基础课程。为了推动课程教学改革，适应机械设计基础教学的需要，按照课程在专业知识能力结构中的地位和课程教学目标，以提高学生的综合职业能力为旨，基于 CDIO（Conceive——构思、Design——设计、Implement——实现和 Operate——运作）的工程教育理念，改变传统的教学模式，经过几年的研究、探索和实践，通过教学团队的不断修改，编写了本书。

本书基于"制作习得"理念，以产品、过程和系统的构思、设计、实施、运行全生命周期为背景的教育理念为载体，以 CDIO 教学大纲和标准为基础，让学生以主动的、实践的、课程之间具有有机联系的方式学习和获取一定的工程能力，包括个人的科学技术知识、终身学习能力、交流和团队工作能力，以及在社会和企业环境下建造产品的能力。

当我们面对教学时，重要的是要记住有些事情是一定要重视的，比如，学生是由激情、好奇心、参与和梦想驱动的。尽管我们不可能准确地知道他们想要什么，但我们能够把注意力集中在他们学习的环境和背景，他们的动力、想法、灵感，为他们提供充分展示自己的空间；另一个不变的是要求学生打下一个坚实的科学、工程原理和分析能力的基础。

全书共分七个项目，包括以塔吊模型设计与制作为项目的力学与应用、以汽车前窗雨刮器机构设计与制作为项目的常用机构、以创意小车设计与制作为项目的齿轮传动与齿轮系、以创意自行车设计与制作为项目的挠性传动、以鲁比高堡机器设计与制作为项目的机械连接、以减速器输出轴的设计为项目的轴与轴系、以仿生机器人设计与制作为项目的机械创新设计等内容；将机械原理与机械零件的内容结合在一起，以项目设计与制作为主线，加入知识心智图制作，基于设计与制作的任务驱动过程记录，每章后有项目总结及知识测验，供学生思考与练习。

本课程建议采用的方式有：工作坊教学、团队项目、挑战性项目、开放式（无预设答案）问题的解决、基于经验的学习、参与学习等；在知识获取方面，建议采用心智图法、学习报告等方式，使学生能够主动地学习。

本书由湖南机电职业技术学院颜志勇、刘笑笑担任主编，湖南机电职业技术学院刘彤和张坤、湖南电气职业技术学院魏华、安徽国防科技职业技术学院陈云、深圳创客火科技有限公司严国陶、北京宇航系统工程研究所吴云峰、铜川职业技术学院郝江担任副主编，颜志勇统稿，李玉民担任主审。具体分工为：项目一、项目二、项目七由颜志勇编写，项目三由刘笑笑编写，项目四、项目五由刘彤编写，项目六由吴云峰编写，其他人员参与本书部分章节编写。此外，参与本书编写的还有湖南机电职业技术学院刘靖、向国平、艾金山等课程团队成员。

本书的编写是课程改革的探索，书中错误与不当之处，恳请专家、同行、读者批评指正，以便不断改进和完善，编者电子信箱：122198956@qq.com。

编　者

# 目录

## 项目一 力学与应用 ... 1

### 1.1 静力学分析 ... 4
1.1.1 静力分析的基本概念及公理 ... 4
1.1.2 约束与约束反力 ... 6
1.1.3 受力分析与受力图 ... 7

### 1.2 构件的力矩与力偶 ... 9
1.2.1 力矩 ... 9
1.2.2 力偶 ... 10
1.2.3 力的平移定理 ... 12

### 1.3 构件平面力系的分析 ... 13
1.3.1 平面力系的概念 ... 13
1.3.2 平面汇交力系 ... 13
1.3.3 平面力偶系 ... 15
1.3.4 平面任意力系 ... 15
1.3.5 平面平行力系 ... 18

### 1.4 轴向拉伸与轴向压缩 ... 20
1.4.1 轴向拉伸与轴向压缩概念 ... 20
1.4.2 内力分析与应力分析 ... 21
1.4.3 轴向拉伸或轴向压缩时变形计算 ... 23

### 1.5 构件剪切与挤压 ... 26
1.5.1 剪切变形和挤压变形 ... 26
1.5.2 剪切与挤压的内力分析与应力分析 ... 27

### 1.6 圆轴构件扭转 ... 28
1.6.1 扭转变形的受力特点及变形特点 ... 28
1.6.2 内力分析与应力分析 ... 29

### 1.7 构件的扭转 ... 32
1.7.1 平面弯曲的概念 ... 32
1.7.2 内力分析与应力分析 ... 33

## 项目二 常用机构 ... 41

### 2.1 平面机构运动简图及其自由度 ... 44
2.1.1 机构的组成 ... 44
2.1.2 平面机构运动简图 ... 45
2.1.3 平面机构的自由度 ... 47

### 2.2 平面连杆机构 ... 54
2.2.1 铰链四杆机构的基本类型和应用 ... 54
2.2.2 铰链四杆机构中曲柄存在的条件及其基本类型的判别 ... 56
2.2.3 铰链四杆机构的演化 ... 57
2.2.4 平面四杆机构的工作特性 ... 58
2.2.5 平面四杆机构的设计方法 ... 60

### 2.3 凸轮机构 ... 63
2.3.1 认识凸轮机构 ... 63
2.3.2 从动件的运动规律 ... 66
2.3.3 图解法设计凸轮轮廓 ... 70

### 2.4 间歇运动机构 ... 76
2.4.1 棘轮机构 ... 76
2.4.2 槽轮机构 ... 79
2.4.3 不完全齿轮机构 ... 81

## 项目三　齿轮传动与齿轮系 … 83

### 3.1　认识齿轮机构 … 86
- 3.1.1　齿轮传动的特点 … 86
- 3.1.2　齿轮传动的类型 … 86
- 3.1.3　传动比 … 88
- 3.1.4　齿廓啮合基本定律 … 88

### 3.2　直齿圆柱齿轮传动的计算 … 90
- 3.2.1　渐开线齿轮各部分的名称 … 90
- 3.2.2　直齿圆柱齿轮的主要参数 … 91
- 3.2.3　标准直齿圆柱齿轮的基本几何尺寸 … 92

### 3.3　设计直齿圆柱齿轮 … 94
- 3.3.1　直齿圆柱齿轮的啮合传动 … 94
- 3.3.2　齿面接触疲劳强度计算 … 97
- 3.3.3　齿根弯曲疲劳强度计算 … 100
- 3.3.4　齿轮结构设计 … 102

### 3.4　认识其他类型的齿轮传动 … 104
- 3.4.1　斜齿圆柱齿轮传动 … 104
- 3.4.2　直齿圆锥齿轮传动 … 110
- 3.4.3　蜗轮蜗杆传动 … 113

### 3.5　齿轮加工方法及变位齿轮 … 116

### 3.6　齿轮系的传动比计算 … 119
- 3.6.1　定轴齿轮系传动比的计算 … 120
- 3.6.2　周转齿轮系传动比的计算 … 123
- 3.6.3　组合齿轮系传动比的计算 … 126
- 3.6.4　齿轮系的应用 … 127

## 项目四　挠性传动 … 131

### 4.1　带传动 … 134
- 4.1.1　认识带传动 … 134
- 4.1.2　V带和V带轮 … 135
- 4.1.3　带传动的工作情况分析 … 140
- 4.1.4　普通V带的设计计算 … 144
- 4.1.5　带传动的张紧和维护 … 153

### 4.2　链传动 … 155
- 4.2.1　概述 … 155
- 4.2.2　滚子链和链轮 … 156
- 4.2.3　滚子链传动的设计计算 … 162
- 4.2.4　链传动的布置、张紧和润滑 … 168

## 项目五　机械连接 … 175

### 5.1　常用机械连接 … 178

### 5.2　螺纹连接 … 178
- 5.2.1　螺纹的类型和主要参数 … 178
- 5.2.2　螺纹连接的主要类型 … 181
- 5.2.3　常见螺纹连接件 … 182
- 5.2.4　螺纹连接的预紧和防松 … 183
- 5.2.5　螺栓连接的结构设计 … 187

### 5.3　键连接 … 189
- 5.3.1　键连接的类型、特点和应用 … 189
- 5.3.2　平键连接的选择和强度计算 … 192

### 5.4　花键连接 … 196
- 5.4.1　花键连接的类型和特点 … 196
- 5.4.2　花键连接的选用和强度计算 … 197

### 5.5　销连接 … 199
- 5.5.1　销连接的作用 … 199
- 5.5.2　销的类型 … 199

### 5.6　其他常用连接 … 200

## 项目六　轴与轴系 ............................................. 205

- 6.1　轴 ............................................. 208
  - 6.1.1　认识轴 ............................................. 208
  - 6.1.2　轴的结构设计 ............................................. 210
  - 6.1.3　轴的强度计算 ............................................. 218
  - 6.1.4　轴的设计方法 ............................................. 220
- 6.2　滑动轴承 ............................................. 227
  - 6.2.1　滑动轴承的特点、应用及分类 ............................................. 227
  - 6.2.2　滑动轴承的典型结构 ............................................. 229
  - 6.2.3　轴瓦的结构和滑动轴承的材料 ............................................. 230
  - 6.2.4　非液体摩擦滑动轴承的计算 ............................................. 235
- 6.3　滚动轴承 ............................................. 236
  - 6.3.1　滚动轴承的结构和类型 ............................................. 236
  - 6.3.2　滚动轴承的代号 ............................................. 240
  - 6.3.3　滚动轴承的选择 ............................................. 242
  - 6.3.4　滚动轴承的组合设计 ............................................. 243
- 6.4　联轴器、离合器和制动器 ............................................. 248
  - 6.4.1　联轴器 ............................................. 248
  - 6.4.2　离合器 ............................................. 253
  - 6.4.3　制动器 ............................................. 255

## 项目七　机械创新设计 ............................................. 259

- 7.1　创新设计思维 ............................................. 262
  - 7.1.1　创新与创新设计 ............................................. 262
  - 7.1.2　常规设计、现代设计与创新设计 ............................................. 263
- 7.2　机构的演化变异与创新 ............................................. 265
  - 7.2.1　机构的组合与实例分析 ............................................. 265
  - 7.2.2　机构的演化 ............................................. 267
  - 7.2.3　机械系统方案的创新设计 ............................................. 267
- 7.3　仿生原理与创新设计 ............................................. 268
  - 7.3.1　仿生学与仿生机械学概述 ............................................. 268
  - 7.3.2　仿生机械手 ............................................. 271
  - 7.3.3　步行与仿生机构的设计 ............................................. 272

**参考文献** ............................................. 277

**活页工单** ............................................. 279

项目一 力学与应用

## 塔吊模型设计与制作
## Tower Crane Model Design and Production

### 1. 背景

塔吊（Tower Crane）（图 1-1）在现代社会生产中有着广泛的应用，它实现了笨重货物较大的水平和垂直位移，而且可重复性强，效率高，对社会经济的发展起到了很好的促进作用。塔吊在现实生活中随处可见，尤其在建筑施工基地和大型的装载、卸载基地，可谓是必备的工业设备，是基地整个物料调运的核心装置。因此，一个塔吊结构的承载能力、安全性及运动的灵敏性就显得非常重要。

图 1-1 塔吊实物图

## 2. 模型设计制作要求

### 任务描述

塔吊又称塔式起重机（Crane），是一种做循环、间歇运动的机械，如固定式回转起重机、汽车起重机、轮胎、履带起重机等。用你能找到的材料设计并制作一款塔吊模型，可以利用各种工具和机器，最后制作一个完整的项目展示文稿，介绍你的团队、已完成的工作，尽量体现关于力学平衡的原理。

本项目要求设计与制作一款塔吊模型，具体过程如下：

- 确定目标：确定塔吊实现的功能和预计的起吊质量。
- 小组讨论：采用头脑风暴法充分发散思维，小组讨论设计出实现目标步骤的具体实施方法。
- 绘制思路：发挥逻辑思维能力，把各步骤草图画出来，并连贯起来形成模型。
- 实施制作：选择手边现有的材料实施制作，要求以最常见的生活材料为主，尽量运用本任务的力学知识进行搭建。
- 调试验证：运用制作实物验证绘制模型的可行性，采取挫折教育，在失败中修正设计错误和摆放误差，最终实现预计的功能。
- 拍摄视频：运用手机和计算机拍摄并制作塔吊的视频，实现知识分享。

### 每人所需材料

(1) 1块绘图板做底板。
(2) 1个容量为5 L的水瓶。
(3) 1把胶枪。
(4) 1卷丝线。
(5) 很多搭建材料。

### 技术

(1) 剪裁技术。
(2) 承载能力的计算技术。
(3) 连接与搭建技术。
(4) 计算机剪辑并上传视频。
(5) 手机拍摄视频。

### 学习成果

(1) 学习使用各种工具设计并制作一款塔吊模型，能运输重达5 kg的物品。

（2）学习使用力学知识制作小设备。
（3）学习使用 PowerPoint（PPT）制作展示文稿。
（4）学习理论并制作 1 张力学原理应用知识心智图。

### 古代机械文明小故事

#### 怀丙捞铁牛

《宋史·方伎传·怀丙传》记载："河中府浮梁用铁牛八维之，一牛且数万斤。后水暴涨绝梁，牵牛没于河，募能出之者，怀丙以二大舟实土，夹牛维之，用大木为权衡状钩牛，徐去其土，舟浮牛出。"

怀丙成功地利用浮力与合力，打捞起了铁牛，大大扩展了起重技术的应用范围，他是现代水上打捞技术的先驱（图 1-2）。

图 1-2　怀丙捞铁牛

## 1.1 静力学分析

静力学（Static Analysis）是研究物体在力系作用下的平衡条件的科学，主要研究以下三个问题。

（1）物体的受力分析：分析某个物体共受几个力作用，以及每个力的作用位置和方向。

（2）力系的等效替换：将作用在物体上的一个力系用另一个与之等效的力系来代替。

（3）平衡方程及其应用：研究作用在物体上的各种力系所需满足的平衡条件。

大部分的机器设备是一个复杂的结构体，由于其零部件的工作性能好坏很大程度上取决于该零部件的受力条件，正确进行受力分析是研究机器各部件性能和工作状态的前提，也是设计机器结构、构件并进行强度校核的基础。

有趣的力学

### 1.1.1 静力分析的基本概念及公理

**1. 基本概念**

（1）力的概念。

力（Force）是物体间的相互机械作用，这种作用使物体的运动状态或形状发生变化。

力对物体的作用效果取决于力的三要素，即力的大小（Magnitude of Force）、力的方向（Direction of Force）和力的作用点（Point of Action）。在这三要素中，如果改变其中任何一个，也就改变了力对物体的作用效果。例如，用扳手拧螺母时，作用在扳手上的力，因大小不同，或方向不同，或作用点不同，它们产生的效果就不同，如图1-3所示。

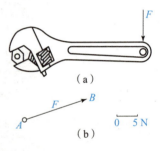

图1-3 力的三要素
(a) 扳手；(b) 力学分析

力是矢量（Vector），通常用按一定比例尺绘制的带箭头的有向线段来表示。图1-3(b)，线段 $AB$ 按一定比例绘制代表力的大小，线段的方位和箭头表示力的方向，其起点和终点表示力的作用点。

在国际单位制中，力的单位是牛［顿］(N) 或千牛［顿］(kN)。

（2）力的效应。

作用在物体上的力可以使物体产生两种效应：一是可以引起物体运动状态变化或速度变化，一般称为"外效应"或"运动效应"；二是可以引起物体形状改变，一般称为"内效应"或"变形效应"。这两种效应可能单独出现，也可能同时出现。

（3）力系的概念。

作用于同一物体上的若干力所组成的系统，称为力系（System of Forces）。

如果作用在一物体上的力系可以用另一力系代替，而不改变对物体的作用效应，则这两个力系互为等效力系。

力系可分为平面力系和空间力系两大类。组成力系的各力的作用线都处在同一平面内，则称为平面力系；组成力系的各力的作用线不都处在同一平面内，则称为空间力系。

(4) 刚体的概念。

刚体（Rigid Body）是指在受力状态下保持其几何形状和尺寸不变的物体，这是一个理想化的模型。工程实际中的机械零件和结构构件，在正常工作情况下所产生的变形是非常微小的，这对于研究物体外效应的影响极小，一般可以将其视为刚体。

(5) 平衡的概念。

平衡（Balance）是指物体相对于地球处于静止或做匀速直线运动的状态，是机械运动的一种特殊情况。如果一个力系作用在物体上使物体处于平衡状态，则该力系称为平衡力系。

### 2. 静力学公理

**公理1**：二力平衡公理（Equilibrium of Two Forces）。作用于刚体上的两个力使刚体处于平衡状态的充要条件是：这两个力大小相等、方向相反，且作用在同一直线上，即等值、反向、共线，如图1-4所示。用矢量表示，即

$$\boldsymbol{F}_A = -\boldsymbol{F}_B \tag{1-1}$$

工程上常遇到只受两个力作用而平衡的构件，称为二力构件或二力杆。根据上述性质，二力构件上的两个力必在两力作用点的连线上，且等值、反向，如图1-5所示。

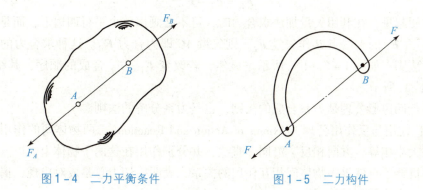

图1-4　二力平衡条件　　　图1-5　二力构件

**公理2**：加减平衡力系公理（Axiom of Addition and Subtraction Balance Force System）。在作用于刚体的任意力系上，加上或者减去一个平衡力系，都不会改变原力系对刚体的作用效果。

根据加减平衡力系公理，可以得出作用于刚体的力的一个重要推论。

**推论**：力的可传性原理（The Principle of Force Transmissibility）。刚体上的力可沿其作用线移到该刚体上的任意位置，并不改变该力对刚体的效应。

图1-6中，小车点$A$上的作用力$\boldsymbol{F}$和小车点$B$上的作用力$\boldsymbol{F}'$对小车的作用效应是相同的。由此可见，力对刚体的效应与力的作用点在作用线上的位置无关，因此，对于刚体，力的三要素可改为力的大小、方向和作用线。

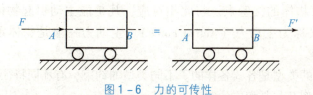

图1-6　力的可传性

**公理3**：力的平行四边形公理（Parallelogram Axiom of Force）。作用于物体上同一点的两个力可以合成为一个合力，合力的作用点仍在该点，合力的大小和方向由以这两个力为邻边所构成的平行四边形的对角线来确定，如图1-7（a）所示。

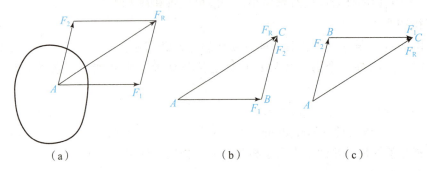

图1-7 两力的合成
（a）力的平行四边形公理；（b），（c）力的三角形法则

力的平行四边形公理表明合力 $F_R$ 等于两个分力 $F_1$、$F_2$ 的矢量和，即

$$F_R = F_1 + F_2 \qquad (1-2)$$

为了方便起见，在利用矢量加法求合力时，可不必画出整个平行四边形，而是从点 $A$ 作矢量 $F_1$，再由 $F_1$ 的末端点 $B$ 作矢量 $F_2$，则矢量 $AC$ 即为合力 $F_R$。这种求合力的方法称为力的三角形法则，如图1-7（b）所示。显然，若改变 $F_1$、$F_2$ 合成的顺序，其结果不变，如图1-7（c）所示。

力的平行四边形公理是力系合成的法则，也是力系分解的法则。

**公理4**：作用与反作用公理（Axioms of Action and Reaction）。两物体间的作用力与反作用力，总是大小相等、方向相反、沿同一直线，并分别作用在这两个物体上。

此公理概括了自然界中物体间相互作用的关系，表明一切力总是成对出现，揭示了力的存在形式和力在物体间的传递方式。

### 1.1.2 约束与约束反力

工程上所遇到的物体通常分为两类：一是不受任何限制，可以向任一方向自由运动的物体，称为自由体（Free Body），例如飞行的飞机、炮弹等；二是受到其他物体的限制，沿着某些方向不能产生运动的物体，称非自由体（Constrained Body），例如跑道上的飞机、电动机轴承上的转轴、建筑物柱子上的屋架、起重机钢索下悬挂的重物等。对非自由体的某些运动起限制作用的其他物体称为约束（Constraint），例如上所述的跑道、电动机轴承、建筑物柱子、起重机钢索等就是约束。约束作用于非自由体上的力称为约束力（Constraint Force），约束力的方向总是与约束所能限制的物体的运动趋势方向相反，其作用点为约束与被约束物体的接触点。与此相对应，凡是能主动引起物体运动或使物体有运动趋势的力通常又称为主动力（Active Force）。主动力一般是物体承受的载荷，如重力、压力、电磁力等。

工程上实际约束的类型是各式各样的。不同类型的约束，有不同特征的约束力，下面介绍几种常见的约束类型及与其相应的约束力特征。

### 1. 柔性约束（Flexible Constraint）

由柔软而不计自重的绳子、皮带、链条等构成的约束就属于这类约束。柔性约束限制物体沿柔索伸长方向运动，因此柔性约束的约束力的方向沿柔索中心线且背离被约束物体指向。在柔索十分柔软但又不可伸长的情况下，柔索约束力对物体的作用只能是拉力，通常用符号 $F_T$ 表示。

### 2. 光滑面约束（Smooth Constraint）

支承物体的接触面有的是平面，有的是曲面，在不计摩擦的情况下，它们不能限制物体沿接触点处公切面任何方向的运动，而只能限制物体沿接触点处公法线方向的运动，此即为光滑面约束。这类约束对物体的约束力作用于接触点处，沿接触面公法线方向，并指向被约束物体，它对物体的作用只能是压力。这类约束力又称法向反力（Normal Reaction），通常用符号 $F_N$ 表示。

### 3. 光滑圆柱形铰链约束

铰链（Hinge）是工程上常见的一种约束，它是在两个分别钻有直径相同的圆柱形孔的构件之间采用圆柱定位销所形成的连接。

一般认为销钉与构件光滑接触，因此，这也是一种光滑表面约束。约束反力应通过接触点沿公法线方向（通过销钉中心）指向构件。因为销钉在圆柱形孔内的点（线）接触位置会随约束所承受的力的改变而改变，所以这种约束反力通常是用两个通过铰链中心的大小和方向未知的正交分力 $F_x$ 和 $F_y$ 来表示，两个力的指向可以任意设定。

这类约束在工程上应用广泛，可分为三种类型。

（1）固定铰链支座（Secure Hinge Support）：用铰链连接的两构件中固定的结构。将物体连接在地、墙或机架等支撑物上的装置称为支座，固定铰链支座是在物体和支座上各开一直径相同的孔，使两圆孔重叠，然后用圆柱销钉（Cylindrical Pin）将其连接而成。约束力仍用两个正交的分力 $F_x$ 和 $F_y$ 表示。

（2）中间铰链（Middle Hinge）：中间铰链用来连接两个可以相对转动但不能移动的构件，如曲柄连杆机构（Crank Linkage Mechanism）中曲柄与连杆、连杆与滑块的连接。通常在两个构件连接处用一个小圆圈表示铰接。约束力仍用两个正交的分力 $F_x$ 和 $F_y$ 表示。

（3）活动铰链支座（Movable Hinge Support）：这种约束的支座没有固定在地、墙或机架上，而是在支座底座与支承面之间装有几个可滚动的辊轴，这样即构成活动铰链支座。活动铰链支座的约束力特征与光滑接触面约束力类似，即通过铰链中心，约束力垂直于支承面，指向不确定。

#### 1.1.3 受力分析与受力图

为了清晰地表示物体的受力情况，把需要研究的物体（受力体）从周围的物体（施力体）中分离出来，单独画出它的简图，然后把施力物体对研究对象的作用力（包括主动力和约束力）全部画出来，由此所得到的表示物体受力的简明图形就是受力图（Force Diagram）。画出物体的受力图是解决力学问题的第一步，画受力图应遵循以下步骤。

### 1. 确定研究对象，取分离体

按题意的要求确定研究对象，画出其分离体简图。

**2. 画出作用于分离体上的全部主动力**

主动力一般是已知的，画主动力应按照已给出的方向和作用点来画。

**3. 在分离体的每一约束处，根据其约束的类型和特征画出约束力**

画受力图时所取分离体是受力体，它周围的物体为施力体。根据约束的类型和特征在物体与约束接触点处或连接处画出约束力并画明指向。注意：两物体间的相互约束力必须符合作用与反作用公理。下面举例说明。

【例 1-1】 重力为 $P$ 的圆球放在板 $AC$ 与墙壁 $AB$ 之间，如图 1-8（a）所示。设板 $AC$ 重力不计，试作出板与球的受力图。

**解** 先取球为研究对象，作出简图。球上主动力 $P$，约束反力有 $F_{ND}$ 和 $F_{NE}$，均属光滑面约束的法向反力。球受力图如图 1-8（b）所示。再取板作研究对象。由于板的自重不计，故只有 $A$、$C$、$E$ 处的约束反力。其中，$A$ 处为固定铰链支座，其反力可用一对正交分力 $F_{Ax}$、$F_{Ay}$ 表示；$C$ 处为柔索约束，其反力为拉力 $F_T$；$E$ 处的反力为法向反力 $F'_{NE}$，要注意该反力与球在 $E$ 处所受反力 $F_{NE}$ 为作用与反作用的关系。板受力图如图 1-8（c）所示。

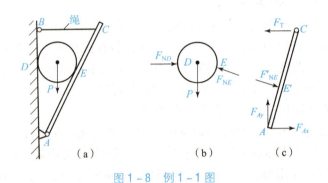

图 1-8 例 1-1 图
(a) 简图；(b) 球受力图；(c) 板受力图

**练一练**

1. 分别画出图 1-9 中物体的受力图。

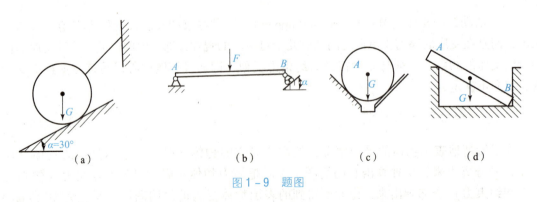

图 1-9 题图

2. 画出图 1-10（a）中 $ABC$ 杆的受力图和图 1-10（b）中 $AD$、$BC$ 杆的受力图。

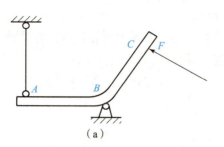
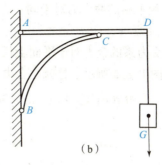

图 1-10 题图

## 1.2 构件的力矩与力偶

### 1.2.1 力矩

**1. 力矩的概念**

力对物体的运动效应包括力对物体的移动和转动的效应,其中力对物体的移动效应用力矢量来描述,而力对物体的转动效应用力矩(Moment)来描述。

用扳手拧紧螺母,完全可以感受到施于扳手的力 $F$ 使扳手及螺母绕转动中心点 $O$ 产生的转动效应强弱不仅与力 $F$ 的大小成正比,而且与转动中心点 $O$ 到力 $F$ 作用线的垂直距离 $d$ 成正比,如图 1-11 所示。

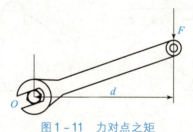

图 1-11 力对点之矩

将点 $O$ 称为矩心,点 $O$ 到力 $F$ 作用线的垂直距离称为力臂。于是,力 $F$ 使物体绕转动中心点 $O$ 旋转的转动效应,就用力的大小与力臂的乘积并冠以适当的正负号来度量,这个量称为力对点的矩或力矩,以符号 $M_O(F)$ 示之,亦即有

$$M_O(F) = \pm Fd \tag{1-3}$$

式中正负号的规定为:力使物体绕矩心做逆时针转动时力矩取正号,做顺时针转动时取负号。力矩的国际单位为牛[顿]米(N·m)或千牛[顿]米(kN·m)。

**重要提示**:力矩的矩心不一定是固定在物体上绕之转动的某一点,它可以是物体上的或物体以外的任意一点。换句话说,平面上的一个力可以对平面内任意一点取矩,而一个力对不同的点取矩,其力矩一般是不同的。

**2. 力矩的性质(Moment Property)**

(1) 力对点之矩,不仅取决于力的大小和方向,还与矩心的位置有关。
(2) 当力的作用线通过矩心时,力矩值为 0;当力的大小为 0 时,力矩值为 0。
(3) 力沿其作用线滑移时,不会改变力矩的值。

(4) 互相平衡的两个力对于同一点之矩的代数和等于0。

### 3. 合力矩定理（Resultant Moment Theorem）

平面汇交力系的合力对于平面上任一点之矩，等于力系中所有的各分力对同一点之矩的代数和，如图1-12所示。这就是**合力矩定理**。即

$$M_O(\boldsymbol{F}_R) = M_O(\boldsymbol{F}_1) + M_O(\boldsymbol{F}_2) + \cdots + M_O(\boldsymbol{F}_n) = \sum M_O(\boldsymbol{F}) \tag{1-4}$$

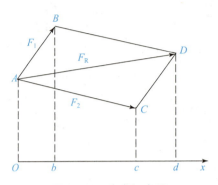

图1-12 合力矩定理

【**例1-2**】 图1-13（a）、（b）的直齿圆柱齿轮中，已知齿面所受的法向力 $F_n = 1\,000$ N，压力角 $\alpha = 20°$，分度圆半径 $r = 60$ mm，试计算齿面法向力 $\boldsymbol{F}_n$ 对轴心 $O$ 的力矩。

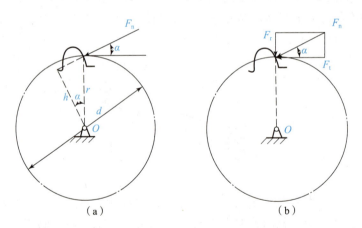

图1-13 直齿圆柱齿轮的齿面受力图

**解法一** 按力对点的矩的定义，有

$$M_O(\boldsymbol{F}_n) = F_n h = F_n r \cos\alpha = 56.4 \text{ N} \cdot \text{m}$$

**解法二** 齿面法向压力 $\boldsymbol{F}_n$ 到轴心的距离（力臂）没有直接给出，可将 $\boldsymbol{F}_n$ 正交分解为圆周力 $\boldsymbol{F}_t$ 和径向力 $\boldsymbol{F}_r$，应用合力矩定理得

$$M_O(\boldsymbol{F}_n) = M_O(\boldsymbol{F}_t) + M_O(\boldsymbol{F}_r) = F_t r + F_r \times 0 = F_n r \cos\alpha = 56.4 \text{ N} \cdot \text{m}$$

### 1.2.2 力偶

#### 1. 力偶的概念

在实际中，常常会遇到两个力使物体产生转动效应，如司机用双手转动汽车方向盘

[图1-14（a）]，钳工用丝锥攻螺纹［图1-14（b）］等。可以看出，产生转动效应的这些物体受到的是一对等值、反向且不共线的平行力。显然，等值反向平行力的矢量和0，但由于它们不共线而无法平衡，却能使物体产生转动效应。这种由**两个大小相等、方向相反且不共线的平行力组成的力系称为力偶**（Couple）。力偶用符号（**F**、**F′**）表示，力偶中两个力之间的垂直距离 $d$ 称为**力偶臂**（Arm of Couple）[图1-14（c）]，力偶中两个力所在的平面称为**力偶作用面**，力偶中两个力所形成的转向称**力偶转向**（Couple Steering）。因此，力偶对物体作用的外效应是使物体产生转动运动的变化。

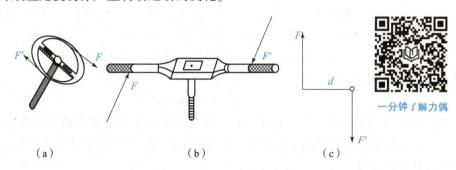

图1-14 力偶实例及定义

(a) 方向盘；(b) 丝锥攻螺纹；(c) 力偶臂

### 2. 力偶矩（Moment of Couple）

力偶对物体的转动效应可用力与力偶臂的乘积 $Fd$ 来度量，称为**力偶矩**，用符号 $M$（**F**、**F′**）简写为 $M$ 表示，即

$$M(\boldsymbol{F}、\boldsymbol{F}') = M = \pm Fd \tag{1-5}$$

力偶矩是一个代数量，使物体做逆时针转动的力偶矩规定为正，反之为负。力偶矩的单位与力矩单位相同。

### 3. 力偶的三要素

力偶的三要素为力偶矩的大小、力偶的转向及力偶的作用面。三要素中的任何一个要素发生改变，力偶对物体的转动效应就会发生改变。

### 4. 力偶的性质

力偶作为一种特殊的力系，有其自身独特的性质。

性质1：力偶无合力。故力偶不能与一个力等效，也不能与一个力平衡。

性质2：力偶对其作用面内任意点的力矩值恒等于此力偶的力偶矩，与该点（矩心）在平面内的位置无关。

性质3：作用在同一平面内的两个力偶，若二者的力偶矩大小相等且转向相同，则两个力偶对刚体的作用等效。

**重要推论：**

（1）只要保持力偶矩的大小和转向不变，力偶可以在其作用面内任意转动和移动，而不改变它对刚体的作用效应。

（2）只要保持力偶矩的大小和转向不变，可以同时改变力偶中力的大小和力偶臂的大小，而不改变力偶对刚体的作用效应。

### 1.2.3 力的平移定理

由力的可传递性原理可知,作用在刚体上的力,若沿其作用线移至任意一点,不会改变它对刚体的作用效应。但若平行移动到作用线以外的任意一点,它将改变对刚体的作用效应。在什么情况下,将力平移到作用线以外的地方可以不改变力对刚体的作用效应呢?

假设有一力 $F$ 作用在刚体点 $A$ 上[图1-15(a)],现要把它平移到刚体上的点 $O$。根据加减平衡力系公理,在点 $O$ 加一对平衡力 $F'$ 和 $F''$ [图1-15(b)]使它们与力 $F$ 平行,且 $F' = -F'' = F$,这时三个力 $F$、$F'$ 和 $F''$ 对刚体的作用,显然与一个力 $F$ 对刚体的作用等效。与此同时,还可以看出力 $F$ 和 $F''$ 组成了一个力偶($F$、$F''$),其力偶臂为 $d$。因而,可以认为作用于点 $A$ 的力 $F$,可以平行移动到另一点 $B$,但同时还要附加一个力偶[图1-15(c)],这个**附加力偶**的力偶矩为

$$M = Fd = M_B(F) \tag{1-6}$$

也就是力 $F$ 对点 $B$ 的矩。由此得出结论:**作用于刚体上某点的力可以平行移动到刚体上的任意一点,但必须同时附加一个力偶,此附加力偶的力偶矩等于原力对平行移动点之矩,这就是力的平移定理**。

需注意,力的平移定理只适用于刚体,且只能在同一刚体上进行。力的平移定理也表明一个力可以与同一平面内的一个力和一个力偶等效;反之,同一平面内的一个力和一个力偶也可以合成为一个力。

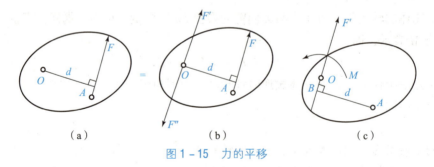

图1-15 力的平移

### 练一练

1. 形成力偶的两个力有什么特点?这两个力能平衡吗?
2. 力偶使物体产生的转动效应取决于哪些因素?
3. 力偶的三要素是什么?
4. 试求图1-16中各种情况下力 $F$ 对点 $O$ 的力矩。

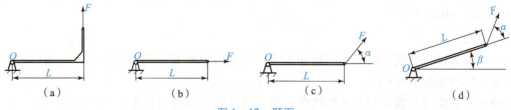

图1-16 题图

## 1.3 构件平面力系的分析

### 1.3.1 平面力系的概念

工程机械中,某些构件所受到的力都在同一结构平面内,各力的作用线都在同一平面内则称为平面力系。在机械结构中,某些构件所受到动力都在同一平面内成为平面力系(Plane Force System)。平面力系又包括平面汇交力系(Plane Intercrossing Forces)、平面任意力系(Coplanar Arbitrary Force System)、平面力偶系(Coplanar Couple System)。如果各力的作用线全部汇交于一点,则该力系称为平面汇交力系;如果各力的作用线不汇交于一点,相互间也不平行,该力系称为平面任意力系;如果仅由力偶组成的平面力系称为平面力偶系。

### 1.3.2 平面汇交力系

**1. 力在平面直角坐标轴上的投影**

图 1-17 中,在直角坐标系 $xOy$ 平面内作用有一力 $\boldsymbol{F}$,从力 $\boldsymbol{F}$ 的两端分别向轴 $x$ 和轴 $y$ 作垂线,得垂足 $a$、$b$、$a'$ 和 $b'$,线段 $ab$ 和 $a'b'$ 的长度表示力在 $x$ 轴和 $y$ 轴上的投影,并记为 $F_x$、$F_y$。规定力 $\boldsymbol{F}$ 投影的走向(从 $a$ 到 $b$ 或 $a'$ 到 $b'$ 的指向)与投影 $x$、$y$ 轴的正向一致时为正;反之为负。力在直角坐标轴上的投影是代数量,若力 $\boldsymbol{F}$ 与 $x$ 轴的夹角为 $\alpha$,则力 $\boldsymbol{F}$ 在 $x$、$y$ 轴上的投影表达式如下:

$$\begin{cases} F_x = \pm F\cos\alpha \\ F_y = \pm F\sin\alpha \end{cases} \quad (1-7)$$

反之,若已知力 $\boldsymbol{F}$ 在平面直角坐标轴上的投影 $F_x$ 和 $F_y$,则该力的大小和方向为

$$\begin{cases} F = \sqrt{F_x^2 + F_y^2} \\ \tan\alpha = \left| \dfrac{F_y}{F_x} \right| \end{cases} \quad (1-8)$$

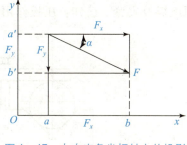

图 1-17 力在直角坐标轴上的投影

**2. 合力投影定理(Force Projection Theorem)**

由 $n$ 个力 $\boldsymbol{F}_1$,$\boldsymbol{F}_2$,…,$\boldsymbol{F}_n$ 组成的平面汇交力系作用在刚体上,其合力为 $\boldsymbol{F}_R$,在该力系平面内建立直角坐标系 $xOy$,并将力系的分力和合力都投影在 $x$、$y$ 轴上。容易证明,**合力在某一轴上的投影等于各分力在同一轴上投影的代数和**,亦即

$$\begin{aligned} F_{Rx} &= F_{1x} + F_{2x} + \cdots + F_{nx} = \sum_{i=1}^{n} F_{ix} \\ F_{Ry} &= F_{1y} + F_{2y} + \cdots + F_{ny} = \sum_{i=1}^{n} F_{iy} \end{aligned} \quad (1-9)$$

这就是**合力投影定理**。若已知分力在平面直角坐标轴 $x$、$y$ 上的投影,可求得合力 $\boldsymbol{F}_R$ 的大小和方向余弦为

$$F_R = \sqrt{F_{Rx}^2 + F_{Ry}^2} = \sqrt{(\sum F_x)^2 + (\sum F_y)^2}$$

$$\tan\alpha = \left|\frac{F_y}{F_x}\right| = \left|\frac{\sum F_y}{\sum F_x}\right|$$

(1-10)

式中 $\alpha$——合力 $F_R$ 与 $x$ 轴所夹的锐角。

### 3. 平面汇交力系的平衡条件

由于平面汇交力系合成的结果是一合力，显然平面汇交力系平衡的必要和充分条件是：该力系的合力等于 0。即

$$F_R = \sum F_i = 0$$

根据上述公式则有：

$$F_R = \sqrt{(\sum F_x)^2 + (\sum F_y)^2} = 0$$

要使上式成立，必须同时满足

$$\begin{cases} \sum F_x = 0 \\ \sum F_y = 0 \end{cases}$$

(1-11)

于是，平面汇交力系平衡的解析条件是：力系中的各力在两个坐标轴上投影的代数和分别等于 0。式 (1-10) 又称为平面汇交力系的平衡方程。

### 4. 平面汇交力系应用实例

【**例 1-3**】 图 1-18 为夹紧装置机构图，一圆柱体放置于夹角为 $\alpha$ 的 V 形槽内，并用压板 $D$ 夹紧。已知：压板作用于圆柱体上的压力为 $F$，试求槽面对圆柱体的约束反力。

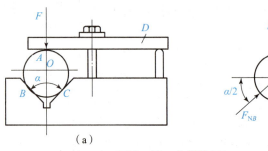

图 1-18 夹紧装置

(a) 机构图；(b) 受力图

**解** (1) 取圆柱体为研究对象，画出其受力图，如图 1-21 (b) 所示。

(2) 选取坐标系 $xOy$。

(3) 列平衡方程式求解未知力：

$$\sum F_x = 0, \quad F_{NB}\cos\frac{\alpha}{2} - F_{NC}\cos\frac{\alpha}{2} = 0 \quad (1)$$

$$\sum F_y = 0, \quad F_{NB}\sin\frac{\alpha}{2} + F_{NC}\sin\frac{\alpha}{2} - F = 0 \quad (2)$$

由式 (1) 得：

$$F_{NB} = F_{NC}$$

由式（2）得：

$$F_{NB} = F_{NC} = \frac{F}{2\sin\frac{\alpha}{2}}$$

### 1.3.3 平面力偶系

#### 1. 平面力偶系的平衡条件

平面力偶系对刚体转动效应的大小等于各个力偶转动效应的总和。因此，平面力偶系平衡的必要和充分条件是：**力偶系中各力偶矩的代数和等于0**，即

$$\sum M = 0 \tag{1-12}$$

平面力偶系的独立平衡方程只有一个，故只能求解一个未知数。

#### 2. 平面力偶系的应用实例

**【例1-4】** 图1-19中，用多孔钻床同时加工某工件上的4个孔，钻孔时每个钻头的主切削力组成一力偶，各力偶的大小均为 $M = 15 \text{ N·m}$，$L = 0.2 \text{ m}$，求加工时2个固定螺栓 $A$、$B$ 所受的力。

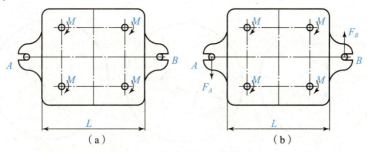

图1-19 多孔轴钻床钻孔示意
(a) 示意图；(b) 受力图

**解** 选工件为研究对象。工件受到4个已知力偶和2个螺栓反力的作用。螺栓反力 $F_A$、$F_B$ 组成一力偶，与已知力偶平衡，故 $F_A = F_B$，假定指向如图1-19（b）所示。列出平衡方程：

$$\sum M = 0 \quad F_A L - 4M = 0$$

得

$$F_A = \frac{4M}{L} = \frac{4 \times 15}{0.2} = 300 \text{ (N)}$$

故螺栓所受的力为 $F_A = F_B = 300 \text{ N}$。

### 1.3.4 平面任意力系

#### 1. 平面任意力系的概念

力系中各力的作用线处于同一平面内，既不完全平行又不汇交于同一点，这种力系称为平面任意力系。图1-20为曲柄滑块机构，其受力情况属于平面任意力系。

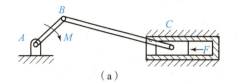
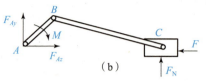

图1-20 曲柄滑块
(a) 机构图；(b) 受力图

### 2. 平面任意力系向一点简化

应用力的平移定理，将力系中各力向一点平移，可得到作用于该点的一个平面汇交力系和一个附加的平面力偶系。

该汇交力系合成为原力系的**主矢**，附加力偶系合成为原力系对该点的**主矩**。

设刚体上作用一平面力系 $F_1$，$F_2$，…，$F_n$，各力的作用点分别为 $A_1$，$A_2$，…，$A_n$，如图1-21所示。在物体内任选一点 $O$，称点 $O$ 为**简化中心**，将各力平移到点 $O$，应用合力投影定理，得到主矢 $F_R$ 在 $x$ 轴方向的投影为

$$F'_{Rx} = F'_{1x} + F'_{2x} + \cdots + F'_{nx} = F_{1x} + F_{2x} + \cdots + F_{nx} = \sum F_x$$

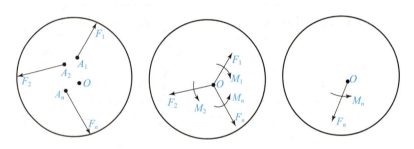

图1-21 平面力系的简化过程

同理，主矢 $F_R$ 在 $y$ 轴方向的投影为

$$F'_{Ry} = \sum F_y$$

因此，主矢的大小和方向分别为

$$F_R = \sqrt{(F'_{Rx})^2 + (F'_{Ry})^2} = \sqrt{(\sum F_{ix})^2 + (\sum F_{iy})^2}$$

$$\alpha = \arctan\left|\frac{F'_{Ry}}{F'_{Rx}}\right| = \arctan\left|\frac{\sum F_y}{\sum F_x}\right| \tag{1-13}$$

式中　$\alpha$——主矢与 $x$ 轴所夹的锐角，其所在象限由投影的代数和的正负号判定。

主矩为

$$M_O = M_1 + M_2 + \cdots + M_n = M_O(F_1) + M_O(F_2) + \cdots + M_O(F_n)$$
$$= \sum_{i=1}^{n} M_O(F_i) \tag{1-14}$$

如果选取的简化中心不同，由式（1-12）和式（1-13）可知，主矢不会改变，故**主矢与简化中心位置无关**；但力系中各力对不同简化中心的矩一般不相等，因而**主矩一般与简化中心位置有关**。

### 3. 固定端约束

固定端约束又称为插入端支座，是工程中较为常见的一种约束。固定在车床卡盘（Lathe Chuck）上的工件如图 1-22（a）所示；安装在刀架上的车刀如图 1-22（b）所示；嵌入墙的雨篷如图 1-22（c）所示。

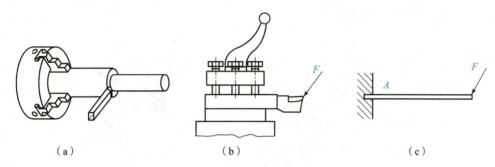

图 1-22 固定端约束

(a) 工件；(b) 车刀；(c) 雨篷

### 4. 平面任意力系的平衡条件

平面任意力系向任一点简化后得到一主矩和主矢，如果主矩和主矢都等于0，则该力系平衡，反之要使力系平衡，主矩和主矢都必须等于0，因此，平面力系的平衡充要条件是力系的主矢和主矩都等于0。即

$$\begin{cases} F_R = \sqrt{(\sum F_{ix})^2 + (\sum F_{iy})^2} = 0 \\ M_O = \sum M_O(F_i) = 0 \end{cases}$$

故得平面任意力系的平衡方程为

$$\begin{cases} \sum F_{ix} = 0 \\ \sum F_{iy} = 0 \\ \sum M_O(F) = 0 \end{cases} \tag{1-15}$$

式（1-14）称为基本的平衡方程式。方程中的3个式子是完全独立的，因而用它求解平面力系的平衡问题时，最多能求出3个未知数。

式（1-15）也可转化为

$$\begin{cases} \sum F_x = 0 (\text{或} \sum F_y = 0) \\ \sum M_A(F) = 0 \\ \sum M_B(F) = 0 \end{cases} \tag{1-16}$$

称为二力矩式。应用时需注意 $A$、$B$ 两点的连线不能与 $x$ 轴（或 $y$ 轴）垂直。

式（1-15）还可转化为

$$\begin{cases} \sum M_A(F) = 0 \\ \sum M_B(F) = 0 \\ \sum M_C(F) = 0 \end{cases} \tag{1-17}$$

称为三力矩式，应用时需注意 $A$、$B$、$C$ 三点不能共线。

### 5. 平面任意力系的应用实例

**【例 1-5】** 绞车通过钢丝牵引小车沿斜面轨道匀速上升，如图 1-23（a）所示。已知：小车重 $P=10$ kN，绳与斜面平行，$\alpha=30°$，$a=0.75$ m，$b=0.3$ m，不计摩擦。求钢丝绳的拉力及轨道对车轮的约束反力。

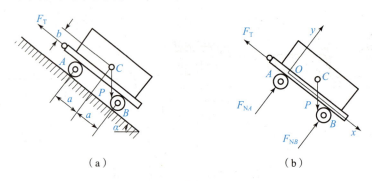

图 1-23 例 1-5 图
(a) 图示；(b) 受力图

**解** （1）取小车为研究对象，画受力图，如图 1-23（b）所示。小车上作用有重力 $P$，钢丝绳的拉力 $F_T$，轨道在 $A$、$B$ 处的约束反力 $F_{NA}$ 和 $F_{NB}$。

（2）取图示坐标系，列平衡方程：

$$\sum F_x = 0, \qquad -F_T + P\sin\alpha = 0$$

$$\sum F_y = 0, \qquad F_{NA} + F_{NB} - P\cos\alpha = 0$$

$$\sum M_O(F) = 0, \qquad F_{NB}(2a) - Pb\sin\alpha - Pa\cos\alpha = 0$$

解得：$F_T = 5$ kN，$F_{NB} = 5.33$ kN，$F_{NA} = 3.33$ kN。

### 1.3.5 平面平行力系

#### 1. 平面平行力系的平衡条件

各力的作用线都在同一平面内且互相平行的力系称为平面平行力系。图 1-24 中，设有平面平行力系 $F_1$，$F_2$，…，$F_n$，平面平行力系的平衡方程式为

$$\begin{cases} \sum F_y = 0 \\ \sum M_O = 0 \end{cases} \qquad (1-18)$$

也可写为二矩式：

$$\begin{cases} \sum M_A = 0 \\ \sum M_B = 0 \end{cases} \qquad (1-19)$$

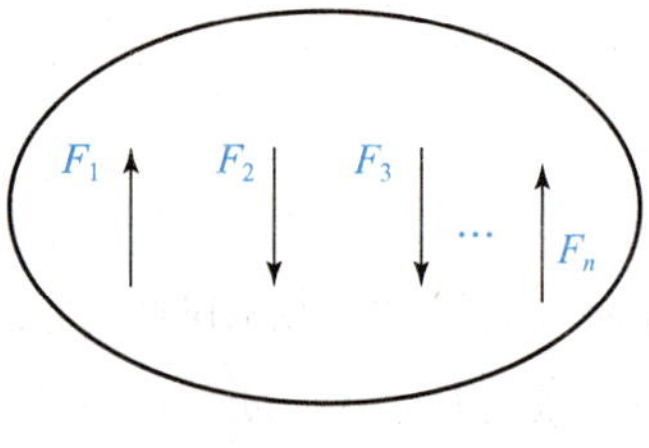

图 1-24 平面平行力系

其中 $A$、$B$ 两点的连线不得与力系中各力作用线平行。
平面平行力系只有两个独立的平衡方程，只能求解两个未知数。

## 2. 平面平行力系的应用实例

**【例1-6】** 已知,图1-25(a)的起重机身(包括横梁)重 $W=100$ kN,其重心 $C$ 距右轨道 $B$ 为 $b=0.6$ m,最大起重 $G=36$ kN(前例中显然未达到工作极限),距右轨道 $B$ 为 $l_1=10$ m,起重机上平衡铁(Equilibrium Iron)重为 $Q$,其重心距左轨道 $A$ 为 $l_2=4$ m,轨距 $a=3$ m。试求此起重机在满载与空载时都不致翻倒的平衡铁重 $Q$ 的范围。

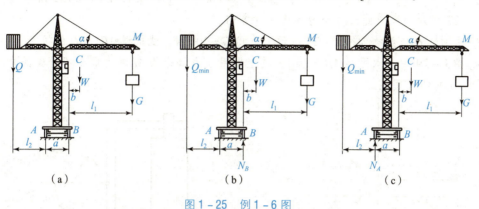

图1-25 例1-6图
(a) 静态平衡;(b) 右轨道支持全重;(c) 左轨道 $A$ 支持全重

**解** 以起重机整体为研究对象。依题意可分为满载右翻与空载左翻两个临界情况,$Q$ 的范围应在此两种情况要求的值之间。

(1) 满载时,$G=G_{max}=36$ kN,要求保障以最小的平衡铁重 $Q_{min}$。此时左轨道 $A$ 必处于悬空状态,即只有右轨道 $B$ 支撑全重,如图1-25(b)所示。

取 $B$ 为矩心,列平衡方程,有

$$\sum m_B(F) = 0; \quad Q_{min}(l_2+a) = Wb + Gl_1$$

$$Q_{min} = \frac{Wb+Gl_1}{l_2+a} = \frac{100 \times 0.6 + 36 \times 10}{4+3} = 60(kN)$$

$$\sum F_y = 0; \quad N_B = Q_{min} + W + G = 196 \text{ kN}$$

(2) 空载时,$G=0$,要求保障的平衡铁重最大不能超过 $Q_{max}$。此时右轨道 $B$ 必处于悬空状态,即只有左轨道 $A$ 支撑全重,如图1-25(c)所示。

取 $A$ 为矩心,列平衡方程,有

$$\sum m_A(F) = 0; \quad Q_{max} l_2 = W(b+a)$$

$$Q_{max} = \frac{W(b+a)}{l_2} = \frac{100 \times (0.6+3)}{4} = 90 \text{ (kN)}$$

$$\sum F_y = 0; N_A = W + Q_{max} = 190 \text{ kN}$$

所以,平衡重 $Q$ 的范围为

$$60 \text{ kN} \leqslant Q \leqslant 90 \text{ kN}$$

🔧 **练一练**

1. 已知 $F_1 = 200$ N，$F_2 = 150$ N，$F_3 = 200$ N，$F_4 = 100$ N，各力方向如图1-26所示，试求各力在 $x$、$y$ 轴上的投影。

2. $F_1$、$F_2$、$F_3$ 三力共拉一碾子，已知 $F_1 = 1$ kN，$F_2 = 1$ kN，$F_3 = 1.732$ kN，各力方向如图1-27所示。试求此三力合力的大小和方向。

3. 用两绳吊挂重物如图1-28所示，重物 $G = 200$ N。试求绳 $AB$、$BC$ 的拉力。

4. 图1-29中，水平梁 $AB$ 长为 $l$，其上作用一力偶矩为 $M$ 的力偶，不计梁的自重，求支座 $A$、$B$ 的约束反力。

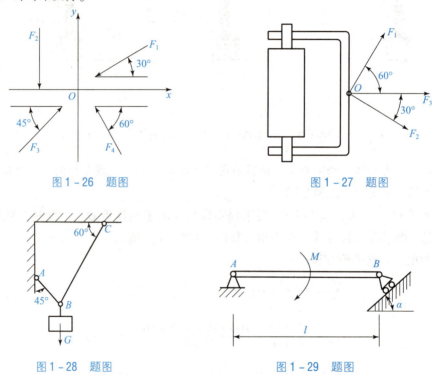

图1-26 题图

图1-27 题图

图1-28 题图

图1-29 题图

## 1.4 轴向拉伸与轴向压缩

### 1.4.1 轴向拉伸与轴向压缩概念

要使零件在外力作用下能够正常工作，必须满足一定的强度、刚度和稳定性。把零件抵抗破坏的能力称为零件的强度（Strength）；把零件抵抗变形的能力称为零件的刚度（Stiffness）。对于细长压杆不能保持原有直线平衡状态而突然变弯的现象，称为压杆丧失了稳定性。因此，对于细长压杆，必须具有足够的稳定性。

横向尺寸远小于纵向尺寸的构件，称为杆件。杆件是工程中最常见、最基本的构件，如桥梁、汽车传动轴、房屋的梁、柱等。杆的所有横截面形心的连线，称为杆的轴线。若轴线为直线，则称为直杆（Straight Rod）；若轴线为曲线，则称为曲杆（Curved Rod）。所有横截面的形状和尺寸都相同的杆称为等截面杆；不同者称为变截面杆。本节主要研究等截面直杆。

轴向拉伸（Tension）与轴向压缩（Compress）如图 1-30 所示，在一对大小相等、方向相反、作用线与杆轴线重合的外力（称为轴向拉力或压力）作用下，杆件将发生长度的改变（伸长或缩短），相应的横截面则变细或变粗。

(a)　　　　　　　　　　　　　(b)

图 1-30　杆件变形的基本形式

(a) 轴向拉伸；(b) 轴向压缩

工程中有很多杆件是承受轴向拉伸或轴向压缩的。例如，汽车发动机中的连杆（图 1-31）、紧固螺栓（图 1-32）等都是受拉伸的杆件，而液压缸活塞杆（图 1-33）、建筑物中的支柱（图 1-34）等则是受压缩的杆件。其受力特点为作用于杆件的外力合力的作用线与杆件的轴线相重合。其变形特点为沿杆轴线方向的伸长或缩短。

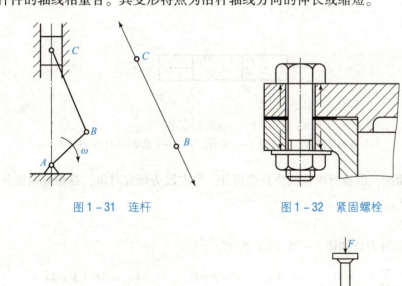

图 1-31　连杆　　　　　　　　　图 1-32　紧固螺栓

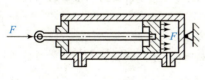

图 1-33　液压缸活塞杆　　　　　图 1-34　建筑物中的支柱

### 1.4.2　内力分析与应力分析

**1. 轴力与轴力图**

（1）轴力（Axial Force）。

作用在杆件上的载荷和约束反力统称为外力。为求得拉（压）杆横截面上的内力，通常使用截面法。

习惯上把拉伸时的轴力记为正，压缩时的轴力记为负。因此，在使用截面法求轴力时，规定将轴力加在截面的外法线方向,即正方向。这样,无论取左段还是右段,用平衡方程求得的轴力的符号总是一致的。当轴力大于 0 时,就表示该截面受拉伸;而轴力小于 0,则表示该截面受压缩。

【例 1-7】 杆件在 $A$、$B$、$C$、$D$ 各截面作用外力如图 1-35 所示,求 1—1,2—2,3—3 截面处轴力。

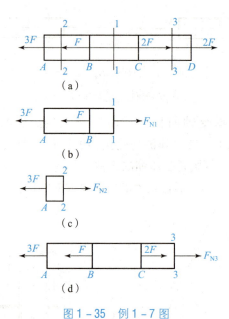

图 1-35 例 1-7 图

(a) 各截面作用外力;(b) 1—1 截面;(c) 2—2 截面;(d) 3—3 截面

**解** 由截面法,沿各所求截面将杆件切开,取左段为研究对象,在相应截面分别画上轴力 $F_{N1}$、$F_{N2}$、$F_{N3}$。

列平衡方程:

1—1 截面处轴力,如图 1-35(b)所示。

$$\sum F_x = 0, \quad F_{N1} - 3F - F = 0, \quad F_{N1} = 3F + F = 4F \tag{a}$$

2—2 截面处轴力,如图 1-35(c)所示。

$$\sum F_x = 0, \quad F_{N2} - 3F = 0, \quad F_{N2} = 3F \tag{b}$$

3—3 截面处轴力,如图 1-35(d)所示。

$$\sum F_x = 0, \quad F_{N3} + 2F - 3F - F = 0, \quad F_{N3} = 3F + F - 2F = 2F \tag{c}$$

由以上各代数等式(a)、(b)、(c),不难得到结论:由上述结果推广到左段(右段)轴上有多个轴向外力作用的情形,截面 $n—n$ 上的轴力等于左段(右段)轴上所有轴向外力的代数和,即 $F_N = \sum F$。

(2) 轴力图(Axial Force Graph)。

为了表明横截面上的轴力沿轴线变化的情况,可按选定的比例尺,以平行于杆轴线的 $x$ 轴表示横截面所在的位置,以垂直于杆轴线的 $y$ 轴表示横截面上轴力的大小,正值轴力绘在

$x$ 轴的上方,负值轴力绘在 $x$ 轴的下方。这种表示轴力随横截面位置变化规律的图形,称为轴力图。在轴力图上,除标明轴力的大小和单位外,还应标明轴力的正负号。

### 2. 拉压杆横截面上的正应力

在用截面法确定拉(压)杆的内力以后,还不能判断杆件的强度是否足够。例如,两根材料相同的拉杆,一根较粗,另一根较细,在相同的拉力作用下,它们的内力是同向的,但当拉力逐渐增大时,较细的杆先被折断。这说明杆的强度不仅与内力有关,还与截面的面积有关,即与内力在横截面上分布的密集程度有关。因此,应以单位面积上的内力,即应力(Stress)来衡量杆的强度。

对于拉压杆,横截面上分布的内力是垂直于横截面的轴力,则轴力在横截面上的密集度称为正应力(Normal Stress)。实验结果表明,对于材料均匀连续的等截面直杆,轴力在横截面上的分布是均匀的,即横截面上各点的正应力是相等的。其计算公式为

$$\sigma = \frac{F_N}{S} \tag{1-20}$$

式中 $\sigma$ ——正应力,符号由轴力决定,拉应力为正,压应力为负;

$F_N$ ——横截面上的内力(轴力);

$S$ ——横截面面积。

在国际单位制中,应力的单位是 Pa(帕斯卡),常用的单位是 MPa(兆帕)。

$$1 \text{ MPa} = 10^6 \text{ Pa} = 1 \text{ N/mm}^2 \qquad 1 \text{ Pa} = 1 \text{ N/m}^2$$

### 1.4.3 轴向拉伸或轴向压缩时变形计算

#### 1. 变形与应变

直杆在轴向拉力(或压力)的作用下,所产生的变形表现为轴向尺寸的伸长(或缩短)及横向尺寸的缩小(或增大)。前者称为轴向变形,后者称为横向变形。

现以图 1-36 的受拉等截面直杆为例来研究杆的轴向变形与横向变形。设杆的原长为 $l$,横向尺寸为 $b$,在轴向拉力 $F$ 的作用下,轴向长度变为 $l_1$,横向尺寸变为 $b_1$。则杆件的绝对变形为

杆的轴向绝对变形 $\qquad \Delta l = l_1 - l$

杆的横向绝对变形 $\qquad \Delta b = b - b_1$ $\qquad (1-21)$

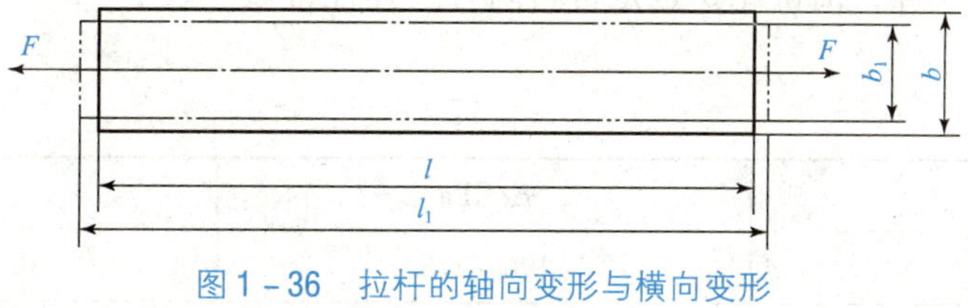

图 1-36 拉杆的轴向变形与横向变形

绝对变形只是表示构件的变形大小,而不表示其变形程度。故常以单位原长的变形量来度量杆的变形程度,单位原长的变形称为线应变,即相对变形。

轴向线应变 $\qquad \varepsilon = \Delta l / l = (l_1 - l)/l$

横向线应变 $\qquad \varepsilon' = \Delta b / b = (b - b_1)/b$ $\qquad (1-22)$

可见,线应变表示杆件的相对变形,无量纲。拉伸时,$\varepsilon$ 为正,$\varepsilon'$ 为负;压缩时,$\varepsilon$ 为负,$\varepsilon'$ 为正。

## 2. 胡克定律（Hooke's Law）

实验证明：当杆件横截面上的正应力不超过比例极限时，杆件的伸长量 $\Delta l$ 与轴力 $F_N$ 及杆原长 $l$ 成正比，与横截面面积 $S$ 成反比。即

$$\Delta l \propto \frac{F_N l}{S}$$

引入比例常数 $E$，则上式可写为

$$\Delta l = \frac{F_N l}{ES} \tag{1-23}$$

式（1-23）即为胡克定律。

它同样适用于轴向压缩的情况。式中 $\Delta l$ 的符号取决于轴力 $F_N$，轴向拉伸时 $\Delta l$ 大于 0，而压缩时 $\Delta l$ 小于 0。

比例常数 $E$ 称为材料的拉（压）弹性模量（Modulus of Elasticity），其值因材料而异，可通过实验方法测定。$E$ 的常用单位是吉帕（GPa），即 $10^9$ Pa。$EA$ 为杆件的抗拉（压）刚度，它反映了杆件抵抗拉伸（压缩）变形能力的大小。

将上式胡克定律与 $\varepsilon = \Delta l / l$ 和 $\sigma = F_N / S$ 组合则可得：

$$\sigma = E\varepsilon \tag{1-24}$$

即当应力小于比例极限时，应力与应变成正比，这是胡克定律的又一表达形式。

## 3. 泊松比（Poisson's Ratio）

实验表明，对于同一种材料，当应力不超过比例极限时，横向线应变与轴向线应变之比的绝对值为常数。比值 $\mu$ 称为**泊松比**，亦称横向变形系数。即

$$\left|\frac{\varepsilon'}{\varepsilon}\right| = \mu \tag{1-25}$$

式中，$\mu$ 为没有量纲的量。

因为当杆件轴向伸长时横向缩小，而轴向缩短时横向增大，所以 $\varepsilon'$ 和 $\varepsilon$ 的符号是相反的。这样，杆的横向应变和轴向应变的关系可以写成：

$$\varepsilon' = -\mu\varepsilon \tag{1-26}$$

与弹性模量 $E$ 一样，泊松比 $\mu$ 也是材料固有的弹性常数。表 1-1 中摘录了几种常用材料的 $E$ 和 $\mu$。

表 1-1 几种常用材料的 $E$ 和 $\mu$

| 材料 | $E$/GPa | $\mu$ |
|---|---|---|
| 低碳钢 | 196~216 | 0.25~0.33 |
| 合金钢 | 186~216 | 0.24~0.33 |
| 灰铸铁 | 78.5~157 | 0.23~0.27 |
| 铜及其合金 | 72.6~128 | 0.31~0.42 |
| 铝合金 | 70 | 0.33 |

【例 1-8】 一阶梯形钢杆受力如图 1-37 所示，弹性模量 $E = 206$ GPa，$F_1 = 120$ kN，

$F_2 = 80$ kN,$F_3 = 50$ kN,各段的横截面面积为 $A_{AB} = A_{BC} = 550$ mm²,$A_{CD} = 350$ mm²。试求杆的轴向变形。

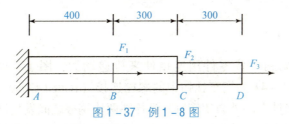

图 1-37 例 1-8 图

**解** 由截面法求得各段杆的轴力为

$$F_{NAB} = 90 \text{ kN}, \quad F_{NBC} = -30 \text{ kN}, \quad F_{NCD} = 50 \text{ kN}$$

根据胡克定律,得到各段杆的变形量为

$$\Delta l_{AB} = \frac{F_{NAB} l_{AB}}{E S_{AB}} = \frac{90 \times 10^3 \times 400}{206 \times 10^3 \times 550} = 0.318 \text{ (mm)} \text{ (伸长)}$$

$$\Delta l_{BC} = \frac{F_{NBC} l_{BC}}{E S_{BC}} = -\frac{30 \times 10^3 \times 300}{206 \times 10^3 \times 550} = -0.079 \text{ (mm)} \text{ (缩短)}$$

$$\Delta l_{CD} = \frac{F_{NCD} l_{CD}}{E S_{CD}} = \frac{50 \times 10^3 \times 300}{206 \times 10^3 \times 350} = 0.208 \text{ (mm)} \text{ (伸长)}$$

杆件的总变形量等于各段杆变形量的代数和,即

$$\Delta l = l_{AB} + l_{BC} + l_{CD} = 0.318 - 0.079 + 0.208 = 0.447 \text{ (mm)}$$

计算结果为正,说明整个杆件是伸长的。

## 练一练

1. 图 1-38 阶梯形圆截面杆,承受轴向载荷 $F_1 = 50$ kN 与 $F_2$ 作用,AB 与 BC 段的直径分别为 $d_1 = 20$ mm 和 $d_2 = 30$ mm,如欲使 AB 与 BC 段横截面上的正应力相同,试求载荷 $F_2$ 之值。

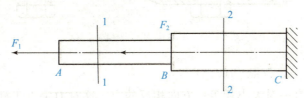

图 1-38 题图

2. 图 1-39 阶梯形杆 AC,$F = 10$ kN,$l_1 = l_2 = 400$ mm,$A_1 = 2A_2 = 100$ mm²,$E = 200$ GPa,试计算杆 AC 的轴向变形 $\Delta l$。

图 1-39 题图

## 1.5 构件剪切与挤压

### 1.5.1 剪切变形和挤压变形

工程机械中经常见到一些零件用连接件来传递动力,图1-40为铆钉连接(Rivet Connection)简图,图1-41为拖车挂钩中的螺栓连接(Bolted Connection),它们均受到剪力的作用。作用在连接件上的外力使铆钉、螺栓在两块钢板之间发生错动,连接铆钉、螺栓会发生剪切变形,同时在外力的作用范围内会产生挤压变形,若外力超过一定限度,构件将会被剪断或由于挤压面严重变形而导致连接松动,使结构不能正常工作。

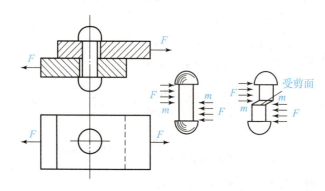

图1-40 铆钉连接简图

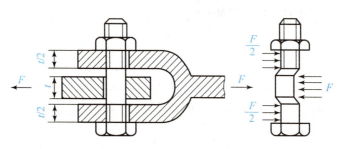

图1-41 拖车挂钩中的螺栓连接

**1. 剪切变形(Shear Deformation)**

受力特点:作用有一对大小相等、方向相反的力,这对力垂直于杆轴线且作用线相距很近。

变形特点:在这对力所在范围内,杆件的横截面将会发生相对错动,若外力超过一定限度,杆件将会沿某一截面 $m$—$m$ 被剪断。$m$—$m$ 截面称为剪切面(受剪面),剪切面与杆轴线垂直、与外力作用线平行,如图1-40所示。只有一个受剪面的剪切称为单剪,有两个受剪面的剪切称为**双剪**。

**2. 挤压变形(Extrusion Deformation)**

机械中的连接件,如螺栓、键、销、铆钉等,在受剪切作用的同时,在连接件和被连接件接触面上互相压紧,产生局部压陷变形,甚至压溃破坏,这种现象称为挤压。

零件上产生挤压变形的表面称为挤压面（Extruded Surface）。挤压面上的压力称为挤压力（Extrusion Force），用 $F_{jy}$ 表示，如图 1-42 所示。

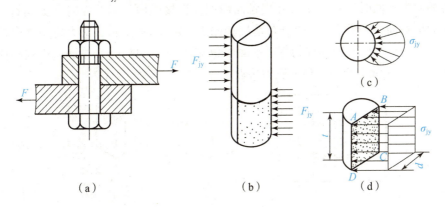

图 1-42　挤压的概念

### 1.5.2　剪切与挤压的内力分析与应力分析

剪切面上分布内力的合力称为剪力（Shearing Force），用 $F_Q$ 表示，剪力在剪切面上的分布是不均匀的，工程上常采用假定实用计算，即假定剪力是均匀分布的，这样的假设既简化了计算的同时也可以满足工程实际的需要。剪力在剪切面上的分布集度称为剪应力（Shearing Stress），用符号 $\tau$ 表示，如图 1-43 所示。

$$\tau = \frac{F_Q}{S_j} \tag{1-27}$$

式中　$F_Q$——剪切面上的剪力；
　　　$S_j$——剪切面的面积。

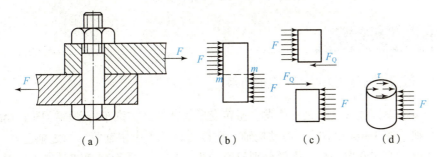

图 1-43　剪切内力与应力分析

挤压面上的压力称为挤压力，用 $F_{jy}$ 表示。挤压面上的压强称为挤压应力（Extrusion Stress），用 $\sigma_{jy}$ 表示。挤压应力在接触处分布也是不均匀的，同剪应力一样，工程上也采用假定实用计算。

故挤压应力为：

$$\sigma_{jy} = \frac{F_{jy}}{S_{jy}} \tag{1-28}$$

式中，$F_{jy}$——挤压面上的挤压力；

$S_{jy}$——挤压面的计算面积。

当接触面为平面时，$S_{jy}$就是实际接触面面积，当接触面为圆柱面时（如销钉、铆钉等与钉孔间的接触面），挤压应力的分布情况如图 1-44（a）所示，最大应力在圆柱面的中点。实用计算中，以圆孔或圆柱的直径平面面积 $td$［图 1-44（b）中画阴影线的面积］除 $F_{jy}$，则所得应力大致上与实际最大应力接近。

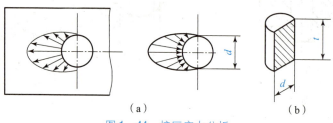

图 1-44 挤压应力分析

### 练一练

图 1-45 的木榫接头，$F=50$ kN，试求接头的剪切与挤压应力。

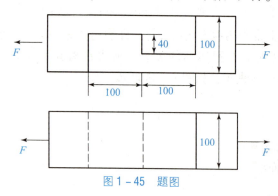

图 1-45 题图

## 1.6 圆轴构件扭转

### 1.6.1 扭转变形的受力特点及变形特点

在工程实际中，经常会看到一些发生扭转变形的杆件，如汽车传动轴［图 1-46（a）］，汽车转向盘轴［图 1-46（b）］、电动机轴、搅拌器轴、车床主轴等。与之前已经研究过的轴向拉压变形、剪切变形一样，需要分别研究内力、应力，从而建立扭转变形的强度条件，以便对结构进行分析、计算。

扭转变形（Torsion Deformation）的受力特点为：杆件两端分别受到大小相等、转向相反，且垂直于轴线平面内的两个外力偶作用。其变形特点为：杆的各横截面绕轴线做相对转动。任意两横截面之间产生相对角位移 $\varphi$，$\varphi$ 称为**扭转角**（Angle of Torsion）（如 $\varphi_{AB}$ 为截面 $B$ 相对于截面 $A$ 的扭转角）。

工程中把以承受扭转变形为主的杆件称为轴，由于轴的横截面通常为圆形截面，也称圆轴。

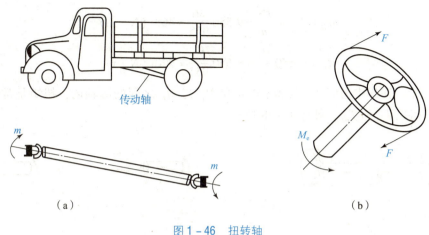

图 1-46 扭转轴

(a) 汽车传动轴；(b) 汽车转向盘轴

### 1.6.2 内力分析与应力分析

**1. 外力偶矩的计算**

工程中，对于作用于轴的外力偶矩一般不直接给出，通常根据轴传递的功率和轴的转速算出。功率、转速和外力偶矩之间的换算关系为

$$M_e = 9\,550\,\frac{P}{n} \tag{1-29}$$

式中 $M_e$——外力偶矩的大小，N·m；

$P$——轴所传递的功率，kW；

$n$——轴的转速，r/min。

**2. 扭矩与扭矩图**

(1) 扭矩（Torque）。

当已知作用在轴上的所有外力偶矩后，即可用截面法计算圆轴扭转时各横截面上的内力。若求任意横截面 $n$—$n$ 上的内力，假想沿截面将轴切开，分为左右两段，任取左段或右段为研究对象。为了使截面两侧求出的转矩的符号一致，故规定扭矩的正负号，采用右手螺旋定则确定。

(2) 扭矩图（Torque Diagram）。

当轴上作用有两个以上外力偶时，轴上各段扭矩 $M$ 的大小和方向有所不同。为了形象地表达轴上各截面扭矩大小和方向沿轴线的变化情况，可用扭矩图来表示，其绘制方法与轴力图的绘制方法相似。

【例 1-9】 图 1-47 为一等截面齿轮轴，已知轴的转速 $n = 955$ r/min，主动轮 $A$ 的输入功率 $P_1 = 68$ kW，从动轮 $B$、$C$ 的输出功率分别为 $P_2 = 46$ kW 和 $P_3 = 22$ kW。求轴上各截面的扭矩，并画出扭矩图。

**解** (1) 外力偶矩。根据轴的转速、输入和输出功率计算外力偶矩：

$$M_A = 9\,550\,\frac{P_1}{n} = 9\,550\,\frac{68}{955} = 680\ (\text{N·m})$$

$$M_B = 9\,550\,\frac{P_2}{n} = 9\,550\,\frac{46}{955} = 460\ (\text{N}\cdot\text{m})$$

$$M_C = 9\,550\,\frac{P_3}{n} = 9\,550\,\frac{22}{955} = 220\ (\text{N}\cdot\text{m})$$

（2）扭矩。在集中力偶 $M_A$ 与 $M_B$ 之间和 $M_B$ 与 $M_C$ 之间的圆轴内，扭矩是常量，分别假设为正的扭矩 $T_{n1}$ 和 $T_{n2}$，如图 1-48 所示。

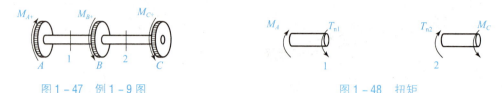

图 1-47　例 1-9 图　　　　　　　　图 1-48　扭矩

由平衡方程可以求得 $T_{n1} = M_A = 680\ \text{N}\cdot\text{m}$，$T_{n2} = M_C = 220\ \text{N}\cdot\text{m}$。
由结果可知扭矩的符号都为正。

（3）扭矩图。根据上述结果画出扭矩图，如图 1-49 所示。
扭矩数值最大值发生在 AB 段。
注：若将轮 A 与轮 B 相互调换，则轴的左右两段内的扭矩分别是：

$$T_{n1} = -M_B = -460\ \text{N}\cdot\text{m}$$

$$T_{n2} = M_C = 220\ \text{N}\cdot\text{m}$$

此时轴的扭矩图如图 1-50 所示。可见轴内的最大扭矩值比原来减小了。因此，传动轴上主动轮和从动轮安装位置不同，轴所受的最大扭矩也就不同，显然，两者相比后者较合理。

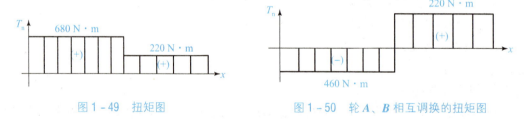

图 1-49　扭矩图　　　　　　　　图 1-50　轮 A、B 相互调换的扭矩图

### 3. 扭转时的应力分析

实验结果和理论分析表明，圆轴扭转时，其横截面上只有切应力。切应力的分布规律是各点的切应力与横截面半径方向垂直，其大小与该点到圆心的距离成正比。图 1-51（a）为实心轴截面，图 1-51（b）为空心轴截面。

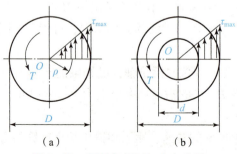

图 1-51　圆轴扭矩时切应力分析
(a) 实心轴截面；(b) 空心轴截面

任意一点任力的计算公式为

$$\tau_\rho = \frac{T}{I_P}\rho \quad (1-30)$$

式中　$\tau_\rho$——横截面上任意一点切应力；

　　　$T$——横截面上的扭矩；

　　　$\rho$——所求应力点到圆心的距离；

　　　$I_P$——横截面对形心的**极惯性矩**（Polar Moment of Inertial），$I_P = \int_A \rho^2 dA$，是一个只与截面的形状和尺寸有关的几何量，$m^4$ 或 $mm^4$。

由式（1-30）可知，当 $\rho = R$ 时，

$$\tau_{max} = \frac{TR}{I_P} \quad (1-31)$$

因此，圆轴扭矩时，最大切应力发生在圆轴表面。

令

$$W_P = \frac{I_P}{R} \quad (1-32)$$

则有

$$\tau_{max} = \frac{T}{W_P} \quad (1-33)$$

式中　$W_P$——扭转截面系数，$m^3$ 或 $mm^3$。

常用截面极惯性矩 $I_P$ 和扭转截面系数 $W_P$ 的计算公式如下：

（1）空心圆截面。

极惯性矩：

$$I_P = \frac{\pi(D^4 - d^4)}{32} = \frac{\pi D^4}{32}(1 - \alpha^4) \quad (1-34)$$

式中　$\alpha = d/D$——横截面内外径之比。

扭转截面系数：

$$W_P = \frac{I_P}{R} = \frac{2I_P}{D} = \frac{\pi D^3}{16}(1 - \alpha^4) \quad (1-35)$$

（2）实心圆截面。

将 $d = 0$ 及 $\alpha = d/D = 0$ 代入上两式，即可得实心圆截面对形心的极惯性矩和扭转截面系数分别为

$$I_P = \frac{\pi D^4}{32} \quad (1-36)$$

$$W_P = \frac{\pi D^3}{16} \quad (1-37)$$

## 练一练

1. 试绘出图1-52各轴的扭矩图。

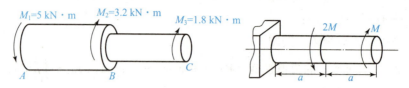

图1-52 题图

2. 一传动轴如图1-53所示,其转速 $n=300$ r/min,主动轮输入的功率 $P_B=368$ kW;若不计轴承摩擦所耗的功率,3个从动轮输出的功率分别为 $P_A=110.4$ kW, $P_C=110.4$ kW, $P_D=147.2$ kW。试绘扭矩图。

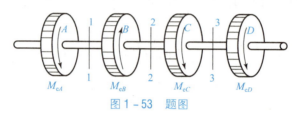

图1-53 题图

## 1.7 构件的扭转

### 1.7.1 平面弯曲的概念

**1. 基本概念**

在工程实际中,经常遇到很多承受载荷后发生弯曲变形的构件,比如汽车梁式车架中各横梁、桥式起重机横梁、火车轮轴等,如图1-54所示。这类构件受力的共同特点是各外力垂直于杆件轴线,变形时杆件的轴线变成了曲线,这种变形称为弯曲(Bend)。弯曲是杆件基本变形中的一种。工程上将以弯曲变形为主的杆件统称为梁。

工程中的梁,其横截面通常都有一纵向对称轴,该对称轴与梁的轴线组成梁的纵向对称面。所有外力、外力偶作用在梁的纵向对称平面内,则梁变形后的轴线在此平面内弯曲成一条平面曲线,这种弯曲称为平面弯曲。平面弯曲是弯曲变形中最基本的一种。本节只讨论平面弯曲。

观看平面弯曲演示

**2. 梁的计算简图及其分类**

(1) 梁的简化。

不论梁的截面形状如何复杂,可将梁简化为一根直杆,称为直梁。并用其轴线表示。

(2) 梁的支座的简化。

梁的支座包括活动铰链支座、固定铰链支座、固定端支座。

(3) 载荷的简化。

载荷包括集中载荷、分布载荷、集中力偶。

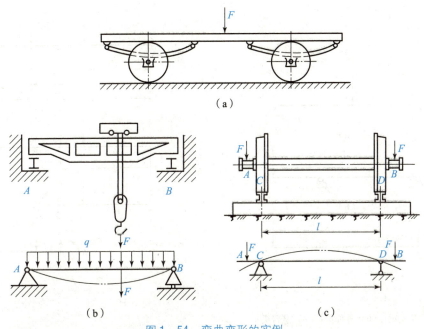

图 1-54 弯曲变形的实例

(a) 汽车横梁；(b) 桥式起重机横梁；(c) 火车轮轴

(4) 梁的基本形式。

根据梁的支承情况，一般可简化为以下三种形式。

1) 简支梁。梁的一端可简化为固定铰链约束，另一端可简化为活动铰链约束，如图 1-55 (a) 所示。

图 1-54 中的桥式起重机横梁即可简化为简支梁。

2) 外伸梁的约束简化情况同简支梁，但梁的一端或两端外伸，如图 1-55 (b) 所示。图 1-54 中的汽车横梁、火车轮轴即可简化为外伸梁。

3) 悬臂梁。梁的一端自由，另一端有约束，且该约束为固定端约束，如图 1-55 (c) 所示。

### 1.7.2 内力分析与应力分析

**1. 梁弯曲时的内力——剪力和弯矩**

为了研究梁的强度和刚度条件，需分析梁上各截面的内力，并使用截面法求出内力，如图 1-56 的简支梁 $AB$，受集中力 $F_1$、$F_2$ 作用而平衡。

首先，运用静力平衡方程求出支座约束反力 $F_A$、$F_B$。然后在梁上取一截面 $m$—$m$ 分析其内力。用截面法将梁切开，任取其中一段，例如左段，作为研究对象。其上受到主动力 $F_1$ 和约束反力 $F_A$ 作用，一般 $F_1 \neq F_A$ (设 $F_1 < F_A$)，则 $F_A$、$F_1$ 有使左段梁向上运动的趋势。为保持平衡，截面 $m$—$m$ 上应有一个与横截面相切的内力 $F_Q$。

由平衡方程：

$$\sum F_y = 0$$
$$F_A - F_1 - F_Q = 0$$

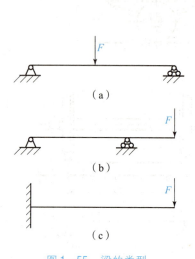

图 1-55 梁的类型
(a) 简支梁;(b) 外伸梁;(c) 悬臂梁

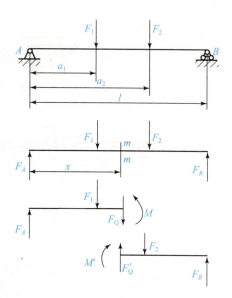

图 1-56 梁截面的内力

得:
$$F_Q = F_A - F_1$$

内力 $F_Q$ 称为剪力,其作用线平行于截面并通过截面的形心。另外,$F_A$ 和 $F_1$ 有使梁做顺时针转动的趋势。为保持平衡,截面 $m—m$ 上还应有一个逆时针方向的内力偶 $M$,求各力对截面形心 $C$ 的矩的代数和:

$$\sum M_C(F) = 0$$
$$M + F_1(x - a_1) - F_A x = 0$$
$$M = F_A x - F_1(x - a_1)$$

内力偶矩 $M$ 称内弯矩(Internal Bending Moment),其作用在梁的纵向对称面内。式中 $x$ 为截面 $m—m$ 到支座 $A$ 之间的距离。

由以上的分析计算可得如下结论:梁受外力作用发生弯曲时,横截面上的内力包括剪力 $F_Q$ 和弯矩 $M$,它们的大小可通过静力平衡方程求出。剪力 $F_Q$ 的大小等于截面一侧梁段上所有外力的代数和,即

$$F_Q = \sum F_L \text{ 或 } F_Q = \sum F_R$$

式中　$F_L$——截面左侧梁段上的力;
　　　$F_R$——截面右侧梁段上的力。

弯矩 $M$ 的大小等于截面一侧所有外力及外力偶矩对该截面形心 $C$ 的力矩的代数和,即

$$M = \sum (F_L x_i + M_{ei}) \text{ 或 } M = \sum (F_R x_i + M_{ei})$$

式中　$x_i$——外力距截面形心的距离。

对于同一截面,取截面左侧和右侧轴段为研究对象,所求得的剪力和弯矩应该大小相等、方向(或转向)相反。

为使以上两种情况所得同一横截面上的内力具有相同的正负号,对剪力与弯矩的正负做

如下规定：研究对象的横截面左上右下的剪力为正，反之为负，如图 1-57（a）、（b）所示；使弯曲变形为凹向上的弯矩为正（也即研究对象的横截面左顺右逆的弯矩为正），反之为负，如图 1-57（c）、（d）所示。

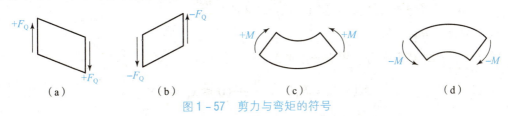

图 1-57 剪力与弯矩的符号

(a) 左上剪刀；(b) 右下剪刀；(c) 左顺弯矩；(d) 右逆弯矩

计算时，对于未知方向的内力可将其全部假设为正，计算结果为正，说明假设正确，内力为正；反之说明假设与实际相反，内力为负。

实例分析表明，一般情况下梁的横截面上产生两种内力，即剪力和弯矩。但通常梁的跨度较大，剪力对梁的强度和刚度影响很小，可忽略不计。故后面只研究弯矩对梁的作用。

2. 弯矩图

为了分析弯矩随截面位置的变化情况，并确定弯矩的最大值及其产生的位置，通常一梁轴线方向的坐标 $x$ 表示横截面的位置，用垂直于梁轴线的 $M$ 表示对应截面上弯矩的大小。正弯矩绘在 $x$ 轴的上方，负弯矩绘在 $x$ 轴的下方。这种表示弯矩随截面位置变化规律的图形，称为弯矩图。

【例 1-10】 图 1-58（a）中，桥式起重机横梁长为 $l$，起吊重物处在图示位置，其重力为 $W$，并不计梁的自重。试画出图示位置横梁的弯矩图。

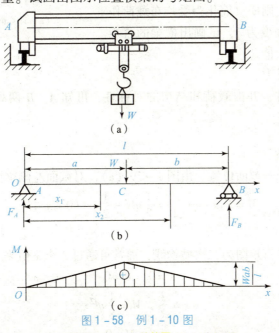

图 1-58 例 1-10 图

(a) 示意图；(b) 计算简图；(c) 弯矩图

**解** （1）绘计算简图。图 1-58（b）中，横梁简化为简支梁，该梁在 $C$ 处有起吊重力 $W$，在两端 $A$、$B$ 处有支座反力 $F_A$、$F_B$，均为集中力。

（2）求支座反力。

由 $\sum M_A = 0$ 及 $\sum M_B = 0$，得

$$F_A = \frac{Wb}{l}, \quad F_B = \frac{Wa}{l}$$

（3）列弯矩方程。

因梁在点 $C$ 处有集中力，故应分段考虑。

AC 段 $\quad M(x_1) = F_A x_1 = \frac{Wbx_1}{l}(0 \leq x_1 \leq a)$

CB 段 $\quad M(x_2) = F_B(l - x_2) = \frac{Wa}{l}(l - x_2)(a \leq x_2 \leq l)$

（4）画弯矩图。

由弯矩方程知，$C$ 截面左右段均为斜直线。

AC 段 $x_1 = 0, M_A = 0; x_1 = a, M_C = \frac{Wab}{l}$

BC 段 $x_2 = a, M_C = \frac{Wab}{l}; x_2 = l, M_B = 0$

弯矩图如图 1-58（c）所示。最大弯矩在集中力作用处横截面 $C$，$M_{max} = \frac{Wab}{l}$。

【例 1-11】 图 1-59（a）中，桥式起重机横梁的自重对其强度和刚度的影响往往不可忽略。若仅考虑横梁的自重，则横梁简化为受均布载荷作用的简支梁，其载荷集度为 $q$，试画出横梁的弯矩图，并确定弯矩的最大值。

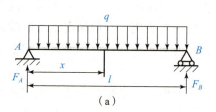

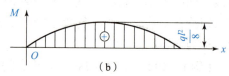

图 1-59 例 1-11 图
(a) 计算简图；(b) 弯矩图

**解** （1）求支座反力。

根据静力平衡条件，并由载荷和结构的对称性，可知 $A$、$B$ 两处的支座反力相等，即 $F_A = F_B = \frac{1}{2}ql$。

（2）建立弯矩方程。

设 $x$ 表示横梁上任一截面位置。由图 1-59（a），对截面左侧梁段建立弯矩方程，即

$$M = F_A x - qx\frac{x}{2} = \frac{1}{2}qlx - \frac{1}{2}qx^2 (0 \leq x \leq l)$$

（3）画弯矩图。

由弯矩方程可知，弯矩图为二次抛物线，通常可通过 3 个 $x$ 值来大致确定其形状，即

$$x = 0, M = 0$$
$$x = \frac{l}{2}, M = \frac{1}{8}ql^2$$
$$x = l, M = 0$$

据此可画出横梁的弯矩图。由图 1-57（b）的弯矩图可知，横梁在中点处的截面有最大弯矩。其值为 $M_{max} = \frac{1}{8}ql^2$。

**【例 1-12】** 图 1-60（a）中，简支梁受集中力偶作用，试画出该简支梁的弯矩图，并指出最大弯矩所在截面的位置。

**解** （1）求支座反力。

根据力偶的性质，支座反力 $F_A$、$F_B$ 必形成一力偶与集中力偶 $M_e$ 平衡，并由力偶平衡方程求得 $F_A$、$F_B$，即

$$\sum M = 0 \qquad F_A l - M_e = 0$$

得

$$F_A = F_B = \frac{M_e}{l}$$

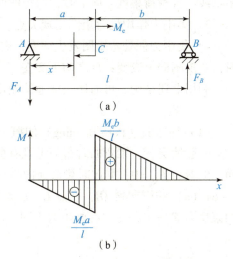

图 1-60 例 1-12 图
（a）计算简图；（b）弯矩图

（2）建立弯矩方程。

因点 $C$ 处有集中力偶，故弯矩需分段考虑。

AC 段

$$M = -F_A x = -\frac{M_e}{l} x \quad (0 \leqslant x \leqslant a)$$

BC 段

$$M = F_B(l-x) = \frac{M_e}{l}(l-x) \quad (a \leqslant x \leqslant l)$$

（3）画弯矩图。

由弯矩方程可知，截面 $C$ 左右段梁的弯矩图均为斜直线，其中

AC 段

$$x = 0, \quad M_A = 0$$

$C$ 处左端

$$x = a, \quad M_C = -\frac{M_e a}{l}$$

BC 段

$C$ 处右端

$$x = a, \quad M_C = \frac{M_e b}{l}$$

$$x = l, \quad M = 0$$

据此可画出横梁的弯矩图，如图 1-60（b）所示。

由弯矩图可知，如 $b > a$，则最大弯矩发生在集中力偶作用处右侧横截面上，即

$$M_{\max} = M_C = \frac{M_e b}{l}$$

上述几例分别是集中力、均布载荷和集中力偶的作用，因此可归纳出弯矩图的变化规律如下：

1）一般情况下，梁的弯矩方程是 $x$ 的连续函数，而且是分段的连续函数，即弯矩图上有转折点；转折点在集中力作用点、集中力偶处和均布载荷的始末端。因此，应根据外载荷的作用位置分段建立梁的弯矩方程，并画出弯矩图。

2）梁段上无均布载荷时，弯矩图一般为斜直线。梁段上有均布载荷时，弯矩图为二次

抛物线，且载荷集度 q 向下时，弯矩图曲线凹向下，反之凹向上。

3）集中力作用处弯矩图出现尖点，发生转折。

4）集中力偶处弯矩图发生突变，突变的数值与集中力偶矩相同，集中力偶顺时针方向时，弯矩图向上突变；反之向下突变。

利用上述结论，可简便快捷地绘制出梁的弯矩图。

### 3. 纯弯曲时的正应力

（1）纯弯曲（Pure Bending）的概念。

一般情况下，梁弯曲时截面上既有剪力，又有弯矩，这种弯曲称为剪切弯曲。如果梁截面上的剪力 $F_Q = 0$，则此时梁截面内力只有弯矩而无剪力，这种情况称为纯弯曲。例如，图 1-61（a）的简支梁 AB，在点 C、D 受集中力 F 作用，则利用静力学平衡条件可算出支座约束反力 $F_A = F_B = F$，并画出剪力图、弯矩图，如图 1-61（b）、（c）所示。

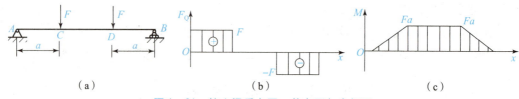

图 1-61　简支梁受力图、剪力图与弯矩图
（a）受力图；（b）剪力图；（c）弯矩图

从图 1-61 中可看出，CD 段剪力 $F_Q = 0$，弯矩 $M = Fa$（常数），则 CD 段内力只有弯矩无剪力，属纯弯曲。纯弯梁的弯矩图是一平行于 x 轴的直线。

由前所述，确定梁的强度和刚度时通常可忽略剪力对梁的作用，也就是将梁视作纯弯曲。梁弯曲变形后，纵向纤维有伸长层，也有缩短层，在伸长层和缩短层之间有一层纤维弯曲而长度不变，这一层纵向纤维为中性层。中性层与横截面的交线称为中性轴，它通过截面形心 C，如图 1-62（a）所示。所有横截面仍保持平面，只是绕中性轴相对转动；横截面上中性轴的一侧受拉、另一侧受压。正应力分布规律是：横截面上各点正应力的大小与该点到中性轴的距离成正比，中性轴上的正应力等于 0，离中性轴最远点即上下边缘的正应力最大，如图 1-62（b）所示。

经理论推导知纯弯曲时梁横截面上的正应力计算公式：

$$\sigma = \frac{My}{I_z} \tag{1-38}$$

式中　$M$——横截面上的弯矩，N·mm；

$y$——横截面上任一点到中性轴的距离，mm；

$I_z = \int_A y^2 \mathrm{d}A$——截面对中性轴 z 的惯性矩，只与截面的形状和尺寸有关的几何量，$mm^4$。

由式（1-38）可知，梁弯曲时，横截面上任一点处的正应力与该截面上的弯矩成正比，与惯性矩成反比，并沿截面高度呈线性分布。y 值相同的点，正应力相等；中性轴上各点的正应力为 0。在中性轴的上、下两侧，一侧受拉，另一侧受压。距中性轴越远，正应力越大，如图 1-62（b）所示。

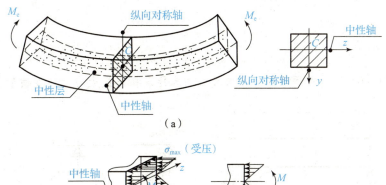

(a)

(b)

图 1-62 纯弯曲时正应力的分布规律

当 $y = y_{max}$ 时，弯曲正应力最大，其值为

$$\sigma_{max} = \frac{My_{max}}{I_z} = \frac{M}{W_z} \quad (1-39)$$

式中 $W_z = I_z / y_{max}$ ——梁的抗弯截面系数，反映了横截面抵抗弯曲破坏能力的一个几何量，是一个与截面形状和尺寸有关的几何量，$mm^3$。

常用截面的 $I_z$ 和 $W_z$ 计算公式见表 1-2。

表 1-2 常用截面的 $I_z$ 和 $W_z$ 计算公式

| 图形 | 形心位置 | 截面对中性轴 z 的惯性矩 | 梁的抗弯截面系数 |
|---|---|---|---|
| 矩形（b×h） | $y = \frac{1}{2}h$ （y = 0） | $I_z = \frac{1}{12}bh^3$ | $W_z = \frac{1}{6}bh^2$ |
| 圆形（D） | 圆心 | $I_z = \frac{\pi}{64}D^4$ | $W_z = \frac{\pi}{32}D^3$ |
| 圆环（D, d） | 圆心 | $I_z = \frac{\pi}{64}(D^4 - d^4)$ $= \frac{\pi}{64}D^4(1 - a^4)$ $a = \frac{d}{D}$ | $W_z = \frac{\pi}{32}D^3(1 - a^4)$ $a = \frac{d}{D}$ |

> 练一练

试作如图 1-63 各梁的弯矩图，并求最大的弯矩及指出最大弯矩所在截面位置。

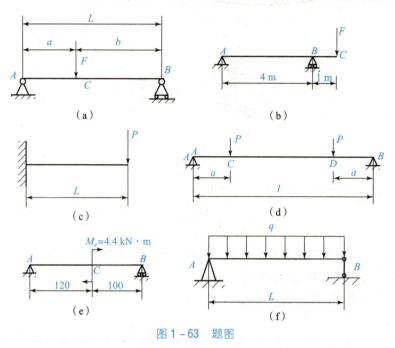

图 1-63 题图

# 项目二 常用机构

## 汽车前窗雨刮器机构设计与制作
## Car Front Window Wiper Design and Production

### 1. 背景

雨刮器（图2-1）是用来刷刮附着于车辆挡风玻璃上的雨点及灰尘的设备，以改善驾驶人的能见度，增加行车安全。用你能找到的材料设计并制作一款雨刮器模型，可以利用各种工具和机器，最后制作一个完整的项目PPT，介绍你的团队、已完成的工作，尽量体现常用机构的原理。

图2-1 汽车前窗雨刮器

### 2. 模型设计制作要求

#### 任务描述

雨刮器总成含有电动机、减速器、四连杆机构、刮水臂心轴、刮水片总成等。当司机按下雨刮器的开关时，电动机启动，电动机的转速经过蜗轮蜗杆的减速增扭作用驱动摆臂，摆臂带动四连杆机构，四连杆机构带动安装在前围板上的转轴左右摆动，最后由转轴带动雨刮片刮扫挡风玻璃。

本项目要求设计与制作一个汽车雨刮器模型，具体过程如下：

- 确定目标：确定雨刮器实现的功能和预计的工作角度。
- 小组讨论：采用头脑风暴法充分发散思维，小组讨论设计实现目标步骤的具体实施方法。
- 绘制思路：发挥逻辑思维能力，把各步骤草图画出来，并连贯起来形成模型。
- 实施制作：选择手边现有的材料实施制作，要求以最常见的生活材料为主，尽量运用本章的常用机构进行搭建。
- 调试验证：运用制作实物验证绘制模型的可行性，采取挫折教育，在失败中修正设计错误和摆放误差，最终实现预计的功能。
- 制作PPT：运用文档编辑知识制作一个PPT，实现知识分享。

## 每人所需材料

(1) 1块多孔密度板做机座。
(2) 1个小电动机。
(3) 1块亚克力板用来切割连杆。
(4) 若干M2的螺钉和螺母。

## 技术

(1) 平面传动技术。
(2) 激光切割技术。
(3) 资料检索技术。
(4) 计算机制作PPT并上传。
(5) 手机拍摄图片。

## 学习成果

(1) 学习使用各种工具设计并制作1个雨刮器模型，能实现至少75°的往复运动。
(2) 学习使用力学知识制作小设备。
(3) 学习使用办公软件制作PPT。
(4) 学习理论并制作1张常用机构的知识心智图。

### 古代机械文明小故事

#### 车的起源

车的起源（图2-2）是机械史上的一件大事，同时也是历史上的一件大事，关于车的创始年代，有着不同的说法：三国时谯周著的《古史考》及清代陈梦雷的《古今图书集成》上都说"黄帝作车"；而战国史官撰写的《世本》则说"奚仲作车"。奚仲是传说中黄帝之后，夏代的一个臣子。也有的说，奚仲只是夏代"车正"（掌管车的官员）。如把这些说法综合起来，则可以理解为黄帝时代创制车，而奚仲对车做了改进。若以"黄帝作车"为据，则车子约有4 600年的历史。

图2-2 车的起源

## 2.1 平面机构运动简图及其自由度

### 2.1.1 机构的组成

**1. 机构和构件**

机械（Mechanics）中做独立运动的单元称为构件（Component）。

组成机构的构件按运动性质可分为原动件（Original Moving Parts）、从动件（Follower）和机架（Frame）三类。

机械中不可拆分的制造单元体称为零件（Spare Parts），它是组成机器（Machine）或机构的基本单元。

**2. 运动副及其分类**

（1）运动副。

组成机构的所有构件都应具有确定的相对运动，两构件直接接触而形成的可动连接称为运动副（Kinematic Pair）。

（2）运动副的分类。

有趣的结构

1）平面运动副（Planar Kinematic Pair）和空间运动副（Spatial Kinematic Pair 转动副）（根据两构件之间的相对运动分类）。

2）高副和低副（根据两构件之间的接触情况分类）。

①高副（Higher pair）：两构件通过点或线接触而构成的运动副。

②低副（Lower pair）：两构件通过面接触而构成的运动副。

a. 转动副（Rotating Pair）：两构件之间的相对运动为转动的低副，也称为铰链。

b. 移动副（Mobile Pair）：两构件之间的相对运动为移动的低副。

表 2-1 为机构中常用的运动副的分类及特点。

表 2-1 机构中常用的运动副的分类及特点

| 分类 | | 示意图 | 实物图 | 特点 |
|---|---|---|---|---|
| 低副 | 转动副 | | | 1. 两构件之间是面接触的运动副。<br>2. 容易制造和维修，承载能力大，有较大的滑动摩擦，效率低，不能传递复杂运动 |
| | 移动副 | | | |

续表

| 分类 | 示意图 | 实物图 | 特点 |
|---|---|---|---|
| 高副 |  |  | 1. 两构件之间是点或线接触的运动副。<br>2. 制造维修困难，承载时单位面积压力较大，接触处易磨损、寿命短，可传递复杂运动 |

### 2.1.2 平面机构运动简图

**1. 概念**

机器由机构组成，对机器中的机构进行运动分析和力学分析时，或者构思机器中新机构的运动方案时，或者对组成机械的各种机构做运动和力学设计时，都需要一种表示机构的简明图形，即机构运动简图。

**2. 平面机构运动简图及其意义**

（1）机构运动简图。

用简单线条和规定的符号表示构件和运动副，并按照一定的比例尺确定运动副的相对位置及与运动有关的尺寸，这种表示机构的组成和各构件间真实运动关系的简单图形称为机构运动简图。

（2）意义。

人们发现，机构在运动时，各部分的运动是由其原动件的运动规律，该机构中各运动副的类型、数目及相对位置来决定的，而与构件和运动副的实际结构无关。机构运动简图不仅可以简明地描述一部机器或机械系统的组成情况，而且运动特性与其实际情况完全等价。

**3. 运动副和构件的表示**

常用的运动副简图表示法见表 2-2。

表 2-2 常用的运动副简图表示法

| 分类 | | 运动副简图表示法 |
|---|---|---|
| 低副 | 转动副 |  |
| | 移动副 | 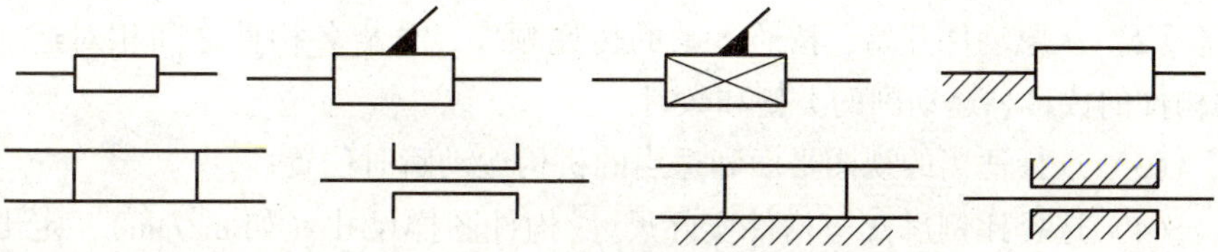 |

续表

| 分类 | | 运动副简图表示法 |
|---|---|---|
| 高副 | 齿轮副<br>凸轮副 | 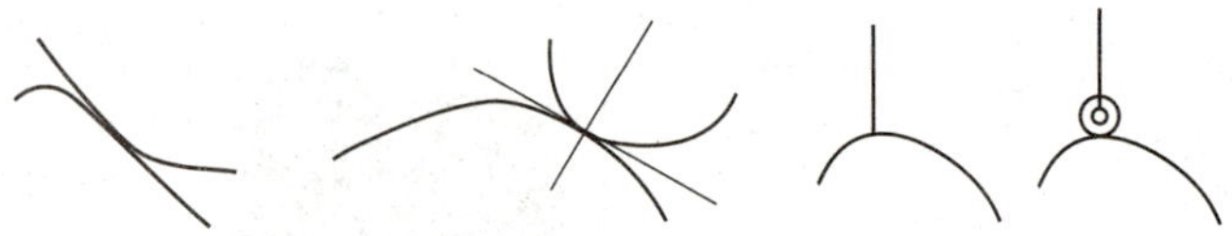 |

构件的表示：由于构件的相对运动主要取决于运动副，因此首先用符号画出各运动副元素在构件上的相对位置，然后用简单的线条把它们连接成构件，表示方法见表2-3。

表 2-3 构件表示方法

| 构件名称 | 构件简图 |
|---|---|
| 杆、轴 | |
| 机架 | 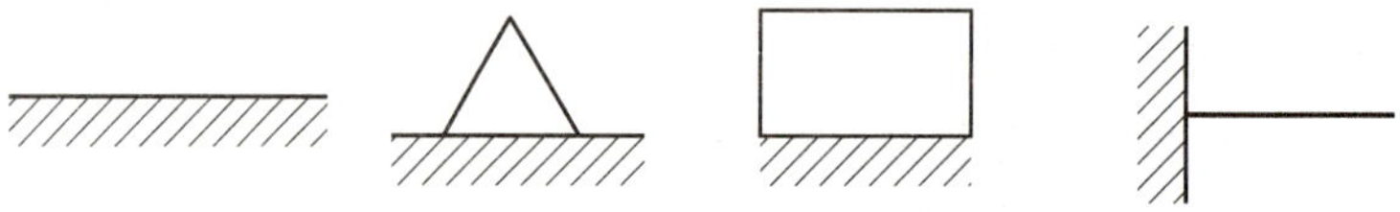 |
| 同一构件 | 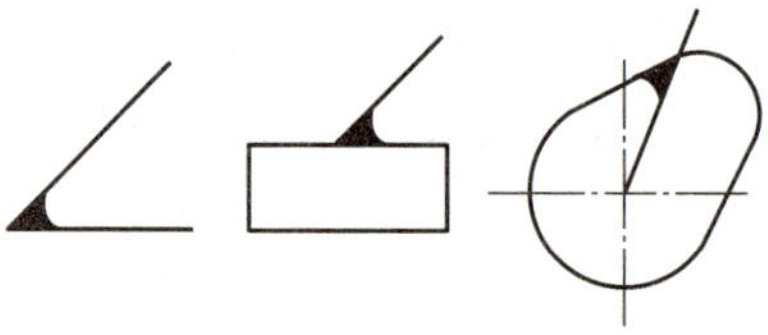 |
| 两构件 | 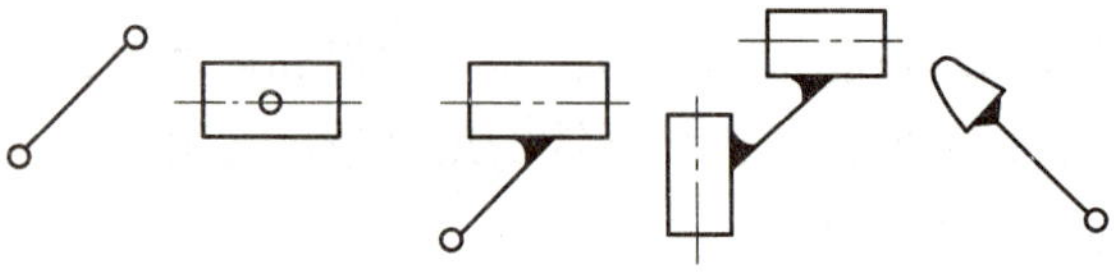 |
| 三副构件 | 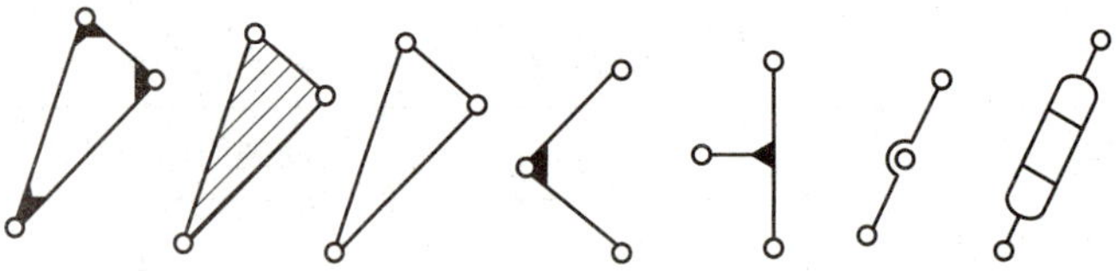 |

**4. 绘制平面机构运动简图的方法和步骤**

绘制运动简图的大致步骤可归结为：

（1）分析机构运动，找出机架、原动件和从动件。

（2）从原动件开始，按照运动的传递顺序，分析各构件之间相对运动的性质；确定活动构件的数目、运动副的类型和数目。

（3）选择适当的视图平面和适当的机构运动瞬时位置。

（4）选择比例尺 $\mu_l$ = 构件实际尺寸/构件图样尺寸（如 m/mm），定出各运动副之间的相对位置，用规定符号绘制机构运动简图。

**【例2-1】** 图2-3（a）为家用缝纫机踏板机构，通过脚踏板1，将运动传递给连杆2、曲轴3和皮带轮4。试绘制其平面机构运动简图，解题过程见表2-4。

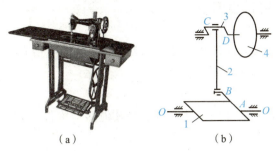

(a)　　　　　　　　　(b)

1—脚踏板；2—连杆；3—曲轴；4—皮带轮

图2-3　缝纫机

（a）缝纫机踏板机构；（b）机构运动简图

**解**　计算步骤列于表2-4。

表2-4　缝纫机机构运动简图绘图步骤

| 步骤 | 内容 |
| --- | --- |
| 1. 确定各构件 | 缝纫机支架为机架，脚踏板1为主动件，脚踏板1通过连杆2带动从动件曲轴3，皮带轮4是执行元件 |
| 2. 确定运动副 | 脚踏板1与连杆2连接为转动副，连杆2与曲轴3连接为转动副，脚踏板1、曲轴3与机架连接均为转动副 |
| 3. 选择投影平面 | 选择缝纫机侧面的平面为投影平面作图 |
| 4. 测量运动副之间距离 | 测定 $l_{AB}=16$ cm，$l_{BC}=30$ cm，$l_{CD}=5$ cm，$l_{AD}=26$ cm |
| 5. 确定比例尺寸 | 确定比例尺寸 $\mu_l=5$ cm/mm |
| 6. 绘制机构运动简图 |  |

### 2.1.3　平面机构的自由度

机构中的构件按其运动性质可分为以下三类。

(1) 机架。

机架是机构中固定不动的构件，用来支承其他可动构件，如各种机器的床身是机架，它支承着轴、齿轮、带轮等活动构件。

(2) 原动件。

原动件是已给定运动规律的活动构件，是直接接受能源或最先接受能源作用有驱动力或力矩的构件，如柴油机中的活塞等。

(3) 从动件。

从动件是机构中随着原动件的运动而运动的其他活动构件，如柴油机中的连杆、曲轴、齿轮等都是从动件。

### 1. 机构的自由度计算

构件 $AB$ 在坐标系 $xOy$ 中，有 3 个独立的运动，如图 2-4 (a) 所示，构件 $AB$ 可随意沿 $x$ 轴或 $y$ 轴运动，或在 $xOy$ 坐标平面内转动。

构件做独立运动的可能性称为构件的自由度。在一个平面内构件的自由度（Free Degree）有 3 个，即 $x$ 方向的移动、$y$ 方向的移动和 $xOy$ 平面内的旋转运动。

构件的自由度

两构件通过运动副连接以后，相对运动会受到限制。图 2-4 (b) 中，构件 1 与构件 2 相接触形成移动副，构件 1 只能相对构件 2 做 $x$ 方向的移动，而 $y$ 方向的移动、$xOy$ 平面内绕某点的旋转都限制了，构件 1 只有 1 个自由度。

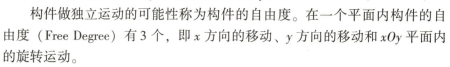

图 2-4 平面运动构件自由度

运动副对成对的两构件间的相对运动所加的限制叫作约束（Constrains）。

机构自由度是指机构中各构件相对于机架的所有的独立运动的数目，用 $F$ 表示。

设一个平面机构由 $N$ 个构件组成，若不包括机架，其活动构件数 $n = N - 1$，显然，这 $n$ 个活动构件在未用运动副连接之前共有 $3n$ 个自由度。当用 $P_L$ 个低副和 $P_H$ 个高副将它们连接后，由于每个低副引入 2 个约束，每个高副引入 1 个约束，则平面机构自由度 $F$ 的计算公式为

$$F = 3n - 2P_L - P_H \tag{2-1}$$

【例 2-2】 计算图 2-5 机构的自由度。

**解** 构件总数 $N = 4$；活动构件数 $n = 3$；低副数 $P_L = 4$（4 个转动副）；高副数 $P_H = 0$。

$$F = 3n - 2P_L - P_H = 3 \times 3 - 2 \times 4 - 0 = 1$$

### 2. 机构具有确定运动的条件

机构具有确定运动是指该机构中所有的构件在任一瞬时的运动都是完全确定的。这就意味着该机构的自由度大于 0，即满足

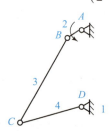

图 2-5 铰链四杆机构

$F>0$，否则该构件系统就不是机构。

图 2-6、图 2-7 两机构，自由度分别为

$$F=3n-2P_L-P_H=3\times 2-2\times 3-0=0$$
$$F=3n-2P_L-P_H=3\times 3-2\times 5-0=-1$$

图 2-6 三杆机构

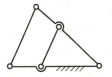

图 2-7 超静定桁架

很明显这两个机构中的各构件间无论怎样加载都不会存在相对运动，构件系统已成为刚性桁架。自由度也失去原来的意义，负值大小只表明超静定的次数。那 $F>0$ 运动就确定吗？

机构原动件的独立运动是由外界给定的。若给出的原动件数不等于机构的自由度，则将产生以下影响。

（1）原动件数 $W<$ 机构自由度 $F$，机构运动不确定，如图 2-8 所示。

（2）原动件数 $W>$ 机构自由度 $F$，将图 2-8 中杆 2 拉断，如图 2-9 所示。

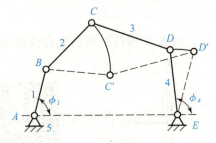

图 2-8 五杆机构

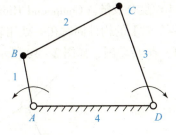

图 2-9 四杆机构

机构具有确定运动的条件是：

（1）机构自由度 $F>0$。

（2）机构自由度 $F$ 等于原动件数 $W$。

通过表 2-5 对常见的机构运动进行分析。

表 2-5 机构运动分析

| 序号 | 机构图例 | 机构自由度 $F$ | 原动件数 | 结论 |
|---|---|---|---|---|
| 1 |  | $F=3n-2P_L-P_H$ $=3\times 3-2\times 4-0$ $=1$ | 1 | $F=W$ 机构有确定运动 |

续表

| 序号 | 机构图例 | 机构自由度 F | 原动件数 | 结论 |
|---|---|---|---|---|
| 2 | | $F = 3n - 2P_L - P_H$<br>$= 3 \times 3 - 2 \times 4 - 0$<br>$= 1$ | 2 | $F < W$<br>机构运动不确定 |
| 3 | | $F = 3n - 2P_L - P_H$<br>$= 3 \times 4 - 2 \times 5 - 0$<br>$= 2$ | 1 | $F > W$<br>机构运动不确定 |
| 4 | | $F = 3n - 2P_L - P_H$<br>$= 3 \times 2 - 2 \times 3 - 0$<br>$= 0$ | 0 | $F = 0$<br>机构为桁架结构，不能运动 |

### 3. 自由度计算时的注意事项

（1）复合铰链（Compound Hinge）。

两个以上的构件同时在一处用转动副构成的连接。由 $K$ 个构件组成的复合铰链应含有 $(K-1)$ 个转动副，如图 2-10 所示。

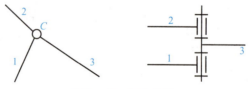

图 2-10　复合铰链

复合铰链

（2）局部自由度（Local Degree of Freedom）。

局部自由度是与机构运动无关的构件的独立运动。图 2-11 凸轮机构中滚子 3 作用是降低凸轮顶杆与凸轮摩擦，并不传递运动。计算机构自由度时应予排除。

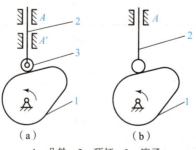

1—凸轮；2—顶杆；3—滚子

图 2-11　局部自由度
(a) 有滚子；(b) 无滚子

局部自由度的处理方法

（3）虚约束（Virtual Constraint）。

在机构中与其他运动副作用重复，而对构件间的相对运动不起独立限制作用的约束。

处理办法：将具有虚约束运动副的构件连同它所带入的与机构运动无关的运动副一并不计。

虚约束常见情况及处理方法如下：

1）机构中某两构件用转动副相连的连接点，在组成运动副前后，其各自的轨迹重合，则此连接带入的约束为虚约束。图 2-12 为平行四边形机构中的虚约束。

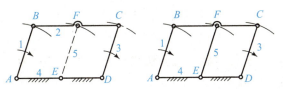

$$F = 3n - 2P_L - P_H = 3 \times 3 - 2 \times 4 - 0 = 1$$

图 2-12 平行四边形机构中的虚约束

2）两构件在多处构成多个移动副，且各移动副的导路重合或平行。图 2-11 为惯性筛机构。

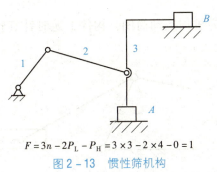

$$F = 3n - 2P_L - P_H = 3 \times 3 - 2 \times 4 - 0 = 1$$

图 2-13 惯性筛机构

3）两构件在多处构成多个转动副，且各转动副的轴线重合。图 2-14 为多个转动副中齿轮与轴承的虚约束。

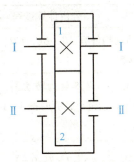

虚约束的处理方法

$$F = 3n - 2P_L - P_H = 3 \times 2 - 2 \times 2 - 1 = 1$$

图 2-14 多个转动副中齿轮与轴承的虚约束

4）机构中具有对运动不起作用的对称部分，如图 2-15 周转轮系中为对称结构引入的 2 齿轮。

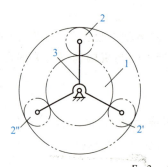 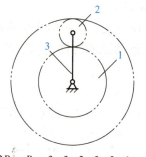

$F = 3n - 2P_L - P_H = 3\times 3 - 2\times 3 - 2 = 1$

图 2-15 对称结构引入的虚约束

5)两构件构成高副,多处接触,且公法线重合。图 2-16 为等宽凸轮中出现的重复平面高副。

注意:

①虚约束是为了改善机构的刚性或受力情况,对机构运动不起作用。

②虚约束是在一点的几何条件下形成的。若不能满足此条件,就会形成"实际约束"。

【例 2-3】 图 2-17 为机构运动简图,构件 1 逆时针旋转,计算该机构自由度。

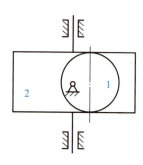

$F = 3n - 2P_L - P_H$
$= 3\times 2 - 2\times 2 - 1 = 1$

图 2-16 重复平面高副

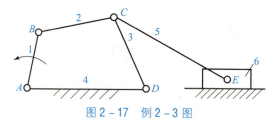

图 2-17 例 2-3 图

**解** 计算步骤列于表 2-6。

表 2-6 机构自由度计算

| 步骤 | 分析计算过程 | 结论 |
|---|---|---|
| 1. 确定构件数 | 原动件为 1,活动构件有 AB、BC、CD、CE、滑块 6。活动构件数 $n = 5$ | $n = 5$ |
| 2. 确定运动副个数 | 低副有 A、B、C、D、E 5 处为转动副,滑块 6 1 处移动副,无高副,但 C 处为复合铰链,计算时按 3-1=2 计算转动副。$P_L = 7$,$P_H = 0$ | $P_L = 7$<br>$P_H = 0$ |
| 3. 计算自由度 F | $F = 3n - 2P_L - P_H = 3\times 5 - 2\times 7 - 0 = 1$ | $F = 1$ |
| 4. 判别运动 | $F = W = 1$,该机构具有确定的相对运动 | $F = W = 1$<br>运动确定 |

## 练一练

**1.** 绘制图 2-18 中各机构运动简图。

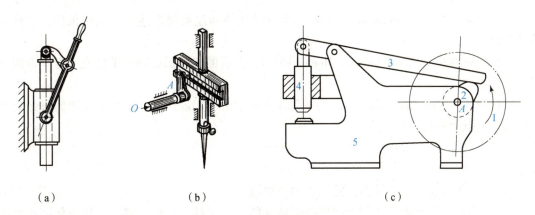

图 2-18 题图

(a) 唧筒；(b) 缝纫机下针机构；(c) 冲床机构

**2.** 计算图 2-19 中各机构的自由度。

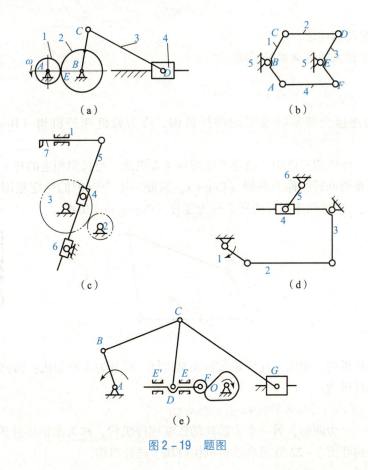

图 2-19 题图

## 2.2 平面连杆机构

### 1. 基本概念

连杆机构（Link Mechanism），由若干个刚性构件通过低副连接而组成的机构，又称为低副机构。

平面连杆机构（Planar Linkage Mechanisms），所有的构件都在同一平面或平行平面内运动的连杆机构。

四杆机构（Four Bar Linkage），是平面连杆机构中应用最广泛、结构最简单而且最具代表性的平面低副机构。

### 2. 平面连杆机构的特点

（1）优点。

1）适用于传递较大的动力，常用于动力机械。

2）依靠运动副元素的几何形面保持构件间的相互接触，且易于制造，易于保证所要求的制造精度。

3）能够实现多种运动轨迹曲线和运动规律，工程上常用来作为直接完成某种轨迹要求的执行机构。

（2）缺点。

1）不宜传递高速运动。

2）可能产生较大的运动累积误差。

#### 2.2.1 铰链四杆机构的基本类型和应用

构件之间的连接全部是转动副的四杆机构，称为铰链四杆机构（Revolute Four Bar Mechanism）。

图 2-20 为一铰链四杆机构。固定不动的杆 4 为机架。与机架相连的杆 1 和杆 3 称为连架杆，其中能做整周回转的称为曲柄（Crank），只能在小于 360°的一定范围内摆动的则称为摇杆（Rocker）。连接两连架杆的杆 2 称为连杆（Connecting Rod）。

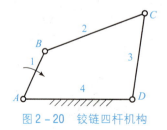

图 2-20 铰链四杆机构

铰链四杆机构

对于铰链四杆机构，按照其连杆是曲柄还是摇杆，可分为 3 种型式：曲柄摇杆机构、双曲柄机构和双摇杆机构。

#### 1. 曲柄摇杆机构（Crank Rocker Mechanism）

两连架杆中一个为曲柄，另一个为摇杆的铰链四杆机构，称为曲柄摇杆机构。图 2-21 雷达天线俯仰机构和图 2-22 缝纫机踏板机构就属于这种机构。

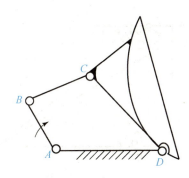

图 2-21 雷达天线俯仰机构

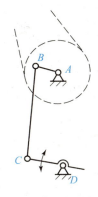

图 2-22 缝纫机踏板机构

### 2. 双曲柄机构（Double Crank Mechanism）

两个连架杆都是曲柄的铰链四杆机构，称为双曲柄机构。图 2-23 惯性筛四杆机构就属于这种机构。

当双曲柄机构中的 4 个杆件满足相对两杆平行且长度相等时，称为平行双曲柄机构或平行四边形机构。其运动特点是：两曲柄以相同的角速度同向转动，而连杆做平移运动。例如，图 2-24 火车联动机构和图 2-25 摄影平台升降机构。

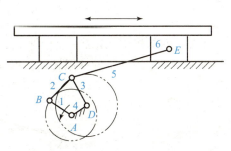

图 2-23 惯性筛四杆机构

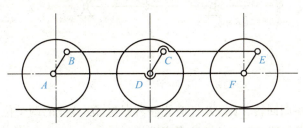

图 2-24 火车联动机构

如果从动曲柄的转向发生反转，则该机构称为反平行四边形机构。车门开闭机构，就利用反平行四边形机构的两曲柄转向相反的特性，使两车门同时打开或关闭，如图 2-26 所示。

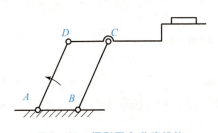

图 2-25 摄影平台升降机构

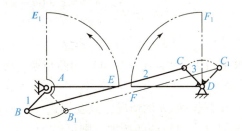

图 2-26 车门启闭机构

### 3. 双摇杆机构（Double-Rocker Mechanism）

两个连架杆都是摇杆的铰链四杆机构，称为双摇杆机构。图 2-27 飞机起落架和图 2-28 的汽车、拖拉机等的前轮转向机构就属于这种机构。

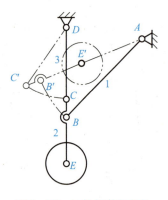

图 2-27 飞机起落架机构

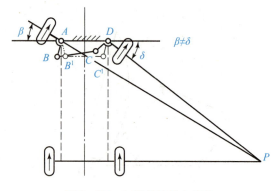

图 2-28 车辆前轮转向机构

### 2.2.2 铰链四杆机构中曲柄存在的条件及其基本类型的判别

图 2-29 的机构 ABCD，设构件 1、2、3、4 的长度分别为 $a$、$b$、$c$、$d$，且 $a<d$，现讨论构件 1 相对于构件 4 做整周转动，即 A 为整转副的条件。

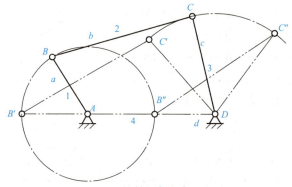

图 2-29 铰链四杆机构的极位

若 AB 杆能绕 A 整周回转，则 AB 杆应能够占据与 AD 共线的两个位置 AB′ 和 AB″。
为使 AB 杆能转至位置 AB′，各杆长度应满足：

$$a+d \leqslant b+c \quad (2-2)$$

为使 AB 杆能转至 AB″，各杆长度应满足：

$$b \leqslant c+(d-a),\text{即}\ a+b \leqslant c+d \quad (2-3)$$

或

$$c \leqslant b+(d-a),\text{即}\ a+c \leqslant b+d \quad (2-4)$$

将式 (2-2)~式 (2-4) 两两相加，得：

$$a \leqslant b, a \leqslant c, a \leqslant d \quad (2-5)$$

对于杆长 $d<a$ 的情况，只要把式 (2-3) 和式 (2-4) 中的 $(d-a)$ 改为 $(a-d)$，然后与式 (2-2) 两两相加，则可得：

$$d \leqslant a, d \leqslant b, d \leqslant c \quad (2-6)$$

铰链四杆机构曲柄存在条件为：

(1) 连架杆和机架中必有一杆是最短杆。
(2) 最短杆与最长杆长度之和小于或等于其他两杆长度之和（即杆长条件）。

上述两个条件必须同时满足，否则机构不存在曲柄。

由曲柄存在的条件可知，若铰链四杆机构中最短构件与最长构件长度之和大于其余两构件长度之和时，此机构中必不存在曲柄，这时无论以哪个构件为机架，都是双摇杆机构。

若铰链四杆机构中存在曲柄，则：

（1）当以最短杆为连架杆时，该机构成为曲柄摇杆机构。

（2）当以最短杆为机架时，该机构成为双曲柄机构。

（3）当以最短杆为连杆时，该机构成为双摇杆机构。

### 2.2.3 铰链四杆机构的演化

**1. 将转动副转化为移动副（Convert Rotating Pair to Moving Pair）**

这种方法是通过改变构件的形状和相对尺寸，把转动副转化为移动副，从而形成滑块机构（Slide Block Mechanism）。图 2-30（c）为偏置曲柄滑块机构。

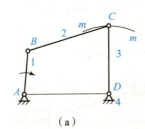 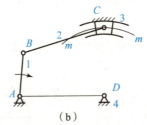 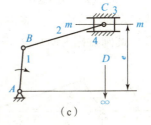

图 2-30 铰链四杆机构的演化

(a) 曲柄摇杆机构；(b) 运动副构件演变；(c) 偏置曲柄滑块机构

**2. 取不同构件为机架（Take Different Components as Frames）**

（1）低副的运动可逆性。用低副连接的两构件之间的相对运动关系，不因选取哪个构件为相对固定的构件而改变，这种特性称为低副的运动可逆性。

（2）选取不同构件为机架实现机构的演化。以低副运动的可逆性为基础，可提供选取不同构件作为机架实现机构的演化。

图 2-31（a）的曲柄摇杆机构，若选取构件 1 为机架，则演化为双曲柄机构，如图 2-31（b）所示。若选取构件 2 为机架，则演化为另一曲柄摇杆机构，如图 2-31（c）所示。若选取构件 3 为机架，则演化为双摇杆机构，如图 2-31（d）所示。

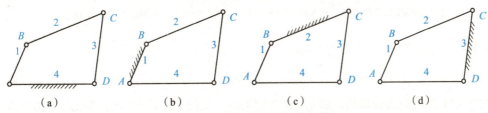

图 2-31 曲柄摇杆机构的演化

(a) 构件 4 为机架；(b) 构件 1 为机架；(c) 构件 2 为机架；(d) 构件 3 为机架

图 2-32（a）的曲柄滑块机构，若选构件 1 为机架，则演化为转动导杆机构，如图 2-32（b）所示。若选构件 2 为机架，则演化为曲柄摇块机构，如图 2-32（c）所示。若选构件 3 为机架，则演化为直动导杆机构（也称定块机构），如图 2-32（d）所示。

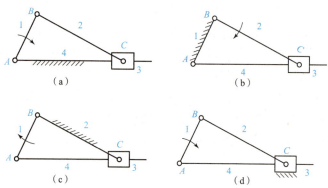

图 2-32 曲柄滑块机构的演化

(a)构件 4 为机架；(b)构件 1 为机架；(c)构件 2 为机架；(d)构件 3 为机架

### 3. 扩大转动副尺寸（Enlarge the Size of Rotating Pair）

图 2-33（a）为曲柄滑块机构。当曲柄的尺寸很小时，由于结构和强度的需要，常通过扩大转动副 B 的尺寸，将曲柄改成如图 2-33（b）、（c）的几何中心与回转中心不重合的圆盘，此圆盘称为偏心轮，这种机构称为偏心轮机构（Eccentric Mechanism）。

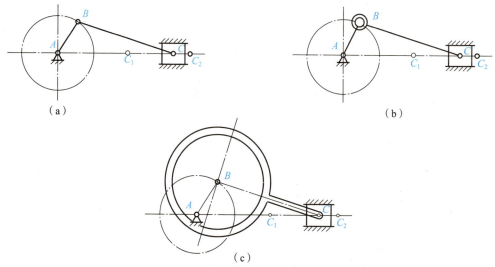

图 2-33 曲柄滑块机构的演化

(a)曲柄滑块机构；(b)扩大转动副 B 的半径；(c)转动副 B 的半径大于曲柄 AB 长度

### 2.2.4 平面四杆机构的工作特性

#### 1. 急回特性（Quick Return Characteristic）

图 2-34 为曲柄摇杆机构。曲柄 AB 为原动件，摇杆 CD 为从动件。原动件 AB 在 1 周的等速回转过程中，有两次与连杆共线，这时摇杆 CD 分别处于左右两个极限位置 $C_1D$ 和 $C_2D$，称为极位（Extreme Position）。机构在极位时，原动件 AB 所处两个位置之间所夹的锐角 $\theta$，称为极位夹角（Extreme Position Angle）。得到：

$$\Phi_1 = 180° + \theta \qquad \Phi_2 = 180° - \theta$$
$$v_1 = \psi \, l_{CD}/t_1 \qquad v_2 = \psi \, l_{CD}/t_2$$

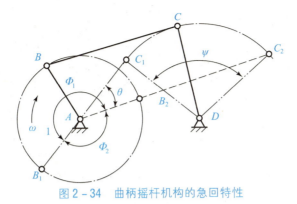

图 2-34 曲柄摇杆机构的急回特性

**急回特性**

由于曲柄 AB 等速回转,其转角 $\Phi_1 > \Phi_2$,因此 $t_1 > t_2$,故 $v_2 > v_1$。由此得出:摇杆在空回行程的平均速度大于工作行程的平均速度,这种特性称为机构的急回特性。

机构急回特性的大小,常用行程速比系数 K 来表示。

$$K = \frac{v_2}{v_1} = \frac{\frac{C_1 C_2}{t_2}}{\frac{C_1 C_2}{t_1}} = \frac{t_1}{t_2} = \frac{\Phi_1}{\Phi_2} = \frac{180° + \theta}{180° - \theta} \qquad (2-7)$$

由式(2-7)可推出极位夹角 θ 的计算式:

$$\theta = 180° \frac{K-1}{K+1} \qquad (2-8)$$

上述分析表明,平面四杆机构具有急回特性的条件是:
(1)原动件等角速整周转动,即曲柄为原动件。
(2)输出件做往复运动。
(3)极位夹角满足 $\theta \ne 0$。
常见的具有急回特性的机构有曲柄摇杆机构、偏置曲柄滑块机构、摆动导杆机构。

### 2. 压力角与传动角(Pressure Angle and Transmission Angle)

在不计摩擦力、惯性力和重力时,从动件上受力点的速度方向与所受作用力方向之间所夹的锐角(Acute Angle),称为机构的压力角(Pressure Angle),用 α 表示。压力角的余角(Residual Angle)$\gamma = \pi/2 - \alpha$,称为机构的传动角(Transmission Angle)。压力角 α 或传动角 γ 是衡量传力性能的重要指标。

图 2-35 的曲柄摇杆机构,力 **F** 可分解为沿 $v_C$ 方向的有效分力 $F_t = F\cos\alpha$ 和有害分力 $F_n = F\sin\alpha$。

为了保证机构具有良好的传动性能,一般应使最小传动角 $\gamma_{min} \geq 40° \sim 50°$。机构在运动过程中,压力角 α 和传动角 γ 是随机构位置而变化的。可以证明,$\gamma_{min}$ 必出现在曲柄 AB 与机架 AD 两次共线位置之一。

### 3. 死点位置(Dead Center Position)

图 2-36 的曲柄摇杆机构,若以摇杆 CD 为原动件,曲柄 AB 为从动件。不计构件的重力、惯性力和运动副中摩擦阻力的条件下,当摇杆为主动件,连杆和曲柄共线时,过铰链中心 A 的力,对点 A 不产生力矩,这时,无论在原动件上施加多大的力都不能使曲柄转动,机构的这种位置称为死点(Dead Point)。

**死点位置**

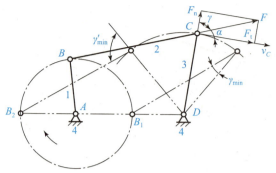

图 2-35　曲柄摇杆机构的压力角和传动角

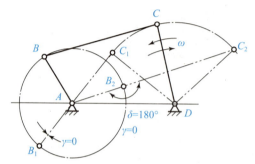

图 2-36　曲柄摇杆机构的死点位置

如果考虑运动副中的摩擦，则不仅处于死点位置时机构无法运动，而且处于死点位置附近的一定区域内，机构同样会发生"卡死"现象，称为自锁现象（Self Locking Phenomenon）。

显然，死点位置就是做往复运动的构件的极限位置，但只有当 $\gamma=0$ 时，极限位置才称为死点位置。因此，对于曲柄滑块机构、摆动导杆机构及双摇杆机构，都可能存在死点位置。

死点的二重性如下：

（1）对于传动机构而言，死点会使机构处于停顿或运动不确定状态，它是不利的。例如，脚踏式缝纫机，有时出现踩不动或倒转现象，就是踏板机构处于死点位置的缘故。

（2）在工程实践中，也常常利用机构的死点位置来实现一些特定的工作要求。图 2-37 的钻床夹具，就是利用死点位置夹紧工件，并保证在钻削加工时工件不会松脱。

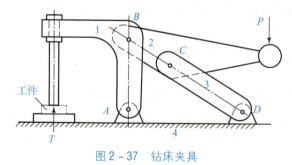

图 2-37　钻床夹具

### 2.2.5　平面四杆机构的设计方法

**1. 平面连杆机构设计的基本问题**

在生产实践中，平面连杆机构设计的基本问题可归纳为两大类。

(1) 实现给定从动件的运动规律,即当原动件运动规律已知时,设计一机构使其从动件(连杆或连架杆)能按给定的运动规律运动。例如,要求从动件按照某种速度运动,或具有一定的急回特性,或占据几个预定位置等。

(2) 实现给定的运动轨迹,即要求机构在运动过程中连杆上某一点能实现给定的运动轨迹。例如,要求起重机中吊钩的轨迹为一条直线,搅拌机中搅拌杆端能按预定轨迹运动等。

**2. 按给定的行程速比系数设计**

【例2-4】 设已知行程速比系数 $K$,摇杆长度 $l_{CD}$,最大摆角 $\psi$,试设计一曲柄摇杆机构。

**解** 设计过程如图2-38所示,具体设计步骤如下:

(1) 先按照公式 $\theta = 180° \dfrac{K-1}{K+1}$,计算极位夹角 $\theta$。

(2) 选取适当的比例尺 $\mu_l$,任取一点 $D$,并以此点为顶点作等腰三角形,使两腰之长等于 $\mu_l l_{CD}$,$\angle C_1 D C_2 = \psi$。

(3) 连接 $C_1$、$C_2$,作 $C_2 M \perp C_1 C_2$,再作 $C_1 N$ 使 $\angle C_1 C_2 N = 90° - \theta$,$C_2 M$ 与 $C_1 N$ 交于点 $P$。

(4) 以 $PC_1$ 为直径作一辅助圆,则在圆弧 $C_1 P C_2$ 上任取一点 $A$,连接 $AC_1$、$AC_2$,$\angle C_1 A C_2 = \theta$,则曲柄回转中心 $A$ 应在此圆弧上。

(5) 由 $l_{AB} = \mu_l (l_{AC_1} - l_{AC_2}/2)$ 和 $l_{BC} = \mu_l (l_{AC_1} + l_{AC_2}/2)$,确定出曲柄长度 $l_{AB}$ 和连杆长度 $l_{BC}$。

(6) 由图直接量取 $AD$ 的长度,再按比例计算出实际长度 $l_{AD}$。

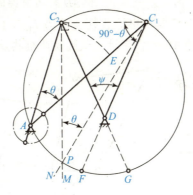

图2-38 按给定的行程速比系数设计曲柄摇杆机构

## 练一练

1. 选择题。

(1) 铰链四杆机构中,各构件之间以_____相连接。

A. 转动副　　　　　　　B. 移动副　　　　　　　C. 螺旋副

(2) 在铰链四杆机构中,能相对机架做整周旋转运动的杆为_____。

A. 连杆　　　　　　　　B. 摇杆　　　　　　　　C. 曲柄

(3) 汽车车门启闭机构采用的是_____机构。

　　A. 反向双曲柄　　　　　B. 曲柄摇杆　　　　　C. 双曲柄

(4) 家用缝纫机采用的是_____机构。

　　A. 双曲柄　　　　　　　B. 双摇杆　　　　　　C. 曲柄摇杆

(5) 汽车雨刮器采用的是_____机构。

　　A. 双曲柄　　　　　　　B. 双摇杆　　　　　　C. 曲柄摇杆

(6) 有一四杆机构，其中一杆能做整周运动，一杆能做往复摆动，该机构叫作_____。

　　A. 双曲柄机构　　　　　B. 曲柄摇杆机构　　　C. 曲柄滑块机构

(7) 牛头刨床的主运动机构是应用了四杆机构中的_____机构。

　　A. 转动导杆机构　　　　B. 摆动导杆机构　　　C. 曲柄滑块机构

(8) 曲柄滑块机构中，若机构存在死点位置，则主动件为_____。

　　A. 连杆　　　　　　　　B. 机架　　　　　　　C. 滑块

(9) _____为曲柄滑块机构的应用实例。

　　A. 汽车卸料装置　　　　B. 手动抽水机　　　　C. 滚轮送料机

(10) 在曲柄滑块机构中，往往用一个偏心轮代替_____。

　　A. 滑块　　　　　　　　B. 机架　　　　　　　C. 曲柄

2. 试列举生产日常生活中，铰链四杆机构的应用实例。

3. 图 3-39 (a) 的铰链四杆机构中，机架 $l_{AB}=40$ mm，两连架杆长度分别为 $l_{AB}=18$ mm 和 $l_{CD}=45$ mm，则当连杆 $l_{BC}$ 的长度在什么范围内时，该机构为曲柄摇杆机构？

4. 如图 3-39 (b) 的铰链四杆机构中，已知各杆长度分别为 $l_{AD}=240$ mm，$l_{AB}=600$ mm，$l_{BC}=400$ mm，$l_{CD}=500$ mm，试问当分别以 BC 和 AD 杆为机架时，各得到什么机构？

5. 图 3-39 (c) 的铰链四杆机构中，各杆尺寸为 $l_{AB}=130$ mm，$l_{BC}=150$ mm，$l_{CD}=175$ mm，$l_{AD}=200$ mm。若取杆 AD 为机架时，试判断此机构属于哪一种基本形式？

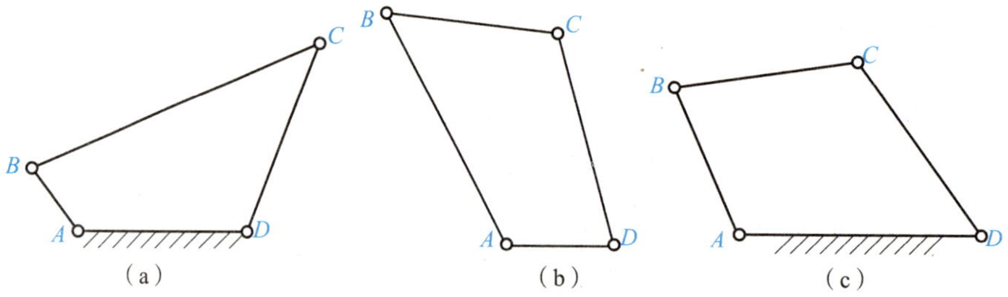

图 2-39　题图

6. 什么叫作平面连杆机构的死点位置？

7. 用什么办法克服平面连杆机构的死点位置？试举两例说明。

8. 是非题。

(1) 在内燃机中应用曲柄滑块机构，是将往复直线运动转换成旋转运动。　　　　(　　)

(2) 牛头刨床滑枕的往复运动是导杆机构来实现的。　　　　　　　　　　　　　(　　)

(3) 曲柄滑块机构是由曲柄摇杆机构演化而来的。　　　　　　　　　　　　　　(　　)

## 2.3 凸轮机构

### 2.3.1 认识凸轮机构

#### 1. 凸轮机构的应用

凸轮机构是由凸轮（Cam）、从动件和机架组成的含有高副的传动机构。它广泛应用于各种机器中，下面举例说明其应用。

图 2 – 40 为内燃机中利用凸轮机构实现进排气门控制的配气机构。当具有一定曲线轮廓的凸轮等速转动时，它的轮廓迫使从动件气门推杆上下移动，以便按内燃机的工作循环要求启闭阀门，实现进气和排气。

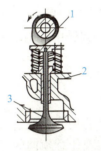

内燃机配气机构运动

1—凸轮；2—机架；3—气门杆（从动件）

图 2 – 40　内燃机配气机构

图 2 – 41 为自动机床上控制刀架运动的凸轮机构。当圆柱凸轮 1 回转时，凸轮凹槽侧面迫使摆杆 2 运动，以驱使刀架 3 运动。凹槽的形状将决定刀架的运动规律。

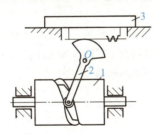

1—圆柱凸轮；2—摆杆；3—刀架

图 2 – 41　控制刀架运动的凸轮机构

由以上举例可以看出，凸轮的曲线轮廓决定从动件的运动规律，为了使从动件与凸轮始终保持接触，可以利用弹簧力、从动件的重力或凸轮与从动件特殊的结构形状，如凹槽来实现凸轮与从动件的运动锁合。

#### 2. 凸轮机构分类

凸轮机构可根据凸轮的形状、从动件的端部结构、从动件的运动形式和锁止方式进行分类。

（1）按凸轮的形状分类。

1) 盘形凸轮（Disc Cam）。这种凸轮是一个绕固定轴转动并且具有变化向径的盘形构件，它是凸轮的最基本型式，如图 2 – 42（a）所示。

2) 圆柱凸轮（Cylindrical Cam）。将移动凸轮卷曲成圆柱体即成为圆柱凸轮，一般制成凹槽形状，如图 2-42（b）所示。

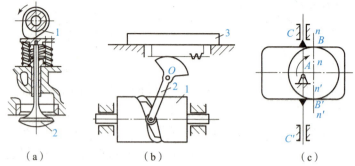

图 2-42　盘形有凸轮的机构

(a) 弹力封闭机构；(b) 槽形凸轮机构；(c) 等宽凸轮机构

3) 移动凸轮（Movable Cam）。当盘形凸轮的回转中心趋于无穷远时，凸轮相对于机架做直线运动，这种凸轮称为移动凸轮。

三种凸轮机构的类型及特点见表 2-7。

(2) 按从动件的端部结构分类。

1) 尖顶从动件。从动件工作端部为尖顶，工作时与凸轮点接触。其优点是尖顶能与任意复杂的凸轮轮廓保持接触而不失真，因而能实现任意预期的运动规律。但是，尖顶磨损快，只宜用于传力小和低速的场合。

表 2-7　凸轮机构的类型及特点（按凸轮的形状分类）

| 凸轮类型 | 图例 | 特点 |
| --- | --- | --- |
| 盘形凸轮 |  | 盘形凸轮是一个绕固定轴线转动并具有变化半径的盘形零件。从动件在垂直于凸轮旋转轴线的平面内运动 |
| 圆柱凸轮 |  | 圆柱凸轮是一个在圆柱面上开有曲线凹槽或在圆柱端面上作出曲线轮廓的构件，它可看作是将移动凸轮卷成圆柱体演化而成的 |
| 移动凸轮 |  | 移动凸轮可看作是盘形凸轮的回转中心趋于无穷远，相对于机架做直线往复移动 |

2）滚子从动件。在从动件的端部安装1个小滚轮，这样，使从动件与凸轮的滑动摩擦变为滚动摩擦，克服了尖顶从动件易磨损的缺点。滚子从动件耐磨，可以承受较大载荷，是最常用的一种型式。

3）平底从动件。这种从动件工作部分为一平面或凹曲面，不能与有凹陷轮廓的凸轮轮廓保持接触，否则会运动失真。其优点是：当不考虑摩擦时，凸轮与从动件之间的作用力始终与从动件的平底相垂直，传力性能最好（压力角恒等于0）；由于平面与凸轮为线接触，可用于较大载荷；接触面上可以储存润滑油，便于润滑。故常用于高速和较大载荷场合，但不能用于有内凹或直线轮廓的凸轮。

三种从动件的凸轮机构的类型及特点见表2-8。

表2-8 凸轮机构的类型及特点（按从动件的端部结构分类）

| 从动件类型 | 图例 | 特点 |
| --- | --- | --- |
| 尖顶从动件 |   | 构造最简单，但易磨损，只适用于作用力不大和速度较低的场合（如用于仪表等机构中） |
| 滚子从动件 |   | 滚子与凸轮轮廓之间为滚动摩擦，磨损较小，故可用来传递较大的动力，应用较广 |
| 平底从动件 |   | 凸轮与平底的接触面间易形成油膜，润滑较好，常用于调整传动中 |

（3）按从动件的运动形式分类。

可以把从动件分为做往复直线运动的直动从动件和做往复摆动的摆动从动件。直动从动件又可分为对心式和偏置式。

（4）按锁合方式分类。

为了使凸轮机构能够正常工作，必须保证凸轮与从动件始终相接触，保持接触的措施称为锁合。锁合方式分为力锁合和形锁合两类。力锁合是利用从动件的重力、弹簧力［图2-42（a）］或其他外力使从动件与凸轮保持接触；形锁合是靠凸轮与从动件的特殊结构形状

[图 2-42（b）和（c）] 来保持两者接触。

为了便于设计选型，表 2-7、表 2-8 列出了不同类型的凸轮和从动件组合而成的凸轮机构。

### 3. 凸轮机构的特点

凸轮机构的优点如下：

（1）不论从动件要求的运动规律多么复杂，都可以通过设计适当的凸轮轮廓来实现，而且设计很简单。

（2）结构简单紧凑、构件少，传动累积误差很小，因此，能够准确地实现从动件要求的运动规律。

（3）能实现从动件的转动、移动、摆动等多种运动要求，也可以实现间歇运动要求。

（4）工作可靠，非常适合于自动控制中。

凸轮机构的缺点主要有：凸轮与从动件以点或线接触，易磨损，只能用于传力不大的场合；与圆柱面和平面相比，凸轮加工要困难得多。

## 2.3.2 从动件的运动规律

从动件的运动规律是指从动件在推程或回程时，其位移、速度和加速度随时间或凸轮转角变化的规律。设计凸轮机构时，首先应根据生产实际要求确定凸轮机构的形式和从动件的运动规律，然后按照其运动规律要求设计凸轮的轮廓曲线。

从动件的运动规律表示方法有运动方程和运动线图。

### 1. 凸轮机构的工作过程分析

图 2-43 中给出了一组尖顶从动件平面凸轮机构在运转过程中的 4 个位置。就尖顶从动件而言，凸轮以回转中心为圆心，以轮廓曲线上的最小向径为半径所画的圆称为基圆（Base Circle），基圆半径用 $r_b$ 表示。在图 2-43（a）的位置上，从动件与凸轮轮廓上的点 A 接触，点 A 是凸轮的基圆弧与向径渐增区段 AB 的连接点。当凸轮按 ω 方向回转时，从动件被凸轮推动而上升，直至点 B 转到最高位置时，从动件到达最高位置，如 2-43（b）所示。凸轮机构这一阶段的工作过程称为推程期，图 2-43（a）为推程起始位置，图 2-43（b）为推程终止位置。从动件的最大运动距离称为冲程，用 h 表示。与推程期对应的凸轮转角称为推程角（Pushing Angle），用 Φ 表示。凸轮继续回转，接触点由点 B 转移至点 C，如图 2-43（c）所示。BC 段上各点向径不变，从动件在最远位置上停留，该过程称为远休止期。与此对应的凸轮转角称为远休止角（Farthest Dwell Angle），用 $Φ_s$ 表示。从接触点 C 开始至点 D，凸轮轮廓向径逐渐减小，从动件在外力作用下逐渐返回初始位置，如图 2-43（d）所示。该段时期称为回程期，对应的凸轮转角称为回程角（Return Angle），用 Φ′ 表示。凸轮由图 2-43（d）位置转至图 2-43（a）位置，从动件在起始位置停留，称为近休止期。对应的凸轮运动角称为近休止角（Nearest Dwell angle），用 $Φ'_s$ 表示。在运转过程中，从动件的位移与凸轮转角间的函数关系可用图 2-43（e）所示的位移线图表示。当凸轮匀速回转时，横坐标也可表示凸轮的转动时间 t。

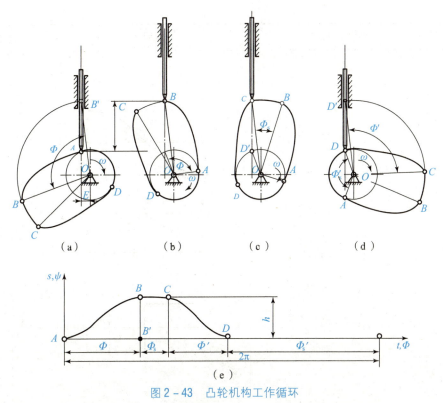

图 2-43 凸轮机构工作循环

(a)、(b)、(c)、(d) 凸轮机构运转的 4 个位置；(e) 从动件位移线图

## 2. 常用的从动件运动规律及特点

下面介绍几种常用的从动件运动规律，见表 2-9。

表 2-9 常用的从动件运动规律

| 运动规律 | 推程运动方程 | 推程运动线图 | 冲击 |
|---|---|---|---|
| 等速运动 | $\begin{cases} s = \dfrac{h}{\delta_t}\delta \\ v = \dfrac{h}{\delta_t}\omega \\ a = 0 \end{cases}$ | | 刚性冲击 |

续表

| 运动规律 | 推程运动方程 | 推程运动线图 | 冲击 |
|---|---|---|---|
| 等加速等减速运动 | 前半程 $\begin{cases} s = 2h\left(\dfrac{\delta}{\delta_t}\right)^2 \\ v = 4h\omega\dfrac{\delta}{\delta_t^2} \\ a = 4h\left(\dfrac{\omega}{\delta_t}\right)^2 \end{cases}$<br>后半程 $\begin{cases} s = h - \dfrac{2h}{\delta_t^2}(\delta_t - \delta)^2 \\ v = \dfrac{4h\omega}{\delta_t^2}(\delta_t - \delta) \\ a = -4h\left(\dfrac{\omega}{\delta_t}\right)^2 \end{cases}$ | 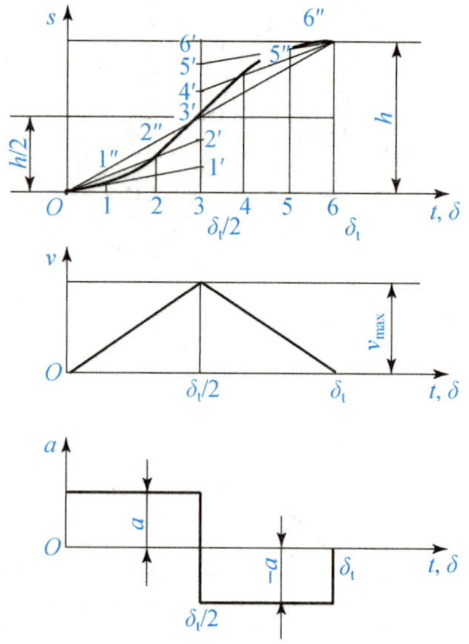 | 柔性冲击 |
| 简谐运动 | $\begin{cases} s = \dfrac{h}{2}\left[1 - \cos\left(\dfrac{\pi}{\delta_t}\delta\right)\right] \\ v = \dfrac{\pi h\omega}{2\delta_t}\sin\left(\dfrac{\pi}{\delta_t}\delta\right) \\ a = \dfrac{\pi^2 h\omega^2}{2\delta_t^2}\cos\left(\dfrac{\pi}{\delta_t}\delta\right) \end{cases}$ | 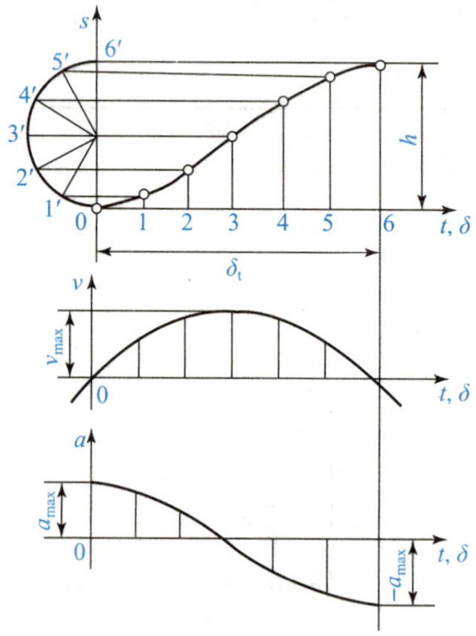 | 柔性冲击 |

续表

| 运动规律 | 推程运动方程 | 推程运动线图 | 冲击 |
|---|---|---|---|
| 正弦加速度运动 | $\begin{cases} s = h\left[\dfrac{\delta}{\delta_t} - \dfrac{1}{2\pi}\cos\left(\dfrac{2\pi}{\delta_t}\delta\right)\right] \\ v = \dfrac{h\omega}{\delta_t}\left[1 - \cos\left(\dfrac{2\pi}{\delta_t}\delta\right)\right] \\ a = \dfrac{2\pi h\omega^2}{\delta_t^2}\sin\left(\dfrac{2\pi}{\delta_t}\delta\right) \end{cases}$ | (推程运动线图：位移、速度、加速度曲线) | 无冲击 |

(1) 等速运动规律（直线运动规律）。

从动件在运动过程中，运动速度为定值的运动规律，称为等速运动规律（Law of Constant Velocity）。当凸轮以等角速度 $\omega$ 转动时，从动件在推程或回程中的速度为常数 (Constant)，其运动线图见表 2-9。

从加速度线图可以看出，在从动件运动的始末两点，理论上加速度为无穷大，致使从动件受的惯性力也为无穷大。而实际上，由于材料有弹性，加速度和惯性力均为有限值，但仍将造成巨大的冲击，故称为刚性冲击（Rigid Impact）。

这种刚性冲击对机构传动很不利，因此，等速运动规律很少单独使用，或只能应用于凸轮转速很低的场合。

(2) 等加速等减速运动规律（抛物线运动规律）。

从动件在运动过程中前半程做等加速运动，后半程做等减速运动，两部分加速度的绝对值相等的运动规律称为等加速等减速运动规律（The Law of Equal Acceleration and Equal Deceleration）。

这种运动规律的运动线图见表 2-9。由表可以看出，其加速度为两条平行于横坐标的直线；速度线图为两条斜率相反的斜直线；位移线图是两条光滑连接、曲率相反的抛物线，又称抛物线运动规律（Law of Parabolic Motion）。由此可见，该运动规律在推程的始末两点及前半行程与后半行程的交界处，加速度存在有限突变，产生的惯性冲击力也是有限的，故称为柔性冲击（Flexible Impact）。但在高速下仍将导致严重的振动、噪声和磨损。因此，等加速等减速运动规律只适合于中、低速场合。

表 2-9 显示，当已知从动件的推程运动角为 $\delta_t$ 和行程 $h$、等加速等减速运动规律时，从动件的位移曲线的作图方法如下：

1) 选取横坐标轴代表凸轮转角 $\delta$，纵坐标轴代表从动件位移 $s$。选取适当的角度比例尺

$\mu_\delta$（°/mm）和位移比例尺 $\mu_s$（m/mm）。

2）在横坐标轴上按所选角度比例尺 $\mu_\delta$ 截取 $\delta_t$ 和 $\delta_t/2$，在纵坐标轴上按位移比例尺 $\mu_s$ 截取 $h$ 和 $h/2$。

3）将 $\delta_t/2$ 和 $h/2$ 对应等分相同的份数（如 6 份），得分点 1、2、3、…、6 和 1′、2′、3′、…、6′。

4）由抛物线顶点 $O$ 与各交点 1″、2″、3″、…、6″，与过同名点 1、2、3、…、6 所作的纵坐标轴平行线相交，得交点 1″、2″、3″、…、6″。

5）以光滑曲线连接顶点 $O$ 与各交点 1″、2″、3″，即得等加速段的位移曲线。同理可得推程等减速段，以及回程等加速、等减速段的位移曲线。

（3）简谐运动规律（余弦加速度运动规律）。

简谐运动规律（Simple Harmonic Motion）是指当一个质点沿直径为 $h$ 的圆周做等速圆周运动时，该点在直径上的投影所做的运动。其加速度按余弦曲线变化，又称为余弦加速度运动规律（Cosine Acceleration Law of Motion）。

简谐曲线的作图方法：以从动件的升程 $h$ 为直径作一半圆，并将此半圆分成若干等分（由作图精确度要求确定，本例取 6 等分），得点 1′、2′、3′、4′、5′、6′。然后把凸轮转角也分为同样等分，并把圆周上的等分点高度投影到相应的分点 1、2、3、4、5、6 上，即得各点的位移。最后光滑连接各点，即得从动件的位移线图，见表 2-9。

如表 2-9，对于"停—升—停"型运动，该运动规律在运动的始末两处，从动件的加速度仍有较小的突变，即存在柔性冲击。因此，它只适用于中、低速的场合。但对于无停程的"升—降"型运动，加速度无突变，因而也没有冲击，这时可用于高速条件下工作。

（4）正弦加速度运动规律（摆线运动规律）。

为了获得无冲击的运动规律，可采用正弦加速度运动规律（Law of Sine Acceleration Motion）。

这种运动规律的加速度线图为一正弦曲线，其位移为摆线在纵坐标轴上的投影，又称为摆线运动运动规律（Motion Law of Cycloid），见表 2-9。这种运动规律的加速度曲线光滑、连续，因此工作时振动、噪声都比较小，可用于高速、轻载的场合。

除了上述运动规律外，为了满足特殊工作要求，取长补短，可以采用组合运动规律，比如改进梯形加速度运动规律、改进正弦加速度运动规律等，以获得较理想的动力特性。

### 2.3.3 图解法设计凸轮轮廓

根据工作要求选定凸轮机构的形式，并且确定凸轮的基圆半径及选定从动件的运动规律后，在凸轮转向已定的情况下，即可进行凸轮轮廓曲线的设计。其方法有图解法（Graphic Method）和解析法（Analytic Method）。图解法简单，但受到作图精度的限制，适用于一般要求的场合。解析法计算较麻烦，但设计精度较高，利用计算机辅助设计能够获得很好的设计效果，目前主要用于运动精度要求较高或直接与数控机床联机自动加工的场合。本书主要介绍图解法。

#### 1. 反转法作图原理

凸轮机构工作时凸轮与从动件都在运动，为了绘制凸轮轮廓，假定凸轮相对静止。根据相对运动原理，假想给整个凸轮机构附加上一个与凸轮转动方向相反的转动 $-\omega$，此时各构件的相对运动保持不变,但此时凸轮相对静止,而从动件一方面和机架一起以 $-\omega$ 转动,同时还以原有运动规律相对于机架导路做往复移动,即从动件做复合运动,如图 2-44 所示。由图可以看出,从动件在复合运动时,其尖顶的轨迹就是凸轮的轮廓曲线。

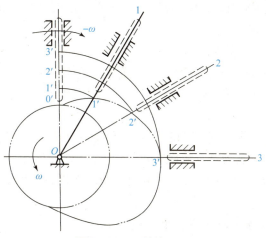

图 2-44 反转法原理

因此在设计时,根据从动件的位移线图、设定的基圆半径及凸轮转向,沿反方向 $-\omega$ 作出从动件的各个位置,则从动件尖顶的运动轨迹,即为要设计的凸轮轮廓曲线,利用这种原理绘制凸轮轮廓曲线的方法称为反转法。用反转法设计凸轮轮廓就是按对应转角沿 $-\omega$ 方向绘制从动件位置,然后把尖顶轨迹用光滑曲线连接起来即可。

2. 尖顶式对心直动从动件盘形凸轮轮廓设计

所谓对心是指从动件移动导路中心线通过凸轮回转中心,直动就是从动件做往复直线移动。由于尖顶式最简单,同时又是其他形式凸轮机构设计的基础,下面先介绍尖顶式对心直动从动件盘形凸轮轮廓设计,如图 2-45 所示。

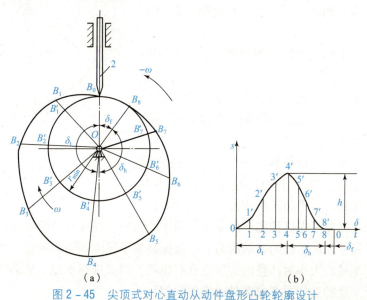

图 2-45 尖顶式对心直动从动件盘形凸轮轮廓设计

(a) 盘形凸轮轮廓设计;(b) 从动件位移线图

假设：凸轮顺时针方向转动，基圆半径 $r_b$ 已确定，从动件的位移线图根据工作要求已经给出，要求设计如图 2-45（a）的凸轮轮廓。设计步骤如下：

1) 确定作图比例尺。长度比例尺 $\mu_l$ 和角度比例尺 $\mu_\delta$。

2) 作基圆，并以能通过基圆中心的任一直线作为从动件中心线，以其与基圆交点 $B_0$ 作为从动件尖顶的起始位置。

3) 确定推程和回程的等分数，并以点 $B_0$ 为初始点按 $-\omega$ 方向对应分段等分基圆圆周。一般先按推程角 $\delta_t$、远休止角 $\delta_s$、回程角 $\delta_h$、近休止角 $\delta_s'$ 分段，再分别将推程角 $\delta_t$ 和回程角 $\delta_h$ 细分为要求的等份数。图 2-45（b）中的推程角和回程角各 4 等分，得到等分点为 $B_1'$、$B_2'$、$B_3'$、$B_4'$、$B_5'$、$B_6'$、$B_7'$、$B_8'$。

4) 通过基圆圆心向外作各等分点的射线，即作出从动件在各分点的位置。

5) 以射线与基圆的交点为基点顺次在各射线上截取对应点的位移，得到截取点分别为 $B_1$、$B_2$、$B_3$、$B_4$、$B_5$、$B_6$、$B_7$。然后以光滑曲线顺次连接各截取点，即可得到要设计的凸轮轮廓曲线。

### 3. 滚子式对心直动从动件盘形凸轮轮廓设计

滚子式与尖顶式的区别在于尖端变为滚子，如图 2-46 所示。可以设想：以尖顶为圆心，以给定的滚子半径 $r_T$ 为半径作一系列滚子圆，然后作这些滚子圆的内（或外）包络线，则该包络线即为要制造的凸轮的工作轮廓。因此，为了叙述方便，规定按尖顶式绘制的凸轮轮廓曲线为凸轮的理论轮廓；把通过滚子圆的内（或外）包络线绘制的凸轮轮廓称为实际轮廓。这样，滚子式对心直动从动件盘形凸轮轮廓设计方法归纳为：

（1）先按尖顶式绘制凸轮的理论轮廓曲线。

（2）以理论轮廓曲线上各点为圆心绘制一系列滚子圆。

（3）作滚子圆的内包络线，即得到要设计凸轮的实际轮廓。

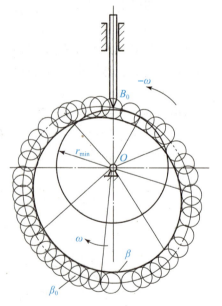

图 2-46 滚子式对心直动从动件盘形凸轮轮廓设计

需要指出的是，对于滚子式对心直动从动件盘形凸轮，其基圆半径仍然是指凸轮理论轮廓的最小向径，在设计时必须注意这一点。

对于滚子式从动件凸轮机构，如果滚子半径选择不当，从动件的运动规律将与设计预期的运动规律不一致，称为运动失真。对于凸轮机构这是不允许的。

滚子半径的选择要考虑机构的空间要求，滚子的结构、强度及凸轮轮廓的形状等诸多因素。从减小滚子尺寸和从动件的接触应力，以及提高滚子强度等因素考虑，滚子半径取得大些为好；但滚子半径的大小对凸轮的实际轮廓有影响，如果选择不当，从动件会出现运动失真。因此，滚子半径的选择要考虑多种因素的限制。

对于内凹的理论轮廓线，如图 2-47（a）所示，$a$ 为实际轮廓线，$b$ 为理论轮廓线。实际轮廓线的曲率半径 $\rho_a$ 等于理论轮廓线的曲率半径 $\rho$ 与滚子半径 $r_T$ 之和，即 $\rho_a = \rho + r_T$。这样，无论滚子半径大小如何，实际轮廓线总是可以根据理论轮廓线作出来。

对于外凸的理论轮轮廓曲线，由于 $\rho_a = \rho - r_T$，故当 $\rho > r_T$ 时，$\rho_a > 0$，如图 2-47（b）所示，实际轮廓线可以正常作出，凸轮能保证正常工作；但若 $\rho_a = r_T$ 时，$\rho_a = 0$，实际轮廓线出现尖顶，如图 2-47（c）所示，极易磨损，设计时应避免；若 $\rho_a < r_T$ 时，$\rho_a < 0$，如图 2-45（d）所示，实际轮廓线相交，阴影部分加工时将被切去，使从动件无法实现预期的运动规律，出现运动失真。

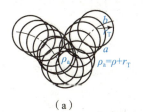 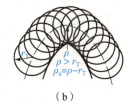 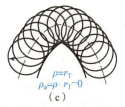 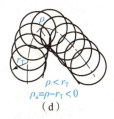

（a）　　　　　　（b）　　　　　　（c）　　　　　　（d）

图 2-47　滚子半径的确定

(a) 内凹的理论轮廓线；(b) 外凸的理论轮廓线；(c) 实际轮廓线变尖；(b) 实际轮廓线交叉

为了保证滚子式从动件凸轮机构不出现运动失真，设计时应保证：理论轮廓的最小曲率半径 $\rho_{min} \geq r_T$。为了不致凸轮过早磨损，一般推荐取 $r_T < 0.8\rho_{min}$。同时，滚子半径的选择还受到结构、强度等因素限制，因而不能取得太小。设计时，常取 $r_T = (0.1 \sim 0.5)r_b$，其中 $r_b$ 为凸轮基圆半径。

### 4. 偏置式直动从动件盘形凸轮轮廓设计

如果从动件的移动中心线偏离凸轮转动中心，称为偏置式直动从动件盘形凸轮机构，如图 2-48 所示。由于偏置式从动件凸轮机构具有改善机构传力性能（减小推程压力角）的优点，因此，生产中也得到了广泛的应用。下面简单介绍它的凸轮轮廓设计。

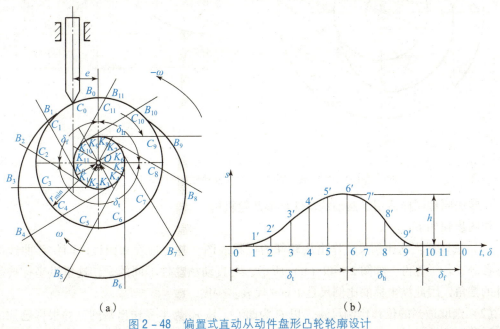

图 2-48　偏置式直动从动件盘形凸轮轮廓设计

(a) 凸轮轮廓设计；(b) 从动件位移线图

根据上述反转法,将偏置式直动从动件盘形凸轮机构与前面机构相比,不同的是,从动件移动中心线与凸轮转动中心有一个偏心距 $e$。因此,反转后从动件变为始终与以凸轮转动中心 $O$ 为圆心,以偏心距 $e$ 为半径的偏距圆相切,如图 2 – 48 所示。这样,与前面介绍的尖顶式相比,凸轮转角的等分应在偏距圆上进行(而不是等分基圆),射线变为偏距圆的切线,从动件的位移也在相应的切线上量取,凸轮转角的量取应自 $OK_0$ 开始沿 $-\omega$ 方向进行等分即可。其余的作图步骤与前面的尖顶式相同。

需要指出的是,从动件偏置方位的选择与机构的传力性能有关。当从动件的偏置方位,即凸轮上点 $K_0$ 的线速度指向与从动件在推程中的运动方向相同时,凸轮在推程中的压力角将减小,可以起到改善传力性能的作用。反之,会适得其反。

在用图解法设计凸轮轮廓时,必须注意:

(1) 必须注意"反转"的含义,作图时必须按照 $-\omega$ 方向等分圆周,即体现"反转"。

(2) 作图时,位移线图和凸轮轮廓作图,比例必须统一。

(3) 等分数必须考虑作图制造精度要求,一般推程角和回程角不少于 4 等分。

### 5. 摆动从动件盘形凸轮轮廓设计

图 2 – 49(a)为一尖端摆动从动件盘形凸轮机构。已知:凸轮轴心与从动件转轴之间的中心距为 $a$,凸轮基圆半径为 $r_b$,从动件长度为 $l$,凸轮以等角速度 $\omega$ 逆时针转动,从动件的运动规律如图 2 – 49(b) 所示。设计该凸轮的轮廓曲线。

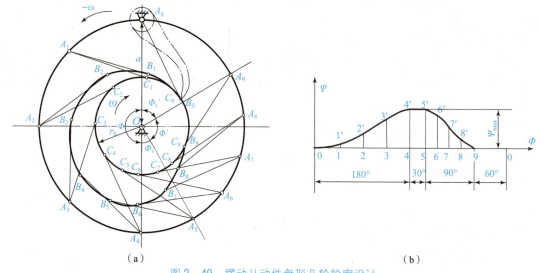

图 2 – 49 摆动从动件盘形凸轮轮廓设计

(a) 尖端凸轮轮廓设计;(b) 从动件的位移线图

反转法原理同样适用于摆动从动件盘形凸轮机构。

作图步骤如下:

(1) 选取适当的比例尺,作出从动件的位移线图,并将推程和回程区间位移曲线的横坐标各分成若干等份,如图 2 – 49(b) 所示。与直动从动件不同的是,这里纵坐标代表从动件的摆角,因此纵坐标的比例尺是 1 mm 代表多少度。

(2) 选取适当的位移比例尺 $\mu_l$,以 $O$ 为圆心、以 $r_b$ 为半径作出基圆,并根据已知的中心距,确定从动件转轴 $A$ 的位置 $A_0$,然后以 $A_0$ 为圆心,以从动件杆长 $l$ 为半径作圆弧,交

基圆点 $C_0$。$A_0C_0$ 即代表从动件的初始位置，$C_0$ 即为从动件尖端的初始位置。

（3）以 $O$ 为圆心，以 $OA_0 = a$ 为半径作转轴圆，并自点 $A_0$ 开始沿着 $-\omega$ 方向将该圆分成与位移线图中横坐标对应的区间和等份，得点 $A_1$、$A_2$、$\cdots$、$A_9$ 代表反转过程中从动件转轴 $A$ 依次占据的位置。

（4）以上述各点为圆心，以从动件杆长 $l$ 为半径分别作圆弧，交基圆于 $C_1$、$C_2$、$\cdots$、$C_9$ 各点，得线段 $A_1C_1$、$A_2C_2$、$\cdots$、$A_9C_9$；以 $A_1C_1$、$A_2C_2$、$\cdots$、$A_9C_9$ 为一边，分别作 $\angle C_1A_1B_1$、$\angle C_2A_2B_2$、$\cdots$、$\angle C_9A_9B_9$ 使它们分别等于位移线图中对应的角位移，得线段 $A_1B_1$、$A_2B_2$、$\cdots$、$A_9B_9$，这些线段即代表反转过程中从动件所依次占据的位置。$B_1$、$B_2$、$\cdots$、$B_9$ 即为反转过程中从动件尖端的运动轨迹。

（5）将点 $B_0$、$B_1$、$B_2$、$\cdots$、$B_9$ 依次用光滑的曲线连接，得凸轮的轮廓曲线。

发现从动杆与轮廓干涉，通常作成曲杆，避免干涉，或摆杆与凸轮轮廓不在一个平面内仅靠头部伸出杆与轮廓接触。

对于滚子从动件同样是画出理论轮廓曲线，作出一系列位置的包络线即为实际轮廓曲线。

## 练一练

1. 选择题。

(1) 凸轮轮廓与从动件之间的可动连接是（　　）。

A. 移动副　　　　　　B. 转动副　　　　　　C. 高副

(2) （　　）决定从动件预定的运动规律。

A. 凸轮转速　　　　　B. 凸轮轮廓曲线　　　C. 凸轮形状

(3) 凸轮机构中，主动件通常作（　　）。

A. 等速转动或移动　　B. 变速转动　　　　　C. 变速移动

(4) 凸轮与从动件接触处的运动副属于（　　）。

A. 高副　　　　　　　B. 转动副　　　　　　C. 移动副

(5) 内燃机的配气机构采用了（　　）。

A. 凸轮机构　　　　　B. 铰链四杆机构　　　C. 齿轮机构

(6) 凸轮机构中，从动件构造最简单的是（　　）。

A. 平底从动件　　　　B. 滚子从动件　　　　C. 尖顶从动件

(7) 从动件等速运动规律的位移曲线形状是（　　）。

A. 抛物线　　　　　　B. 斜直线　　　　　　C. 双曲线

(8) 从动件做等加速等减速运动的凸轮机构（　　）。

A. 存在刚性冲击　　　B. 存在柔性冲击　　　C. 没有冲击

(9) 从动件做等速运动规律的凸轮机构，一般适用于（　　）、轻载的场合。

A. 低速　　　　　　　B. 中速　　　　　　　C. 高速

(10) 从动件做等加速等减速运动规律的位移曲线是（　　）。

A. 斜直线　　　　　　B. 抛物线　　　　　　C. 双曲线

2. 填空题。

(1) 凸轮机构主要由_____、_____和_____三个基本构件组成。

(2) 在凸轮机构中，凸轮为_____件，通常做等速_____或_____。

(3) 在凸轮机构中，通过改变凸轮_____使从动件实现设计要求的运动。

(4) 在凸轮机构中，按凸轮形式分类，凸轮有_____、_____和_____三种。

(5) 凸轮机构工作时，凸轮轮廓与从动件之间必须始终_____，否则，凸轮机构就不能正常工作。

3. 判断题。

(1) 在凸轮机构中，凸轮为主动件。（    ）

(2) 凸轮机构广泛用于机械自动控制。（    ）

(3) 移动凸轮相对机架做直线往复移动。（    ）

(4) 在一些机器中，要求机构实现某种特殊的或复杂的运动规律，常采用凸轮机构。（    ）

(5) 根据实际需要，凸轮机构可以任意拟定从动件的运动规律。（    ）

(6) 凸轮机构中，所谓从动件做等速运动规律是指从动件上升时的速度和下降时的速度必定相等。（    ）

(7) 凸轮机构中，从动件做等速运动规律的原因是凸轮做等速转动。（    ）

(8) 凸轮机构中，从动件做等加速等减速运动规律，是指从动件上升时做等加速运动，而下降时做等减速运动。（    ）

(9) 凸轮机构产生的柔性冲击，不会对机器产生破坏。（    ）

(10) 凸轮机构从动件的运动规律可按要求任意拟定。（    ）

4. 一尖顶式对心直动从动件盘形凸轮机构，凸轮按顺时针方向转动，其基圆半径 $r_0 = 20$ mm。从动件的行程 $h = 30$ mm 运动规律如下：

| 凸轮转角/(°) | 0~150 | 150~180 | 180~300 | 300~360 |
|---|---|---|---|---|
| 从动件运动规律/mm | 等速上升30 | 停止不动 | 等速下降30 | 停止不动 |

要求：
① 作从动件的位移曲线。
② 利用反转法，画出凸轮的轮廓曲线。

## 2.4 间歇运动机构

### 2.4.1 棘轮机构

**1. 组成和工作原理**

棘轮机构（Crank Shaft Ratchet）是一种应用历史很久的间歇运动机构。图 2-50、图 2-51 分别为最常见的外啮合齿式棘轮机构（External Gear Ratchet Mechanism）与摩擦式棘轮机构。

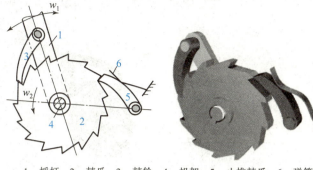

1—摇杆；2—棘爪；3—棘轮；4—机架；5—止推棘爪；6—弹簧

图 2-50 外啮合齿式棘轮机构

棘轮机构运动

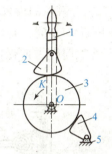

1—摇杆；2—凸块；3—从动轮；4—止动楔块；5—机架

图 2-51 摩擦式棘轮机构

图 2-50 为机械中常用的外啮合齿式棘轮机构，主要由摇杆（Rocker）、棘轮（Ratchet）、棘爪（Pawl）、机架（Frame）、止推棘爪（Thrust Pawl）和弹簧（Spring）组成。主动件空套在与棘轮固连的从动轴上，并与驱动棘爪用转动副相连。当主动件顺时针方向摆动时，驱动棘爪便插入棘轮的齿槽中，使棘轮跟着转过一定角度，此时，止推棘爪在棘轮的齿背上滑动。当主动件逆时针方向转动时，止推棘爪阻止棘轮发生逆时针方向转动，而驱动棘爪却能够在棘轮齿背上滑过，这时棘轮静止不动。因此，当主动件做连续的往复摆动时，棘轮做单向的间歇运动（Intermittent Movement）。

2. 棘轮机构的类型

（1）按结构形式分。

1）齿式棘轮机构，结构简单，制造方便；动与停的时间比可通过选择合适的驱动机构实现。但是，动程只能做有级调节；噪声、冲击和磨损较大，故不宜用于高速。

2）摩擦式棘轮机构，用凸块2代替齿式棘轮机构中的棘爪，以无齿摩擦代替棘轮。特点是：传动平稳、无噪声；动程可无级调节。但是，因靠摩擦力传动，会出现打滑现象，虽然可起到安全保护作用，但是传动精度不高，适用于低速轻载的场合。

（2）按照运动形式分。

1）单动式棘轮机构，如图 2-50 所示。当原动件按某一个方向摆动时，才能推动棘轮转动。摆杆向一个方向摆动时，棘轮沿同一方向转过某一角度；摆杆向另一个方向摆动时，棘轮静止不动。

2）双动式棘轮机构，如图 2-52 所示。其特点是：摇杆1往复摆动时，两棘爪3交替带动棘轮 2 沿同一方向转动。摇杆的往复摆动，都能使棘轮沿单一方向转动，棘轮转动方向是不可改变的。

1—摇杆；2—棘轮；3—棘爪
图 2-52 双动式棘轮机构

3）双向棘轮机构。图 2-53（a）为梯形齿棘轮，棘轮的齿采用对称的梯形齿，与之配合有对称的棘爪，其运动特点是当棘爪 3 在实线位置 $O_2B$ 时，棘轮 2 沿逆时针方向做间歇运动，当棘爪 3 翻到虚线位置 $O_2B'$，则棘轮 2 沿着顺时针方向做间歇运动。图 2-53（b）为矩形齿棘轮，其运动特点与梯形齿棘轮相同。

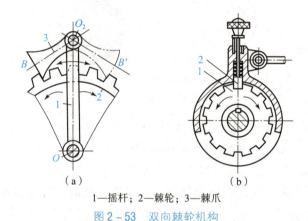

1—摇杆；2—棘轮；3—棘爪
图 2-53 双向棘轮机构
（a）梯形齿棘轮；（b）矩形齿棘轮

（3）按啮合方式分类。

1）外啮合棘轮机构。棘爪或楔块均安装在棘轮的外部。加工、安装和维修方便，应用较广。

2）内啮合棘轮机构，如图 2-54 所示。棘爪或楔块均在棘轮内部。内啮合棘轮机构结构紧凑，外形尺寸小。

图 2-54 内啮合棘轮机构

**3. 棘轮转角的调节**

调整棘轮每次转过的角度有两种方法：

（1）调整摇杆摆角。图2-55（a）的棘轮机构中，通过改变摇杆的长度的方法来改变摇杆角度摆角的大小，从而实现棘轮机构转角大小的调整。

（2）设置遮板。图2-55（b）中，改变棘轮罩位置，使部分行程内棘爪沿棘轮罩表面滑过，从而实现棘轮转角大小的调整。

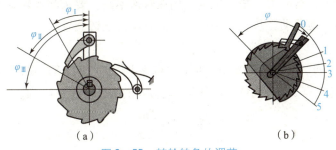

图2-55 棘轮转角的调节

(a) 调整摇杆摆角；(b) 设置遮板

**4. 棘轮机构的特点和应用**

棘轮机构的优点是：机构简单，制造容易，步进量易于调整。其缺点是：有较大的冲击和噪声，而且定位精度差。因此，只能用于速度不高、载荷不大、精度要求不高的场合。

### 2.4.2 槽轮机构

**1. 组成和工作原理**

槽轮机构又称马耳他机构（Malta Mechanism），如图2-56所示。它是由槽轮（Grooved Wheel）2、带有圆柱销的拨盘（Dial）1和机架（Frame）组成。当拨盘1做匀速转动时，驱使槽轮2做间歇运动。当圆柱销进入槽轮槽时，拨盘上的圆柱销将带动槽轮转动。拨盘转过一定角度后，圆柱销将从槽中退出。为了保证圆柱销下一次能正确地进入槽内，必须采用锁止弧将槽轮锁住不动，直到下一个圆柱销进入槽后才放开，这时槽轮又可随拨盘一起转动，即进入下一个运动循环。

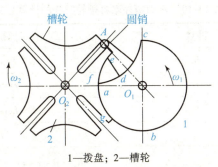

1—拨盘；2—槽轮

图2-56 槽轮机构

槽轮机构运动

**2. 槽轮机构的类型**

常见的槽轮机构有外啮合（External Engagement）和内啮合（Internal Engagement）两种形式，外啮合槽轮机构主动拨盘与从动槽轮转向相反，内啮合槽轮机构主动拨盘与从动槽轮转向相同。

两类槽轮机构中，除从动件转向不同外，内啮合槽轮机构结构紧凑，传动较平稳，槽轮停歇时间较短。

### 3. 特点与应用

槽轮机构的优点是：结构简单，工作可靠，能准确控制转动的角度。常用于要求恒定旋转角的分度机构中。其缺点是：对一个已定的槽轮机构来说，其转角不能调节；在转动始、末，加速度变化较大，有冲击。槽轮机构应用在转速不高，要求间歇转动的装置中，如电影放映机中，用以间歇地移动影片，或自动机中的自动传送链装置。

### 4. 槽轮机构的运动特性系数

在1个运动循环内，槽轮2的运动时间 $t_d$ 与拨盘1运动时间 $t$ 的比值 $\tau$ 称为运动特性系数。设一槽轮机构，槽轮上有 $z$ 个径向槽，拨盘上均匀分布的圆柱销数为 $k$，则运动特性系数为

$$\tau = \frac{t_d}{t} = \frac{2\alpha_1}{2\pi}$$

因为：

$$2\alpha_1 = \pi - 2\varphi_2 = \pi - \frac{2\pi}{z} \qquad \tau = \frac{2\alpha_1}{2\pi} = \frac{z-2}{2z} = \frac{1}{2} - \frac{1}{z}$$

讨论：设 $k$ 为均匀分布的圆销数。

（1） $\tau = 0$，槽轮始终不动；$\tau > 0$，$z \geq 3$。

（2） $\tau = \frac{1}{2} - \frac{1}{z} < \frac{1}{2}$：槽轮的运动时间总小于静止时间。

（3）要使 $\tau > \frac{1}{2}$，须在拨盘1上安装多个圆销。

### 5. 槽轮机构的主要参数和几何尺寸

槽轮机构的主要参数是径向槽数 $z$ 和拨盘圆柱销数 $k$。槽轮机构的中心距 $L$ 是根据槽轮机构的应用场合来选定的。槽轮的径向槽数 $z$ 和圆柱销数 $k$ 是根据具体工作要求，并参考前述分析确定的。如果中心距 $L$、径向槽数 $z$ 和圆销数 $k$ 已知，则其他几何尺寸可相应算出。如图2-56所示，单圆销外啮合槽轮机构的基本尺寸可按表2-10中所列计算公式求得。

表2-10 单圆销外啮合槽轮机构的计算公式

| 名称 | 符号 | 计算公式 |
| --- | --- | --- |
| 圆销回转半径 | $R$ | $R = L\sin(\pi/z)$ |
| 圆销半径 | $r$ | $r \approx R/6$ |
| 槽顶高 | $S$ | $S = L\cos(\pi/z)$ |
| 槽深 | $h$ | $h = S - (L - R - r)$ |
| 锁住弧半径 | $R_x$ | $R_x = R - r - e$，$e$ 为槽顶一侧壁厚<br>推荐 $e = (0.6 \sim 0.8)r$，但 $e > 3$ mm |
| 锁住弧张开角 | $\gamma$ | $\gamma = 2\pi - 2\psi_1 = \pi(1 + 2/z)$ |

## 2.4.3 不完全齿轮机构

### 1. 组成和类型

图 2-57 为不完全齿轮机构，是由普通齿轮机构转化成的一种间歇运动机构。它与普通齿轮的不同之处是轮齿不布满整个圆周，图 2-57 (a) 为外啮合不完全齿轮机构，两轮转向相反；图 2-57 (b) 为内啮合不完全齿轮机构，两轮转向相同；图 2-57 (c) 为不完全齿轮机构演变而得的一种间歇运动机构。在主动轮上只做出一个齿或几个齿，并根据运动时间与停歇时间的要求，在从动轮上做出与主动轮轮齿相啮合的轮齿。

不完全齿轮机构运动

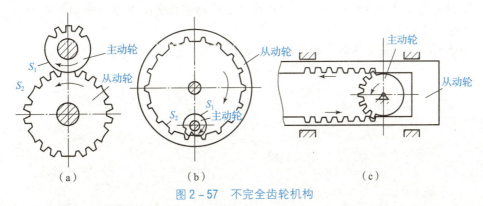

图 2-57 不完全齿轮机构

(a) 外啮合不完全齿轮机构；(b) 内啮合不完全齿轮机构；(c) 不完全齿轮齿条机构

### 2. 工作原理

不完全齿轮机构的主动轮（Driving Wheel）一般为只有一个齿或几个齿的不完全齿轮，从动轮（Driven Wheel）可以是普通的完整齿轮（Gear），也可以是一个不完全齿轮。这样，当主动轮有齿部分作用时，从动轮随着主动轮转动；当主动轮无齿部分作用时，从动轮应停止不动。因而当主动轮做连续回转运动时，从动轮可以得到间歇运动。为了防止从动轮在停止期间运动，一般在齿轮上装有锁止弧（Locking Arc），在从动轮停止期间，可以用来防止从动轮游动，并起到定位作用。

对于图 2-57 (a) 的外啮合机构，主动轮上有 3 个齿，从动轮上有 6 个运动段和 6 个停歇段，从动轮上与主动轮轮齿啮合的齿槽有 3 个。主动轮转 1 周时，从动轮转 1/6 周。当主动轮上的无齿圆弧与从动轮上的锁止弧接触时，从动轮停止活动。

### 3. 特点和应用

不完全齿轮机构与其他机构相比，结构简单，制造方便，从动轮的运动时间和静止时间的比例可不受机构结构的限制。但由于齿轮传动为定传动比运动，从动轮从静止到转动或从转动到静止时，速度有突变，冲击较大，一般只用于低速或轻载场合。如果用于高速运动，可以采用一些附加装置［如具有瞬心线附加杆的不完全齿轮齿条机构，如图 2-57 (c) 所示］，的降低因从动轮速度突变而产生的冲击。

## 练一练

1. 棘轮机构主要由哪几部分组成？简述棘轮机构的工作原理。
2. 棘轮机构如何分类？
3. 比较齿式棘轮机构和摩擦式棘轮机构的工作特点。
4. 槽轮机构主要由哪几部分组成？简述槽轮机构的工作原理。
5. 某单销外槽轮机构的径向槽数 $z=6$，试计算该槽轮机构的运动系数。
6. 自行车用的飞轮是什么机构？
7. 飞轮上设置两个棘爪的目的是什么？
8. 在骑自行车时，后轮转动，而倒链时，后轮因惯性仍按原方向转动，自行车会继续前行，这是什么原因？
9. 骑自行车时，有时飞轮有失灵现象，脚踏空转，这是什么原因？如何修理？

# 项目三 齿轮传动与齿轮系

## 创意小车设计与制作
## Creative Car Design and Production

### 1. 背景

充分发挥自身的综合设计能力和实践动手能力，考虑小车（图3-1）的驱动形式、结构稳定性、减速方案及动力性能等因素，合理设计车架、车轮、传动、车身造型等主体结构，并在此基础上增加功能的多样性。最后，制作一个PPT，展示设计作品的创意、原理、材料、特点及附加功能等。

图3-1 创意小车模型

### 2. 模型设计制作要求

> **任务描述**

模型结构形式和总高度不限，采用齿轮机构进行传动，选择合适的驱动形式及动力性能，使得小车速度最快。采用 2D、3D 设计软件合理设计车架、车轮、车身等主体结构，运用相关技术进行部件加工。最后将小车整体装配试行。

本项目要求设计与制作 1 个创意小车模型，具体过程如下：

- 确定目标：确定小车实现的功能。
- 小组讨论：采用头脑风暴法充分发散思维，小组讨论设计出实现目标步骤的具体实施方法。
- 传动机构、车身与车架设计：根据所学的齿轮传动相关知识，落实该知识点的运用。
- 实施制作：选择手边现有的材料与机器实施制作，要求以最常见的生活材料为主。
- 调试验证：运用制作实物验证绘制模型的可行性，采取挫折教育，在失败中修正设计错误和摆放误差，最终实现预计的功能。
- PPT 路演：运用 PPT 展示小车运行测算速度的方法。

### 每人所需材料

(1) 1 块胶合木板/有机玻璃板。
(2) 1 套塑料齿轮套装。
(3) 1 个单轴微型电动机。
(4) 4 个塑料轮胎。
(5) 5 mm 直径圆木棒。
(6) 1 套电池、电池座。
(7) 若干 M4 螺钉及造型材料。
(8) 造型材料。

### 技术

(1) 3D 打印技术。
(2) 齿轮传动计算技术。
(3) 激光切割技术。
(4) 计算机剪辑并上传视频。
(5) 手机拍摄视频。

### 学习成果

(1) 学习使用齿轮传动与齿轮系知识设计并制作创意小车齿轮传动机构，达到目标速度。
(2) 学习使用工具装配创意小车模型，并能正常运行。
(3) 学习使用办公软件制作 PPT。
(4) 学习检验创意小车的运行速度，并对创意小车进行评测。
(5) 学习理论并制作 1 张齿轮传动与齿轮系的知识心智图。

### 古代机械文明小故事

#### 水转连磨

《王祯农书》上有关于水转连磨(图3-2)的记载。这种水力加工机械的水轮又高又宽,是立轮,需用急流大水,冲动水轮。轮轴很粗,长度适中。在轴上相隔一定的距离,安装3个齿轮,每个齿轮又和1个磨上的齿轮相接,中间的3个磨又和各自旁边的两个磨的木齿相接。水轮转动,通过齿轮带动中间的磨,中间的磨一转,又通过磨上的木齿带动旁边的磨。这样,1个水轮能带动9个磨同时工作。

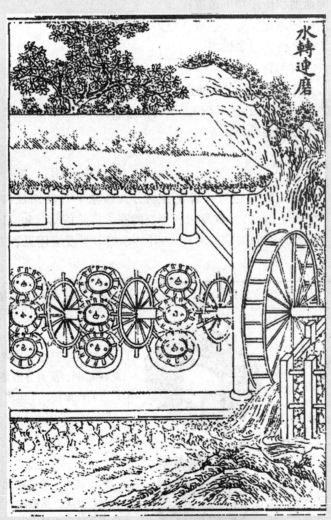

图3-2 水转连磨

## 3.1 认识齿轮机构

齿轮传动（Gear Drive）由一对相互啮合的齿轮（Gear）及机架（Machine Frame）组成，可用于传递空间任意两轴间的运动和动力，是应用最为广泛的机械传动机构之一。小到玩具，大到重型机械，齿轮传动机构已广泛应用在国防、矿山、化工、纺织、食品工业、仪表制造等各个领域。

### 3.1.1 齿轮传动的特点

齿轮传动主要依靠主动齿轮（Driver Gear）与从动齿轮（Passive Gear）的啮合（Meshing）传递运动和动力。具有以下优点。
（1）适用的圆周速度和传动功率范围广。
（2）能保证恒定的传动比，能传递成任意夹角两轴间的运动。
（3）寿命长，工作平稳，可靠性高。
（4）传递动力大、效率高。
与其他传动相比，齿轮传动有以下缺点。
（1）制造、安装精度要求较高，因而成本也较高。
（2）不适用于距离较远的传动。

### 3.1.2 齿轮传动的类型

按照一对齿轮两轴线的相对位置，齿轮传动分为两轴平行的圆柱齿轮传动（Cylinder Gear Drive）（称为平面齿轮传动），以及两轴相交的圆锥齿轮传动（Bevel Gear Drive）和两轴交错的齿轮传动（统称为空间齿轮传动）。齿轮传动的分类及应用见表 3-1。

表 3-1 齿轮传动的分类及应用

| 分类 | | 图例 | 应用 |
| --- | --- | --- | --- |
| 平面齿轮传动 | 按齿轮形状分 | 直齿圆柱齿轮 |  标准直齿圆柱齿轮模数为标准值，齿形角 $\alpha = 20°$，受力方向是径向，例如直齿圆柱齿轮减速器、车床传动齿轮等 |
| | | 斜齿圆柱齿轮 |  斜齿圆柱齿轮传动比直齿圆柱齿轮传动的重合度大，承载能力更强，传动更平稳。与直齿圆柱齿轮相比更适合于高速、重载的重要传动 |

续表

| 分类 | | | 图例 | 应用 |
|---|---|---|---|---|
| 平面齿轮传动 | 按齿轮形状分 | 人字齿圆柱齿轮 |  | 人字齿轮具有承载能力高、传动平稳和轴承载荷小等一系列优点，在重型机械的传动系统中获得了广泛的应用 |
| | 按啮合形式分 | 外啮合 |  | 由两个外齿轮相啮合，两轮的转向相反，多用于外啮合齿轮泵、车床各级轴之间传动等 |
| | | 内啮合 |  | 由1个内齿轮和1个小的外齿轮相啮合，两轮的转向相同，多用于需要同向转动的两轴之间的连接，如内啮合齿轮辅助泵等 |
| | | 齿轮齿条 |  | 齿条也分为直齿齿条和斜齿齿条，分别与直齿圆柱齿轮和斜齿圆柱齿轮配对使用。例如，齿条齿轮千斤顶、齿轮齿条钻机、齿轮齿条活塞执行机构等 |
| 空间齿轮传动 | | 圆锥齿轮 |  | 圆锥齿轮传动是用来传递空间两相交轴之间运动和动力的一种齿轮机构，其轮齿分布在截圆锥体上，齿形从大端到小端逐渐变小 |
| | | 准双曲面齿轮 |  | 准双曲面齿轮是一种特殊的锥齿轮，与普通锥齿轮相比，其重叠系数大、传动平稳、冲击和噪声小，在汽车主减速器中得到广泛的应用。具有降低汽车重心、承载能力高和寿命长等优点 |

续表

| 分类 | | 图例 | 应用 |
|---|---|---|---|
| 空间齿轮传动 | 交错轴斜齿轮 |  | 交错轴斜齿圆柱齿轮可以传递既不平行又不相交的两轴之间的运动和动力而被广泛应用,如交错轴齿轮减速器等 |

此外按照齿轮齿廓曲线的形状,齿轮传动可分为渐开线、摆线和圆弧齿轮三种,其中渐开线齿轮应用最广泛。

### 3.1.3 传动比

齿轮传动是依靠主动轮的齿廓(Tooth Profile)推动从动轮的齿廓来实现的。齿轮传动的基本要求之一是瞬时角速度(Instantaneous Angular Velocity)之比必须保持不变,否则,当主动轮等角速度(Constant Angular Velocity)回转时,从动轮的角速度为变速,会产生惯性力。这种惯性力不仅影响齿轮的寿命,而且还会引起机器的振动和噪声,影响其工作精度。设主动轮的角速度为 $\omega_1$,从动轮的角速度为 $\omega_2$,则两轮瞬时角速度之比 $\omega_1/\omega_2$ 称为瞬时传动比,简称传动比,并用 $i_{12}$ 表示,故:

$$i_{12} = \frac{\omega_1}{\omega_2} \qquad (3-1)$$

### 3.1.4 齿廓啮合基本定律

为了阐明一对齿廓实现定角速度比的条件,有必要先探讨角速比与齿廓间的一般规律,如图 3-3 所示,两相互啮合的齿廓 $E_1$ 和 $E_2$ 在点 $P$ 接触。过点 $P$ 作两齿廓的公法线(Common Normal)$N_1N_2$,它与连心线 $O_1O_2$ 的交点 $P$ 称为节点(Node)。该点是齿轮1、2的相对速度瞬心,因此,$v_{P1} = v_{P2}$,即 $O_1P\omega_1 = O_2P\omega_2$,故该对齿轮的传动比为

$$i_{12} = \frac{\omega_1}{\omega_2} = \frac{O_2P}{O_1P} \qquad (3-2)$$

式(3-2)表明,一对啮合齿轮在任一瞬时的传动比,必等于该瞬时两齿廓接触点的公法线将两轮连心线 $O_1O_2$ 分成两段——$O_1P$ 与 $O_2P$ 的反比。这一规律称为齿廓啮合基本定律。

可以推论,欲使两齿轮瞬时传动比恒定不变,必须使点 $P$ 为连心线上的固定点。因此,对于定传动比的齿轮传动,其齿廓必须满足的条件是:两轮的齿廓无论在何处接触,其接触点的公法线必须与两轮连心线相交于一定点。

过节点 $P$ 所作的两个相切的圆称为节圆(Pitch Circle),以 $r_{b1}$、$r_{b2}$ 表示两个节圆的半径。两节圆切点 $P$ 的速度 $v_{P1} = v_{P2}$,这说明定传动比的一对齿轮在啮合时,一对节圆做纯滚动。又由图 3-4 可知,一对外啮合齿轮的中心距(Center Distance)等于其节圆半径之和,传动比恒等于其节圆半径的反比。

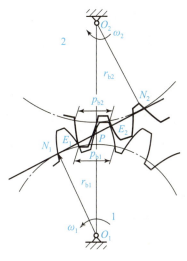
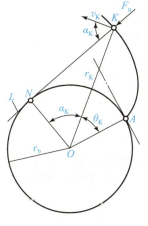

图 3-3 渐开线齿廓的啮合　　　图 3-4 渐开线的形成　　　渐开线齿廓啮合

能实现预定传动比的一对齿轮的齿廓称为共轭齿廓（Conjugate Tooth Profile）。理论上讲，共轭齿廓有无穷多种，但考虑到制造、安装和强度等要求，目前常用的齿廓有渐开线齿廓（Involute Tooth Profile）、摆线齿廓（Cycloidal Gear Profile）和圆弧齿廓（Circular Arc Tooth Profile），其中以渐开线齿廓应用最广，故本书着重讨论渐开线齿廓。

【例 3-1】 图 3-5 的减速器中，一对齿轮的主动轮齿数 $z_1=20$，从动轮齿数 $z_2=50$，主动轮转速 $n_1=1\,000$ r/min，试计算传动比 $i$ 和从动轮转速 $n_2$。

图 3-5 减速器

**解** 计算步骤列于表 3-2。

表 3-2 减速器的传动比和从动轮转速的计算

| 步骤 | 计算过程 | 结果 |
| --- | --- | --- |
| 1. 传动比 | $i_{12}=z_2/z_1=50/20=2.5$ | $i_{12}=2.5$ |
| 2. 转速 | $i_{12}=n_1/n_2$<br>$n_2=n_1/i_{12}=1\,000/2.5=400$（r/min） | $n_2=400$ r/min |

## 练一练

1. 齿轮传动的优缺点有哪些?
2. 在齿轮传动中,按齿轮的形状分类,可以分为哪几类?
3. 齿轮传动正确啮合的条件是什么?
4. 在减速器中,其中一对齿轮的主动轮齿数 $z_1 = 30$,从动轮齿数 $z_2 = 60$,主动轮转速 $n_1 = 1\,000$ r/min,试计算传动比 $i$ 和从动轮转速 $n_2$。
5. 拓展题:齿轮的失效形式有哪几种?分别有什么特点?

## 3.2 直齿圆柱齿轮传动的计算

### 3.2.1 渐开线齿轮各部分的名称

图 3-6 为一标准直齿圆柱齿轮的一部分,齿轮的轮齿均匀分布在圆柱面(Cylindrical Surface)上。每个轮齿两侧齿廓都是由形状相同、方向相反的渐开线曲面组成的。轮齿之间的空间部分称为齿槽(Cogging)。齿轮各部分的名称及代号如图 3-6 所示。

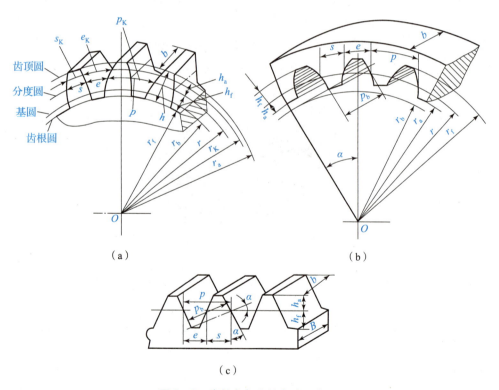

图 3-6 齿轮各部分的名称及代号
(a) 直齿圆柱齿轮的几何要素;(b) 内齿轮几何要素;(c) 齿条几何要素

**1. 齿顶圆(Addendum Circle)和齿根圆(Root Circle)**

齿顶所确定的圆称为齿顶圆,其直径用 $d_a$、半径用 $r_a$ 表示。相邻两齿之间的部分称为齿槽。齿槽底部所确定的圆称为齿根圆，其直径用 $d_f$、半径用 $r_1$ 表示。

### 2. 齿厚（Tooth Thickness）、槽宽（Space Width）和齿距（Tooth Pitch）

在任意直径 $d_K$ 的圆周上，轮齿两侧齿廓之间的弧长称为该圆上的齿厚，用 $s_K$ 表示；齿槽两侧齿廓之间的弧长称为该圆上的槽宽，用 $e_K$ 表示；相邻两齿同侧齿廓之间的弧长称为该圆上的齿距，用 $p_K$ 表示。显然，$p_K = s_K + e_K$。如果齿轮的齿数为 $z$，则 $\pi d_K = p_K z$，因此 $d_K = \dfrac{p_K}{\pi} z$。

### 3. 分度圆（Reference）

由上式可知，在不同直径的圆周上，比值 $p_K/\pi$ 是不同的，且包含无理数 $\pi$，为了便于设计、制造及互换，把齿轮某一圆周上的比值 $p_K/\pi$ 规定为标准值（一般是一些简单的有理数），并使该圆上的压力角也为标准值。这个圆称为分度圆，其直径用 $d$ 表示。

### 4. 齿顶高（Addendum）、齿根高（Dedendum）和全齿高（Full Tooth Height）

介于分度圆与齿顶圆之间的部分称为齿顶，其径间距离称为齿顶高，用 $h_a$ 表示。分度圆与齿根圆之间的部分称为齿根，其径间距离称为齿根高，用 $h_f$ 表示。齿根圆与齿顶圆之间的径间距离称为全齿高，用 $h$ 表示。

## 3.2.2 直齿圆柱齿轮的主要参数

### 1. 齿数（Number of Teeth）

1 个齿轮的轮齿总数。

### 2. 模数（Module）

分度圆上的齿距 $p$ 与 $\pi$ 的比值称为模数，用 $m$ 表示，单位 mm，即

$$m = \frac{p}{\pi} \tag{3-3}$$

式（3-3）中含有无理数 $\pi$，为了设计、制造和互换的方便，人为地规定 $p/\pi$ 的值为标准值。我国已规定了标准模数系列，表 3-3 为其中的一部分。

表 3-3 渐开线圆柱齿轮模数（摘自 GB/T 1357—2008）

| 第一系列 | 1，1.25，1.5，2，2.5，3，4，5，6，8，10，12，16，20，25，32，40，50 |
|---|---|
| 第二系列 | 1.125，1.375，1.75，2.25，2.75，3.5，4.5，5.5，(6.5)，7，9，11，14，18，22，28，36，45 |

注：选用模数时，应优先选用第一系列；其次选用第二系列；括号内的模数尽可能不用。

模数是齿轮设计和制造的重要参数，齿数一定时，模数越大，轮齿各部分尺寸也随之成比例增大，齿轮承载能力也就越大。

为了简便，分度圆上的齿距、齿厚及槽宽习惯上不加分度圆字样，而直接称为齿距、齿厚及槽宽。分度圆上的所有参数不带下标，例如用 $s$ 表示齿厚，用 $e$ 表示槽宽等。又由图 3-6 知：

$$p = s + e = \pi m \tag{3-4}$$

故分度圆直径：

$$d = \frac{p}{\pi}z = mz \tag{3-5}$$

### 3. 压力角

由前述渐开线的性质可知，在不同圆周上渐开线的压力角是不同的。通常把渐开线齿廓在分度圆上的压力角简称为压力角，用 $\alpha$ 表示。我国规定标准压力角 $\alpha = 20°$。至此，可以给分度圆下一个完整的定义：分度圆是具有标准模数和标准压力角的圆。

由此可得基圆半径，即

$$r_b = r\cos\alpha = \frac{mz}{2}\cos\alpha \tag{3-6}$$

### 4. 齿顶高系数（Addendum Coefficient）和顶隙系数（Top Clearance Coefficient）

标准齿轮的齿顶高和齿根高由式（3-7）、式（3-8）确定。

$$\begin{cases} h_a = h_a^* m \\ h_f = h_a^* m + c = (h_a^* + c^*)m \end{cases} \tag{3-7}$$

$$h = h_a + h_f \tag{3-8}$$

式中  $h_a^*$——齿顶高系数；

$c$——顶隙，指一对齿轮啮合时一轮的齿顶与另一轮的齿槽底之间沿半径方向的间隙，此间隙能储存润滑油，避免两轮啮合碰撞；

$c^*$——顶隙系数。

对于圆柱齿轮，标准规定齿顶高系数和顶隙系数分别为：

（1）正常齿制：

$$h_a^* = 1.0, \quad c^* = 0.25$$

（2）短齿制：

$$h_a^* = 0.8, \quad c^* = 0.3$$

### 3.2.3 标准直齿圆柱齿轮的基本几何尺寸

若一齿轮的模数、压力角、齿顶高系数、顶隙系数均为标准值，且分度圆上齿厚和槽宽相等，则称为标准齿轮。因此，对于标准齿轮：

$$s = e = \frac{p}{2} = \frac{\pi m}{2} \tag{3-9}$$

$$d_a = d + 2h_a = m(z + 2h_a^*) \tag{3-10}$$

$$d_f = d - 2h_f = m(z - 2h_a^* - 2c^*) \tag{3-11}$$

对于一对模数相等的标准齿轮，由于分度圆上的齿厚与槽宽相等，得到：

$$s_1 = e_1 = s_2 = e_2 = \frac{\pi m}{2}$$

一对标准齿轮啮合时，当分度圆和节圆重合时的中心距称为标准中心距，用 $a$ 表示。

$$a = r_1' + r_2' = r_1 + r_2 = \frac{m}{2}(z_1 + z_2) \tag{3-12}$$

标准直齿圆柱齿轮的所有尺寸均可用 5 个基本参数来表示，轮齿各部分尺寸的计算公式可查表 3-4，在应用表中的计算公式时应考虑内啮合齿轮与外啮合齿轮的区别。

表 3-4 标准直齿圆柱齿轮几何尺寸计算

| 名称 | 代号 | 计算公式 | |
|---|---|---|---|
| | | 外啮合齿轮 | 内啮合齿轮 |
| 压力角 | $\alpha$ | 标准齿轮为 20° | |
| 齿数 | $z$ | 通过传动比计算确定 | |
| 模数 | $m$ | 通过计算或结构设计确定 | |
| 齿厚 | $s$ | $s = p/2 = \pi m/2$ | |
| 齿槽宽 | $e$ | $e = p/2 = \pi m/2$ | |
| 齿距 | $p$ | $p = \pi m$ | |
| 基圆齿距 | $p_b$ | $p_b = p\cos\alpha = \pi m\cos\alpha$ | |
| 齿顶高 | $h_a$ | $h_a = h_a^* m$ | |
| 齿根高 | $h_f$ | $h_f = (h_a^* + c^*)m$ | |
| 齿全高 | $h$ | $h = h_a + h_f = (2h_a^* + c^*)m$ | |
| 分度圆直径 | $d$ | $d = mz$ | |
| 齿顶圆直径 | $d_a$ | $d_a = d + 2h_a = (z + 2h_a^*)m$ | $d_a = d - 2h_a = (z - 2h_a^*)m$ |
| 齿根圆直径 | $d_f$ | $d_f = d - 2h_f = (z - 2h_a^* - 2c^*)m$ | $d_f = d + 2h_f = (z + 2h_a^* + 2c^*)m$ |
| 标准中心距 | $a$ | $a = m(z_1 + z_2)/2$ | $a = m(z_2 - z_1)/2$ |
| 基圆直径 | $d_b$ | $d_b = d\cos\alpha = mz\cos\alpha$ | |

【例 3-2】 图 3-7 为一单级直齿圆柱齿轮减速器,已知主动轮的齿顶圆直径 $d_{a1}$ = 44 mm,齿数 $z_1 = 20$,求该齿轮的模数 $m$。如需配一从动齿轮,要求传动比 $i_{12} = 3.5$,试计算从动轮的几何尺寸及两轮的中心距。

图 3-7 单级直齿圆柱齿轮减速器

**解** 计算步骤列于表 3-5。

表 3-5 减速器主动轮的模数和从动轮的几何尺寸

| 步骤 | 计算过程 | 结果 |
|---|---|---|
| 1. 模数 | $d_{a1} = d_1 + 2h_a = m(z_1 + 2)$<br>$m = 2$ mm | $m = 2$ mm |
| 2. 齿数 | $i_{12} = z_2/z_1$<br>$z_2 = i_{12}z_1 = 3.5 \times 20 = 70$ | $z_2 = 70$ |
| 3. 分度圆直径 | $d_2 = mz_2 = 2 \times 70 = 140$ (mm) | $d_2 = 140$ mm |
| 4. 齿顶圆直径 | $d_{a2} = d_2 + 2 = m(z_2 + 2)$<br>$= 2 \times (70 + 2) = 144$ (mm) | $d_{a2} = 144$ mm |
| 5. 齿根圆直径 | $d_{f2} = d_2 - h_{f2} = m(z_2 - 2.5)$<br>$= 2 \times (70 - 2.5) = 135$ (mm) | $d_{f2} = 135$ mm |
| 6. 全齿高 | $h = h_a + h_f = 2.25\ m$<br>$= 2.25 \times 2 = 4.5$ (mm) | $h = 4.5$ mm |
| 7. 中心距 | $d_1 = mz_1 = 2 \times 20 = 40$ (mm)<br>$a = (d_1 + d_2)/2 = (40 + 140)/2 = 90$ (mm) | $a = 90$ mm |

## 练一练

1. 试分析直齿圆柱齿轮的齿顶圆、齿根圆和分度圆的区别。
2. 对于圆柱齿轮，标准所规定的齿顶高系数和顶隙系数分别是多少？
3. 试解释以下概念：
（1）模数。
（2）分度圆。
4. 一对标准直齿圆柱齿轮传动中，$z_1 = 20$，$z_2 = 30$，$m = 5$，求 $d_1$、$d_2$、$d_{a1}$、$d_{a2}$、$d_{f1}$、$d_{f2}$、$e$、$s$、$a$ 的值。
5. 已知：一对渐开线外啮合直齿圆柱标准齿轮的模数 $m = 5$ mm，压力角 $\alpha = 20°$，中心距 $a = 350$ mm，传动比 $i = 9/5$。试求：两齿轮的分度圆直径 $d$、齿顶圆直径 $d_a$、齿根圆直径 $d_f$、齿厚 $s$、全齿高 $h$。

## 3.3 设计直齿圆柱齿轮

### 3.3.1 直齿圆柱齿轮的啮合传动

**1. 正确啮合条件**

图 3-8 为一对渐开线齿轮啮合的情况。如前所述，一对渐开线齿廓在任何位置啮合时，

其接触点都应在啮合线（Path of Contact）$N_1N_2$上。因此，当前一对轮齿在啮合线上的点$P$接触时，若要使后一对轮齿也处于啮合状态，则其接触点$P$也应位于啮合线$N_1N_2$上。要使两对轮齿能正确在同时进行啮合，则两齿轮相邻两齿同侧齿廓的法线齿距必须相等，即

$$K_1P = K_2P$$

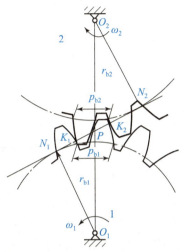

齿轮的正确啮合

图 3-8 标准直齿圆柱齿轮正确啮合

根据渐开线的性质可知，齿轮的法线齿距等于基圆齿距$p_b$。因此，一对渐开线齿轮正确啮合的条件为两齿轮基圆齿距相等，即

$$p_{b1} = p_{b2}$$

齿轮 1 和齿轮 2 的基圆齿距分别为

$$p_{b1} = p_1\cos\alpha_1 = \pi m_1\cos\alpha_1 \tag{3-13}$$

$$p_{b2} = p_2\cos\alpha_2 = \pi m_2\cos\alpha_2$$

根据正确啮合条件$p_{b1} = p_{b2}$，由式（3-14）得：

$$m_1\cos\alpha_1 = m_2\cos\alpha_2 \tag{3-14}$$

式中 $m_1$、$m_2$、$\alpha_1$、$\alpha_2$——分两齿轮的模数和压力角。

由于模数和压力角均已标准化，所以要满足式（3-14），只能使

$$\begin{cases} m_1 = m_2 = m \\ \alpha_1 = \alpha_2 = \alpha \end{cases} \tag{3-15}$$

由此得出一对渐开线齿轮的正确啮合条件是：两齿轮的模数和压力角应分别相等。这样，一对齿轮的传动比可写成：

$$i_{12} = \frac{\omega_1}{\omega_2} = \frac{r'_2}{r'_1} = \frac{r_{b2}}{r_{b1}} = \frac{z_2}{z_1} \tag{3-16}$$

### 2. 中心距、啮合角与压力角的关系（正确安装条件）

要使一对齿轮传动平稳，应保证相啮合的两轮齿的齿侧无间隙。由于一对齿轮啮合传动时，两齿轮的节圆做纯滚动，且其中心距等于两齿轮节圆半径之和。当要求两齿轮的齿侧无间隙运动时，一齿轮的节圆齿厚必须等于另一齿轮节圆的齿槽宽，即$s'_1 = e'_2$，$s'_2 = e'_1$。当一对模数相等的标准齿轮相啮合时，由于两齿轮分度圆上的齿厚与齿槽宽相等，即$s_1 = e_1 = s_2 = $

$e_2 = \pi m/2$,两齿轮在无齿侧间隙的条件下进行传动时,分度圆必与节圆重合,压力角等于传动角,这时两齿轮的安装称为标准安装。此时的中心距称为标准中心距,用 $a$ 表示,如图 3-9 所示。

$$a = r'_1 + r'_2 = r_1 + r_2 = \frac{m}{2}(z_1 + z_2) \tag{3-17}$$

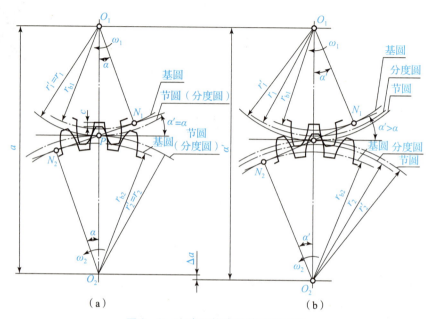

图 3-9 直齿圆柱齿轮传动的安装

(a) 标准安装;(b) 非标准安装

对内啮合圆柱齿轮传动,当标准安装时,其标准中心距计算公式为

$$a = r'_2 - r'_1 = r_2 - r_1 = \frac{m}{2}(z_2 - z_1) \tag{3-18}$$

当两齿轮正确安装(标准中心距)时,理论上在齿侧间没有间隙。但实际上,考虑到轮齿变形及保证齿轮运转正常等因素,应保证有一定侧隙,而侧隙一般由齿厚及齿槽宽的尺寸公差产生。

图 3-9 中,一齿轮的齿顶圆至另一齿轮的齿根圆之间沿中心连线的径向间隙称为顶隙,用 $c$ 表示。由于两分度圆相切,故顶隙为

$$c = h_f - h_a = c^* m \tag{3-19}$$

顶隙的作用是为了避免一齿轮的齿顶与另一齿轮的齿根相接触,同时也便于储存润滑油。

当安装中心距不等于标准中心距(非标准安装),如图 3-9(b)所示,节圆半径要发生变化,但分度圆半径是不变的,这时分度圆与节圆分离。啮合线位置变化,啮合角也不再等于分度圆上的压力角。此时实际安装的中心距 $a'$ 为

$$a' = r'_1 + r'_2 = \frac{r_{b1}}{\cos\alpha'} + \frac{r_{b2}}{\cos\alpha'} = \frac{1}{\cos\alpha'}(r_1\cos\alpha + r_2\cos\alpha) = \frac{a}{\cos\alpha'}\cos\alpha$$

即

$$\cos\alpha' = \frac{a}{a'}\cos\alpha \qquad (3-20)$$

标准齿轮正确安装时，两轮的节圆各自与其分度圆相重合，啮合角等于压力角。但必须注意，单个齿轮没有节圆和啮合角，而只有分度圆和压力角。

### 3. 渐开线直齿圆柱齿轮连续传动条件

齿轮传动是依靠两轮的轮齿依次啮合而实现的。图 3-10 为一对相互啮合的齿轮，齿轮 1 是主动轮，齿轮 2 是从动轮，齿轮的啮合是从主动轮齿根推动从动轮齿顶开始的，因此初始啮合点是从动轮齿顶与啮合线的交点 $B_2$，随着齿轮 1 推动齿轮 2 转动，两齿廓的啮合点沿着啮合线移动。当啮合点移动到齿轮 1 的齿顶圆与啮合线的交点 $B_1$ 时，这对齿廓终止啮合，两齿廓即将分离。故啮合线 $N_1N_2$ 上的线段 $B_1B_2$ 为齿廓啮合点的实际轨迹，称为实际啮合线，而线段 $N_1N_2$ 称为理论啮合线。当 $B_1B_2$ 恰好等于 $p_b$ 时，即前一对齿在点 $B_1$ 即将脱离，后一对齿刚好在点 $B_2$ 接触时，齿轮能保证连续传动。但若齿轮 2 的齿顶圆直径稍小，它与啮合线的交点在 $B_2'$，则 $B_1B_2' < p_b$。此时前一对齿即将分离，后一对齿尚未进入啮合，此时齿轮传动中断，将引起冲击。若如图 3-10 中虚线所示，前一对齿到达点 $B_1$ 时，后一对齿已经啮合多时，此时 $B_1B_2 > p_b$。

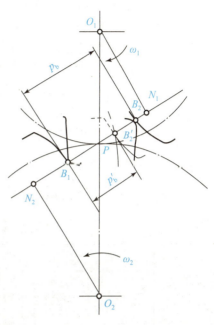

图 3-10 齿轮传动的重合度

由此可见，齿轮连续传动的条件为

$$\varepsilon = \frac{B_1B_2}{p_b} \geqslant 1 \qquad (3-21)$$

式中 $\varepsilon$——重合度（Coincidence Degree），表明同时参与啮合轮齿的对数。

$\varepsilon$ 越大，表明同时参与啮合轮齿的对数越多，每对啮合轮齿的载荷越小，载荷变动量也越小，传动越平稳。因此 $\varepsilon$ 是衡量齿轮传动质量的指标之一。

#### 3.3.2 齿面接触疲劳强度计算

进行齿面接触疲劳强度计算是为了避免齿轮齿面点蚀（Pitting）失效。两齿轮啮合时，疲劳点蚀一般发生在节线附近。因此，应使齿面接触处所产生的最大接触应力小于齿轮的许用接触应力。齿轮齿面的最大应力计算公式可由弹性力学中的赫兹公式（Hertz Formula）推导得出，经一系列简化，渐开线标准直齿圆柱齿轮传动的齿面接触疲劳强度校核公式为

$$\sigma_H = 2.5 Z_E \sqrt{\frac{2KT_1(\mu \pm 1)}{bd_1^2 \mu}} \leqslant [\sigma_H] \qquad (3-22)$$

设计公式：

$$d_1 \geq \sqrt[3]{\frac{2KT_1(\mu \pm 1)}{\psi_d \mu}\left(\frac{2.5Z_E}{[\sigma_H]}\right)^2} \qquad (3-23)$$

式中  $\pm$ ——"+"用于外啮合,"-"用于内啮合;

$Z_E$——弹性系数（Elastic Coefficient）（查表3-6）;

$\sigma_H$——齿面的实际最大接触应力,MPa;

$K$——载荷系数（查表3-7）;

$T_1$——小齿轮上的理论转矩,N·mm;

$\mu$——齿数比（Ratio of Tooth Number）（大齿轮的齿数与小齿轮的齿数比）;

$b$——轮齿的工作宽度,mm;

$d_1$——小齿轮的分度圆直径,mm;

$\psi_d$——齿宽系数,$\psi_d = \dfrac{b}{d_1}$;

$[\sigma_H]$——齿轮的许用接触应力,MPa。

表3-6  齿轮配对材料弹性系数 $Z_E$       $N^{\frac{1}{2}}/mm$

| 小齿轮材料 | 大齿轮材料 | | | | | | |
|---|---|---|---|---|---|---|---|
| | 钢 | 铸钢 | 球墨铸铁 | 铸铁 | 锡青铜 | 铸锡青铜 | 织物层压塑料 |
| 钢 | 189.8 | 188 | 181.4 | 162 | 159.8 | 155 | 56.4 |
| 铸钢 | — | 188 | 180.5 | 161.4 | — | — | — |
| 球墨铸铁 | — | — | 173.9 | 156.6 | — | — | — |
| 铸铁 | — | — | — | 143.7 | — | — | — |

表3-7  载荷系数 $K$（GB/T 3480—1997）

| 原动机工作特性 | 工作机工作特性 | | | |
|---|---|---|---|---|
| | 均匀平稳 | 轻微冲击 | 中等冲击 | 严重冲击 |
| 均匀平稳 | 1.0 | 1.25 | 1.5 | 1.75 |
| 轻微冲击 | 1.10 | 1.35 | 1.6 | 1.85 |
| 中等冲击 | 1.25 | 1.50 | 1.75 | 2.0 |
| 严重冲击 | 1.50 | 1.75 | 2.0 | 2.25 或更大 |

应用上述公式时应注意以下几点：两齿轮齿面的接触应力大小相同，即 $\sigma_{H1} = \sigma_{H2}$；因为两个齿轮的材料与热处理一般是不相同的，所以两齿轮的许用接触应力 $[\sigma_{H1}]$ 与 $[\sigma_{H2}]$ 一般不同，即 $[\sigma_{H1}] \neq [\sigma_{H2}]$，进行强度计算时应选用较小值；齿轮的齿面接触疲

劳强度与齿轮的直径或中心距的大小有关，即与 $m$ 和 $z$ 的乘积有关，而与模数的大小无关。当一对齿轮的材料、齿宽系数、齿数比一定时，由齿面接触强度所决定的承载能力仅与齿轮的直径或中心距有关。

齿轮常用材料、热处理方法及力学性能列于表 3-8。

表 3-8 齿轮常用材料、热处理方法及其力学性能

| 材料 | 热处理方法 | 抗拉强度 $\sigma_b$/MPa | 屈服强度 $\sigma_s$/MPa | 齿面硬度 /HBS | 许用接触应力 $[\sigma_H]$/MPa | 许用弯曲应力 $[\sigma_F]$/MPa |
|---|---|---|---|---|---|---|
| HT300 | — | 300 | — | 187~255 | 290~340 | 80~105 |
| QT600-3 | | 600 | — | 190~270 | 436~535 | 262~315 |
| ZG310-570 | 正火 | 580 | 320 | 163~197 | 270~301 | 171~189 |
| ZG340-600 | | 650 | 350 | 179~207 | 288~306 | 182~196 |
| 45钢 | | 580 | 290 | 162~217 | 468~513 | 280~301 |
| ZG340-640 | 调质 | 700 | 380 | 241~269 | 468~490 | 248~259 |
| 45钢 | | 650 | 360 | 217~255 | 513~545 | 301~315 |
| 35SiMn | | 750 | 450 | 217~269 | 612~675 | 427~504 |
| 40Cr | | 700 | 500 | 241~286 | 612~675 | 399~427 |
| 45钢 | 调质后表面淬火 | — | — | 40~50 HRC | 972~1 053 | 427~504 |
| 40Cr | | — | — | 48~55 HRC | 1 035~1 098 | 483~518 |
| 20Cr | 渗碳后淬火 | 650 | 400 | 56~62 HRC | 1 350 | 645 |
| 20CrMnTi | | 1 100 | 850 | 56~62 RC | 1 350 | 645 |

注：表中材料许用弯曲应力是在齿轮单向受载试验条件下得到的，若齿轮工作条件双向受载，则应将表中数据乘以 0.7。

增大齿宽系数 $\psi_d$ 可减小齿轮直径和中心距，从而降低圆周速度。但是齿宽越大，齿向载荷分布越不均匀，故应合理选取适当的齿宽系数。对一般机械传动中，$\psi_d$ 可查表 3-9 选取。

表 3-9 齿宽系数 $\psi_d$（GB/T 3480—1997）

| 齿面硬度/HBS | 齿轮相对于轴承的位置 | | |
|---|---|---|---|
| | 对称位置 | 非对称位置（刚性结构较大） | 非对称位置（刚性结构较小） |
| 软齿面≤350 | 0.8~1.4 | 0.6~1.2 | 0.4~0.8 |
| 硬齿面>350 | 0.4~0.9 | 0.3~0.6 | 0.2~0.4 |

由于原动机运转平稳性的不同和工作机载荷状态的不同，使得齿轮传动在工作中还要承受不同程度的附加载荷。因此，引入使用系数 $K$ 来考虑齿轮副外部因素引起附加载荷的影响，$K$ 通常按表 3-7 选取。

### 3.3.3 齿根弯曲疲劳强度计算

计算齿根弯曲疲劳强度是为了防止轮齿根部疲劳折断。轮齿的疲劳折断主要与齿根弯曲应力（Bending Stress）的大小有关。当一对齿开始啮合时，载荷 $F_n$ 作用在齿顶，此时弯曲力臂 $h_F$ 最长，齿根部分所产生的弯曲应力最大，但其前对齿尚未脱离啮合（因重合度 $\varepsilon >1$），载荷由两对齿来承受。考虑到加工和安装误差的影响，为了安全起见，对精度不高的齿轮传动，进行强度计算时仍假设载荷全部作用于单对齿上。

在计算单对齿的齿根弯曲应力时，如图 3-11 所示，将齿轮看作宽度为 $b$（齿宽）的悬臂梁。确定其危险的简便方法为：作与轮齿对称中心线成 30°夹角并与齿根过渡曲线相切的两条斜线，此两切点的连线即为其危险截面位置。此时齿根部分产生的弯曲应力最大，经推导可得轮齿齿根弯曲疲劳强度的计算公式为

校核公式：

$$\sigma_F = \frac{2KT_1 Y_{Fa} Y_{Sa}}{\psi_d m^3 z_1^2} \leq [\sigma_F] \quad (3-24)$$

设计公式：

$$m \geq \sqrt[3]{\frac{2KT_1}{\psi_d z_1^2} \left( \frac{Y_{Fa} Y_{Sa}}{[\sigma_F]} \right)} \quad (3-25)$$

式中　$K$，$T_1$，$b$，$\psi_d$——符号的意义同前；
　　　$\sigma_F$——齿根实际最大弯曲应力，MPa；
　　　$m$——模数，mm；
　　　$Y_{Fa}$——齿形系数（见表 3-10）；
　　　$Y_{Sa}$——应力修正系数（见表 3-10）。

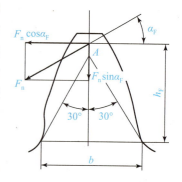

图 3-11　齿根弯曲应力

由于通常两个相啮合齿轮的齿数是不相同的，故齿形系数 $Y_{Fa}$ 和应力修正系数 $Y_{Sa}$ 都不相等，而且齿轮的许用应力 $[\sigma_F]$ 也不一定相等，必须分别校核两齿轮的齿根弯曲强度。在设计计算时，应将两齿轮的 $Y_F Y_S / [\sigma_F]$ 值进行比较，取其中较大者代入式中计算，计算所得模数圆整成标准值。对于标准齿轮，$Y_F$ 由表 3-10 查取。

表 3-10　齿形系数 $Y_{Fa}$ 及应力修正系数 $Y_{Sa}$

| $z(z_v)$ | 17 | 18 | 19 | 20 | 21 | 22 | 23 | 24 | 25 | 26 | 27 | 28 |
|---|---|---|---|---|---|---|---|---|---|---|---|---|
| $Y_{Fa}$ | 2.97 | 2.91 | 2.85 | 2.80 | 2.76 | 2.72 | 2.69 | 2.65 | 2.62 | 2.60 | 2.57 | 2.55 |
| $Y_{Sa}$ | 1.52 | 1.53 | 1.54 | 1.55 | 1.56 | 1.57 | 1.575 | 1.58 | 1.59 | 1.595 | 1.60 | 1.61 |
| $z(z_v)$ | 29 | 30 | 35 | 40 | 45 | 50 | 60 | 70 | 80 | 90 | 100 | 150 |
| $Y_{Fa}$ | 2.53 | 2.52 | 2.45 | 2.40 | 2.35 | 2.32 | 2.28 | 2.24 | 2.22 | 2.20 | 2.18 | 2.14 |
| $Y_{Sa}$ | 1.62 | 1.625 | 1.65 | 1.67 | 1.68 | 1.70 | 1.72 | 1.75 | 1.77 | 1.78 | 1.79 | 1.83 |

【例 3-3】 某单级直齿圆柱齿轮减速器,已知输入轴转速 $n_1 = 750$ r/min,传动比 $i = 4$,传动功率 $P = 10$ kW。减速器用于带式运输机,设计该减速器齿轮传动。

**解** 设计计算步骤列于表 3-11。

表 3-11 直齿圆柱齿轮的设计计算

| 步骤 | 计算过程 | 结果 |
|---|---|---|
| 1. 材料选择 | 带式运输机工作较平稳<br>小齿轮选用 45 钢调质 250 HBS<br>大齿轮选用 45 钢正火 190 HBS | 小齿轮 45 钢调质<br>大齿轮 45 钢正火 |
| 2. 参数选择 | (1) 采用软齿面闭式传动:<br>$z_1 = 25$<br>$z_2 = iz_1 = 4 \times 25 = 100$<br>(2) 齿宽系数。<br>单级齿轮传动,两支撑相对齿轮对称布置,查表 3-9 取 $\psi_d = 1.0$。<br>(3) 载荷系数。<br>因为载荷较平稳,齿轮软齿面,支撑对称,查表 3-7,取 $K = 1.4$。<br>(4) 齿数比。<br>$\mu = i_{12} = z_2/z_1 = 112/28 = 4$ | $z_1 = 25$<br>$z_2 = 100$<br>$\psi_d = 1.0$<br>$K = 1.4$<br>$\mu = 4$ |
| 3. 确定许用应力 | 查表 3-8,用插入法求:<br>$[\sigma_{H_1}] = 513 + \dfrac{545-513}{255-217} \times (250-217) = 541 (\text{MPa})$<br>$[\sigma_{F_1}] = 301 + \dfrac{315-301}{255-217}(250-217) = 313 (\text{MPa})$<br>查表 3-8,用插入法求:<br>$[\sigma_{H_2}] = 468 + \dfrac{513-468}{217-162} \times (190-162) = 491 (\text{MPa})$<br>$[\sigma_{F_2}] = 280 + \dfrac{301-280}{217-162}(190-162) = 291 (\text{MPa})$ | $[\sigma_{H_1}] = 541$ MPa<br>$[\sigma_{F_1}] = 313$ MPa<br>$[\sigma_{H_2}] = 491$ MPa<br>$[\sigma_{F_2}] = 291$ MPa |
| 4. 计算小齿轮转矩 | $T_1 = 9.55 \times 10^6 \dfrac{P}{n_1} = 9.55 \times 10^6 \dfrac{10}{750} = 12.73 \times 10^4 (\text{N} \cdot \text{m})$ | $T_1 = 12.73 \times 10^4$ N·m |
| 5. 按齿面接触强度计算 | 取较小的许用接触应力 $[\sigma_{H_2}]$ 代入计算得小齿轮分度圆直径:<br>$d_1 \geq 76.6 \sqrt[3]{\dfrac{KT_1(\mu \pm 1)}{\psi_d \mu [\sigma_H]^2}} = 76.6 \times \sqrt[3]{\dfrac{1.4 \times 12.73 \times 10^4 \times (4+1)}{1.0 \times 4 \times 491^2}}$<br>$= 74.8 (\text{mm})$<br>齿轮模数为 $m = d_1/z_1 = 74.8/25 = 2.992 (\text{mm})$ | $d_1 \geq 74.8$ mm |

续表

| 步骤 | 计算过程 | 结果 |
|---|---|---|
| 6. 按齿根弯曲疲劳强度计算 | 由齿数 $z_1 = 25$，$z_2 = 100$ 查表 3 – 10 得齿形系数 $Y_{F1} = 4.21$，$Y_{F2} = 3.96$，齿形系数与弯曲应力的比值：$$\frac{Y_{F1}}{[\sigma_{F_1}]} = \frac{4.21}{313} = 0.01345 \quad \frac{Y_{F2}}{[\sigma_{F_2}]} = \frac{3.96}{291} = 0.01360$$ $$\frac{Y_{F2}}{[\sigma_{F_2}]} > \frac{Y_{F1}}{[\sigma_{F_1}]}$$ 因 $\frac{Y_{F2}}{[\sigma_{F_2}]}$ 较大，代入得：$$m \geq 1.26 \sqrt[3]{\frac{KT_1 Y_F}{\psi_d z_1^2 [\sigma_F]}} = 1.26 \sqrt[3]{\frac{1.4 \times 12.73 \times 10^4 \times 3.96}{1.0 \times 25^2 \times 291}}$$ $$= 1.98 \text{(mm)}$$ | $m \geq 1.98$ mm |
| 7. 确定模数 | 由上式结果可知，按接触疲劳强度计算，模数 $m \geq 2.992$ mm，根据表 3 – 3 取 $m = 3$ mm | $m = 3$ mm |
| 8. 计算齿轮主要尺寸 | $d_1 = mz_1 = 3 \times 25 = 75$(mm)<br>$d_2 = mz_2 = 3 \times 100 = 300$(mm)<br>$d_{a1} = m(z_1 + 2) = 3 \times (25 + 2) = 81$(mm)<br>$d_{a2} = m(z_2 + 2) = 3 \times (100 + 2) = 306$(mm)<br>$a = (d_1 + d_2)/2 = (75 + 300)/2 = 187.5$(mm)<br>$b = \psi_d d_1 = 1.0 \times 75 = 75$(mm)<br>$b_2 = 75$ mm，$b_1 = b_2 + 5 = 80$ mm | $d_1 = 75$ mm<br>$d_2 = 300$ mm<br>$d_{a1} = 81$ mm<br>$d_{a2} = 306$ mm<br>$a = 187.5$ mm<br>$b_1 = 80$ mm<br>$b_2 = 75$ mm |

### 3.3.4 齿轮结构设计

齿轮结构设计主要包括选择合理适用的结构形式，依据经验公式确定齿轮的轮毂（Hub）、轮辐（Spoke）、轮缘（Flange）等各部分的尺寸及绘制齿轮的零件工作图等。

常用的齿轮结构形式有以下几种。

#### 1. 齿轮轴（Gear Shaft）

当圆柱齿轮的齿根圆至键槽底部的距离 $x \leq 2m_t$（$m_t$ 为端面模数），或锥齿轮小端的齿根圆至键槽底部的距离 $x \leq 1.6$ m 时，应将齿轮与轴制成一体，即齿轮轴，如图 3 – 12 所示。齿轮轴易于装配，并增加了刚性，但铸造毛坯费时，当齿轮损坏时，将与轴同时报废，因此，在齿轮直径稍大时，应采用与轴分开制造的形式。

#### 2. 实心式齿轮（Solid Gear）

当齿轮的齿顶圆直径 $d_a \leq 200$ mm 时，可采用实心式结构，如图 3 – 13 所示。这种结构形式的齿轮常用锻钢制造。

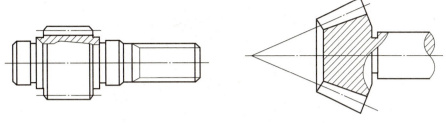

图 3-12 齿轮轴

图 3-13 实心式齿轮

### 3. 腹板式齿轮（Ventral Gear）

当齿轮的齿顶圆直径 $d_a = 200 \sim 500$ mm 时，可采用腹板式结构，如图 3-14 所示。这种结构的齿轮一般多用锻钢制造，腹板上的圆孔是为了减轻质量和加工运输的需要，而它的各部分尺寸由图中经验公式确定。另外，为了节约贵重金属，尺寸较大的圆柱齿轮可做成组装齿圈式的结构。齿圈用钢制成，而轮芯则用铸铁或铸钢制成。

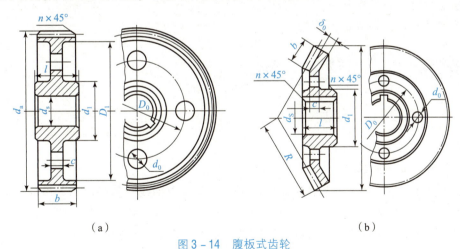

（a） （b）

图 3-14 腹板式齿轮

（a）直齿圆柱齿轮；（b）锥齿轮

用尼龙等工程塑料模压出来的齿轮，也可参照实心齿轮或腹板式齿轮结构及尺寸进行设计。

### 4. 轮辐式齿轮（Spoke Gear）

当齿轮的齿顶圆直径 $d_a > 500$ mm 时，可采用轮辐式结构，如图 3-15 所示。这种结构的齿轮常采用铸钢或铸铁制造，其各部分尺寸按经验公式确定。

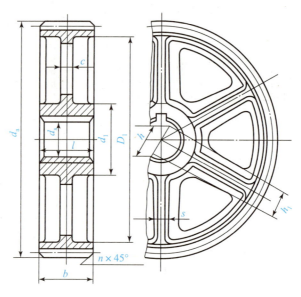

图 3-15 轮辐式齿轮

### 练一练

1. 一对渐开线直齿圆柱齿轮正确啮合的条件是什么？
2. 试解释两齿轮标准安装的概念。
3. 渐开线直齿圆柱齿轮连续传动的条件是什么？
4. 齿轮的材料一般有哪些？
5. 常用的齿轮结构型式有哪些？

## 3.4 认识其他类型的齿轮传动

### 3.4.1 斜齿圆柱齿轮传动

#### 1. 斜齿圆柱齿轮齿廓曲面的形成

（1）齿廓曲面的形成。

由于直齿圆柱齿轮的齿向与其轴线方向平行，垂直于轴线的各平面与其端面完全一样，出于方便，直齿圆柱齿轮的齿廓形成及啮合特点都是就其端面来研究的。实际上齿轮是有一定宽度的，因此直齿圆柱齿轮渐开线齿廓的形成是发生面 $S$ 与基圆柱相切于母线 $NN$，当发生面沿基圆柱做纯滚动时，其上与母线平行的直线 $KK$ 在空间的轨迹即为渐开线直齿圆柱齿轮的齿廓曲面，如图 3-16（a）所示。

斜齿圆柱齿轮齿廓曲面的形成和直齿很相似，区别在于发生面上所取 $KK$ 直线不与基面柱母线 $NN$ 平行，而是与 $NN$ 成一交角 $\beta_b$，$\beta_b$ 称为基圆柱上的螺旋角。直线 $KK$ 在发生面 $S$ 和基圆柱做纯滚动时所形成的是一渐开螺旋面，斜齿圆柱齿轮就是以这种渐开螺旋面作为齿廓曲面的，如图 3-16（b）所示。

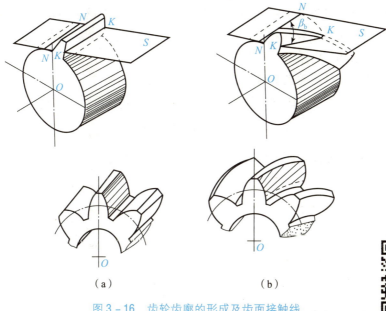

图 3-16 齿轮齿廓的形成及齿面接触线

(a) 直齿圆柱齿轮；(b) 斜齿圆柱齿轮

(2) 啮合特点。

与直齿圆柱齿轮传动比较斜齿圆柱齿轮传动有以下特点。

1) 传动平稳。一对直齿圆柱齿轮在啮合时，两齿廓总是全齿宽地啮入和啮出，故这种传动容易发生冲击、振动和噪声，影响传动平稳性。一对斜齿圆柱齿轮在啮合时，两齿廓是逐渐进入啮合和逐渐退出啮合的，当斜齿圆柱齿轮前端面的齿廓脱离啮合时，齿廓的后端面仍处于啮合状态，因此斜齿圆柱齿轮的啮合过程比直齿圆柱齿轮长。同时参加啮合的齿数多于直齿圆柱齿轮，重合度较大，因此斜齿圆柱齿轮传动更平稳。

2) 承载能力大。斜齿圆柱齿轮的齿相当于螺旋曲面梁，其强度高；斜齿圆柱齿轮同时参加啮合的齿数多，而单齿受力较小。因此，斜齿圆柱齿轮的承载能力大。

3) 在传动中产生轴向力。由于斜齿圆柱齿轮轮齿倾斜，工作时要产生轴向力 $F_a$，如图 3-17 (a) 所示，对工作不利。因而需采用径向角接触轴承以承受轴向力或采用人字齿轮使轴向力抵消，如图 3-17 (b) 所示。

4) 斜齿圆柱齿轮不能作滑移齿轮使用。根据斜齿的传动特点，斜齿圆柱齿轮一般多应高速或用于传递大转矩的场合。

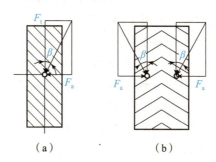

图 3-17 斜齿圆柱齿轮与人字齿的轴向力

(a) 斜齿圆柱齿轮轴向力图；(b) 人字齿的轴向力图

### 2. 斜齿圆柱齿轮传动的基本参数

斜齿圆柱齿轮轮齿呈螺旋形 (Spiral)，它有端面齿形 (垂直于齿轮轴线平面内的齿形，下标以 t 表示) 和法面齿形 (垂直于齿廓螺旋面的法面齿形，下标以 n 表示）两种。因此加工斜齿圆柱齿轮时，常采用齿条型刀具或齿轮铣刀，且切齿时刀具沿齿廓螺旋线方向进刀，斜齿圆柱齿轮的法向参数与刀具的参数相同，斜齿圆柱齿轮的法面参数（模数、压力角、齿顶高系数、顶隙系数）规定为标准值。

(1) 螺旋角 (Helix Angle)。

图 3-18 为斜齿圆柱齿轮的分度圆柱面展开图，螺旋线展开成一直线，该直线与轴线的夹角为 $\beta$，称为斜齿圆柱齿轮在分度圆柱上的螺旋角，简称斜齿圆柱齿轮的螺旋角。

$$\tan\beta = \frac{\pi d}{p_s} \quad (3-26)$$

式中　$p_s$——螺旋线的导程，即螺旋线绕 1 周时沿齿轮轴方向前进的距离，mm。

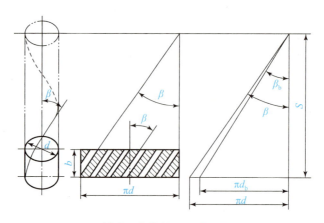

图 3-18　斜齿圆柱齿轮的分度圆柱面展开图

因为斜齿圆柱齿轮各圆柱上螺旋线的导程相同，所以基圆柱同理可得其螺旋角 $\beta_b$ 为

$$\tan\beta_b = \frac{\pi d_b}{p_s} \quad (3-27)$$

联立以上两式得：

$$\tan\beta_b = \tan\beta\left(\frac{d_b}{d}\right) = \tan\beta\cos\alpha_t \quad (3-28)$$

斜齿圆柱齿轮按其齿廓渐开螺旋面的旋向，可分为右旋和左旋两种，如图 3-19 所示。

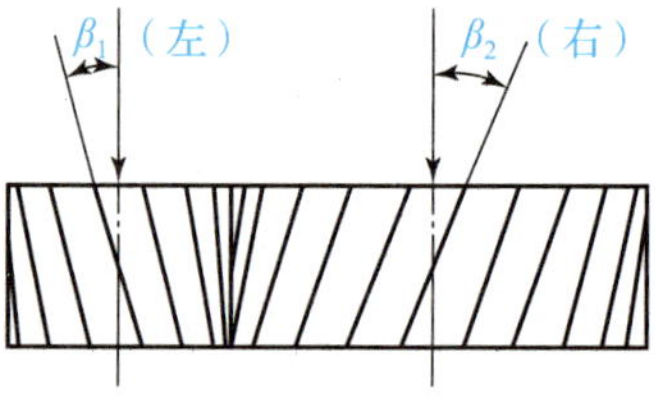

(2) 齿距和模数。

图 3-20 中，$p_t$ 为端面齿距，$p_n$ 为法面齿距，$p_n = p_t\cos\beta$，因为 $p = \pi m$，所以 $\pi m_n = \pi m_t\cos\beta$，故斜齿圆柱齿轮法面模数与端面模数的关系为

$$m_n = m_t\cos\beta \quad (3-29)$$

图 3-19　斜齿圆柱齿轮的分度圆柱展开面

(3) 压力角。

因为斜齿圆柱齿轮和斜齿条啮合时，它们的法面压力角和端面压力角应分别相等，所以斜齿圆柱齿轮法面压力角 $\alpha_n$ 和端面压力角 $\alpha_t$ 的关系可通过斜齿条得到。在图 3-21 的斜齿条中，$\triangle abc$ 在端面上，$\triangle a'b'c$ 在法面上，$\angle aa'c = 90°$，在直角三角形 $\triangle abc$、$\triangle a'b'c$ 中可得：

$$\tan\alpha_t = \frac{ac}{ab}, \quad \tan\alpha_n = \frac{a'c}{a'b'}$$

而 $a'c = ac\cos\beta$，又因 $ab = a'b'$，故

$$\tan\alpha_n = \frac{a'c}{a'b'} = \frac{ac\cos\beta}{ab}$$

所以

$$\tan\alpha_n = \tan\alpha_t \cos\beta \tag{3-30}$$

法面压力角 $\alpha_n$ 为标准值，我国规定 $\alpha_n = 20°$。

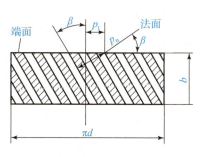

图3-20 斜齿圆柱齿轮齿距和模数示意

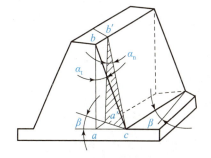

图3-21 斜齿条的一个齿

（4）齿顶高系数及顶隙系数。

斜齿圆柱齿轮的齿顶高和齿根高无论从端面还是从法面来看都是相等的，即

$$h_{an}^* m_n = h_{at}^* m_t \quad c_n^* m_n = c_t^* m_t$$

将式（3-28）代入以上两式即得：

$$\begin{cases} h_{at}^* = h_{an}^* \cos\beta \\ c_t^* = c_n^* \cos\beta \end{cases} \tag{3-31}$$

### 3. 斜齿圆柱齿轮的几何尺寸计算

斜齿圆柱齿轮的啮合在端面上相当于一对直齿圆柱齿轮的啮合，因此将斜齿圆柱齿轮的端面参数代入直齿圆柱齿轮的计算公式，即可得到斜齿圆柱齿轮的相应尺寸，见表3-12。

表3-12 斜齿圆柱齿轮各几何尺寸的计算

| 名称 | 代号 | 计算公式 |
| --- | --- | --- |
| 法向模数 | $m_n$ | $m_n = p_n/\pi$，$m_n = m$ |
| 端面模数 | $m_t$ | $m_t = p_t/\pi = m_n/\cos\beta$ |
| 法面齿形角 | $\alpha_n$ | 取标准值 $\alpha_n = 20°$ |
| 端面齿形角 | $\alpha_t$ | $\tan\alpha_t = \tan\alpha_n/\cos\beta$ |
| 螺旋角 | $\beta$ | 取标准值 $\beta = 8° \sim 20°$ |
| 分度圆直径 | $d$ | $d = m_t z = m_n z/\cos\beta$ |
| 法面齿距 | $p_n$ | $p_n = \pi m_n$ |

续表

| 名称 | 代号 | 计算公式 |
|------|------|---------|
| 端面齿距 | $p_t$ | $p_t = p_n / \cos\beta = \pi m_n / \cos\beta$ |
| 齿顶高系数 | $h_{an}^*$ | 取标准值，对于正常齿 $h_{an}^* = 1$，对于短齿 $h_{an}^* = 0.8$ |
| 顶隙系数 | $c_n^*$ | 取标准值，对于正常齿 $c_n^* = 0.25$，对于短齿 $c_n^* = 0.3$ |
| 齿顶高 | $h_a$ | $h_a = m_n$ |
| 齿根高 | $h_f$ | $h_f = 1.25 m_n$ |
| 齿全高 | $h$ | $h = h_a + h_f = 2.25 m_n$ |
| 齿顶圆直径 | $d_a$ | $d_a = d + 2h_a = m_n(z/\cos\beta + 2)$ |
| 齿根圆直径 | $d_f$ | $d_f = d - 2h_f = m_n(z/\cos\beta - 2.5)$ |
| 中心距 | $a$ | $a = m_t(z_1 + z_2)/2 = m_n(z_1 + z_2)/(2\cos\beta)$ |

#### 4. 斜齿圆柱齿轮的啮合传动

（1）正确啮合条件。

一对外啮合斜齿圆柱齿轮传动的正确啮合条件为：

1）两斜齿圆柱齿轮的法面模数相等，$m_{n1} = m_{n2} = m_n$。
2）两斜齿圆柱齿轮的法面压力角相等，$\alpha_{n1} = \alpha_{n2} = \alpha_n$。
3）两斜齿圆柱齿轮的螺旋角大小相等，方向相反，即 $\beta_1 = -\beta_2$。

若不满足条件3），就成为交错轴斜齿圆柱齿轮传动。这里不做讨论，可查阅有关资料。

（2）斜齿圆柱齿轮传动的重合度。

斜齿圆柱齿轮传动的重合度要比直齿圆柱齿轮大。为了便于与直齿圆柱齿轮比较，图3-22（a）为一对直齿圆柱齿轮啮合传动，其啮合面如图3-22（b）上所示。一对轮齿开始啮合时的接触线为 $B_2B_2$，终止啮合时的接触线为 $B_1B_1$，啮合区为 $B_1B_2$，实际啮合线段长度为 $B_1B_2$，故其重合度可由式（3-21）表示，即 $\varepsilon = \dfrac{B_1B_2}{p_b}$。

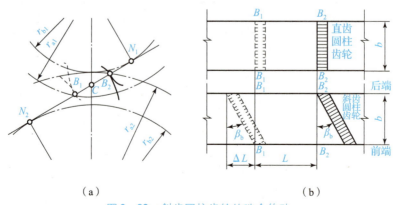

图3-22 斜齿圆柱齿轮的啮合传动
（a）直齿圆柱齿轮啮合传动；（b）齿轮啮合面

假设另一对平行轴斜齿圆柱齿轮啮合传动,其端面参数与图 3-22(a)完全一样,其啮合面如图 3-22(b)下所示。由于轮齿是倾斜的,一对相啮合的轮齿到达 $B_2B_2$ 时,是在前端面点 $B_2$ 接触,之后变为线接触,直至到达 $B_2'B_2'$ 时,该对轮齿全部进入啮合区。当到达 $B_1B_1$ 时,前端面点 $B_1$ 开始脱离啮合,到达 $B_1'B_1'$ 时,该对轮齿终止啮合。由此可知,斜齿圆柱齿轮啮合区 $B_2B_1'$ 比直齿圆柱齿轮增大了,故其实际啮合线长度为 $B_2B_1' = B_1B_2 + B_1B_1'$,它比直齿圆柱齿轮传动增加了 $B_1B_1' = b\tan\beta_b$。因此,平行轴斜齿圆柱齿轮传动的总重合度为

$$\varepsilon_\gamma = \frac{B_2B_1'}{p_{bt}} = \frac{B_1B_2 + B_1B_1'}{p_{bt}} = \varepsilon_\alpha + \varepsilon_\beta \tag{3-32}$$

式中 $p_{bt}$ ——端面基圆齿距。

式(3-32)表明平行轴斜齿圆柱齿轮传动的总重合度由两部分组成。其中,$\varepsilon_\alpha$ 为端面重合度,$\varepsilon_\beta$ 为轮齿倾斜而产生的附加重合度,称为轴面重合度。

$\varepsilon_\alpha$ 可用直齿圆柱齿轮重合度公式(3-30)求得,但应用端面参数代入。对于外啮合平行轴斜齿圆柱齿轮传动,其端面重合度为

$$\varepsilon_\alpha = \frac{1}{2\pi}[z_1(\tan\alpha_{at1} - \tan\alpha_t') + z_2(\tan\alpha_{at2} - \tan\alpha_t')]$$

$$\begin{cases} \cos\alpha_{at1} = \dfrac{z_1\cos\alpha_t}{z_1 + 2h_{at}^*} = \dfrac{z_1\cos\alpha_t}{z_1 + 2h_{an}^*\cos\beta} \\ \cos\alpha_{at2} = \dfrac{z_2\cos\alpha_t}{z_2 + 2h_{at}^*} = \dfrac{z_2\cos\alpha_t}{z_2 + 2h_{an}^*\cos\beta} \end{cases}$$

轴面重合度为

$$\varepsilon_\beta = \frac{b\tan\beta_b}{\pi m_t \cos\alpha_t} = \frac{b\tan\beta\cos\alpha_t}{\pi \dfrac{m_n}{\cos\beta}\cos\alpha_t} = \frac{b\tan\beta\cos\beta}{\pi m_n} = \frac{b\sin\beta}{\pi m_n}$$

因此,平行轴斜齿圆柱齿轮传动的总重合度 $\varepsilon_\gamma$ 随着齿宽 $b$ 和螺旋角 $\beta$ 的增大而增大,根据传动需要可以达到很大的值,斜齿圆柱齿轮传动较平稳。

### 5. 斜齿圆柱齿轮的当量齿轮和当量齿数

(1)当量齿轮和当量齿数。

用铣刀加工斜齿圆柱齿轮时,铣刀是沿着螺旋线方向进刀的,故按齿轮的法面齿形来选择铣刀。此外,因力是作用在法面内,强度计算时也需要知道法面齿形。因此,需要用一个与斜齿圆柱齿轮法面齿形相当的假象直齿圆柱齿轮的齿形来近似,如图 3-23 所示,该假象直齿圆柱齿轮称为斜齿圆柱齿轮的当量齿轮(Equivalent Gear),它的齿数就是当量齿数(Virtual Number of Teeth),用 $z_v$ 表示。

设斜齿圆柱齿轮的实际齿数 $z$,过分度圆柱轮齿螺旋线上的一点 $P$ 作轮齿螺旋线的法面,它与分度圆柱的剖面为一个椭圆。由于点 $P$ 附近的一段椭圆和以该椭圆在点 $P$ 处的曲率半径 $\rho$ 为半径所作的圆弧十分接近,故点 $P$ 附近的齿形可近似为斜齿圆柱齿轮的法面齿形。显然,将以 $\rho$ 为半径所

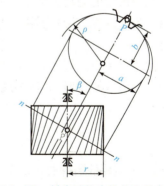

图 3-23 斜齿圆柱齿轮的当量齿轮

作的圆假想为直齿圆柱齿轮的分度圆时，不仅齿形与该斜齿圆柱齿轮的法面齿形十分接近，而且其上的模数和压力角也与该斜齿圆柱齿轮的法面模数和法面压力角相等。

椭圆剖面上点 $P$ 的曲率半径为

$$\rho = \frac{a^2}{b} = \left(\frac{r}{\cos\beta}\right)^2 \frac{1}{r} = \frac{r}{\cos^2\beta} \tag{3-33}$$

式中　　$a$，$b$——分别为椭圆的长半轴和短半轴。

将 $\rho$ 作为假想直齿圆柱齿轮的分度圆半径，设假想直齿圆柱齿轮的模数和压力角分别等于斜齿圆柱齿轮的法面模数和法面压力角，则当量齿轮的分度圆半径可以表示为 $\rho = m_n z_v / 2$。再将该式和斜齿圆柱齿轮的分度圆半径 $r = m_n z / 2\cos\beta$ 代入式（3-33），经整理后得到斜齿圆柱齿轮的当量齿数为

$$z_v = \frac{z}{\cos^3\beta} \tag{3-34}$$

由式（3-34）可知，斜齿圆柱齿轮的当量齿数总是大于实际齿数。另外，在选择铣刀号码或进行强度计算时要用到当量齿数 $z_v$，用式（3-34）求出的当量齿数往往不是整数，使用时不需要圆整。

（2）斜齿圆柱齿轮不发生根切的最少齿数。

根据上述分析可知，因斜齿圆柱齿轮的当量齿轮为一假想直齿圆柱齿轮，其不发生根切的最少齿数 $z_{v\min} = 17$。故斜齿圆柱齿轮不发生根切的最少齿数要比直齿圆柱齿轮少。例如 $\alpha_n = 20°$，$\beta = 15°$ 时，斜齿圆柱齿轮的最少齿数 $z_{\min} = z_{v\min} \cos^3\beta = 17 \times \cos^3 15° = 15$。

### 3.4.2　直齿圆锥齿轮传动

圆锥齿轮传动用来传递两相交轴之间的运动和动力。圆锥齿轮传动分为直齿圆锥齿轮传动（Straight Tooth Bevel Gear Drive）、斜齿圆锥齿轮传动（Skewed Tooth Bevel Gear Drive）和曲齿圆锥齿轮传动（Curved Tooth Bevel Gear Drive），其中应用最广泛的是两轴交角 $\Sigma = \delta_1 + \delta_2 = 90°$ 的直齿圆锥齿轮传动。

与圆柱齿轮不同，圆锥齿轮的轮齿是沿圆锥面分布的，其轮齿尺寸朝锥顶方向逐渐缩小。

圆锥齿轮的运动关系相当于一对节圆锥做纯滚动。与圆柱齿轮相似，圆锥齿轮也有分度圆锥、齿顶圆锥、齿根圆锥、基圆锥。标准安装的圆锥齿轮机构，要求分度圆锥与节圆锥重合。

图 3-24 为一对标准直齿圆锥齿轮，其节圆锥与分度圆锥重合，$\delta_1$、$\delta_2$ 为两轮的分度圆锥角，$\Sigma$ 为两分度圆锥几何轴线的夹角，$d_1$、$d_2$ 为大端节圆直径。当 $\Sigma = \delta_1 + \delta_2 = 90°$ 时，其传动比：

$$i = \frac{n_1}{n_2} = \frac{d_2}{d_1} = \frac{z_2}{z_1} = \frac{\sin\delta_2}{\sin\delta_1} = \tan\delta_2 = \cot\delta_1 \tag{3-35}$$

**1. 锥齿轮的齿廓曲线、背锥和当量齿轮**

图 3-25 中，当发生面 $A$ 沿基圆锥做纯滚动时，平面上通过锥顶的直线 $OK$ 将形成一渐开线曲面，即直齿圆锥齿轮的齿廓曲面。渐开线 $NK$ 上各点与锥顶 $O$ 的距离均相等，因此该渐开线必在一个以 $O$ 为球心，$OK$ 为半径的球面上。但因球面渐开线无法在平面上展开，给设计和制造造成困难，故常用背锥上的齿廓曲线来代替球面渐开线。

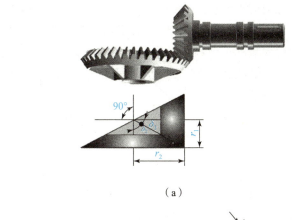

(a)

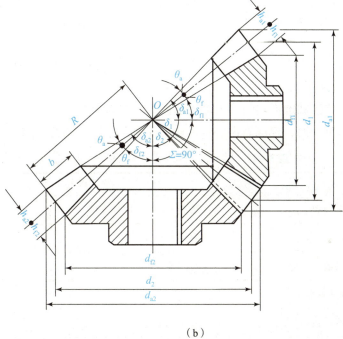

(b)

图 3-24 圆锥齿轮传动

(a) 直齿圆锥齿轮的啮合；(b) 直齿圆锥齿轮的基本尺寸

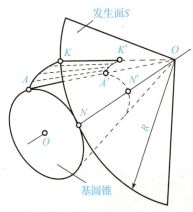

图 3-25 球面渐开线的形成

球面渐开线的形成

将背锥表面展开成一扇形平面，扇形的半径 $r_v$ 就是背锥母线的长度，以 $r_v$ 为分度圆半径，大端模数为标准模数，大端压力角为 20°，按照圆柱齿轮的作图方法画出扇形齿轮的齿形。该齿廓即为圆锥齿轮大端的近似齿廓，扇形齿轮的齿数为圆锥齿轮的实际齿数。

将扇形齿轮补足为完整的圆柱齿轮，这个圆柱齿轮称为圆锥齿轮的当量齿轮，当量齿轮的齿数 $z_v$ 称为当量齿数。由图 3 – 23 可见：

$$r_v = \frac{r}{\cos\delta} = \frac{mz}{2\cos\delta}$$

因为 $r_v = mz_v/2$，所以

$$z_v = \frac{z}{\cos\delta} \qquad (3-36)$$

因 $\delta$ 总是大于 0，故 $z_v > z$，且往往不是整数。

综上所述，一对圆锥齿轮的啮合相当于一对当量圆柱齿轮的啮合，因此可把圆柱齿轮的啮合原理运用到圆锥齿轮。

当量齿数 $z_v$ 是选择铣刀刀号、计算齿轮强度、确定不根切的最少齿数的依据。

### 2. 直齿圆锥齿轮的基本参数和尺寸计算

按标准规定，直齿圆锥齿轮的基本参数是以其大端为标准。

当轴交角 $\Sigma = 90°$ 时，标准直齿圆锥齿轮的几何尺寸计算见表 3 – 13。

表 3 – 13　标准直齿圆锥齿轮的几何尺寸计算

| 名称 | | 符号 | 计算方式及说明 |
|---|---|---|---|
| 基本参数 | 大端模数 | $m$ | 按表 3 – 14，取标准值 |
| | 大端压力角 | $\alpha$ | 取标准值 $\alpha = 20°$ |
| | 齿数 | $z$ | 按规定选取 |
| | 齿顶高系数 | $h_a^*$ | 取 $h_a^* = 1$ |
| | 顶隙系数 | $c^*$ | 取 $c^* = 0.2$ |
| 几何尺寸 | 分度圆锥角 | $\delta$ | $\delta_2 = \arctan\dfrac{z_2}{z_1}$，$\delta_1 = 90° - \delta_2$ |
| | 分度圆直径 | $d$ | $d = mz$ |
| | 齿顶高 | $h_a$ | $h_a = m$ |
| | 齿根高 | $h_f$ | $h_f = 1.2m$ |
| | 全齿高 | $h$ | $h = 2.2m$ |
| | 齿顶圆直径 | $d_a$ | $d_a = d + 2m\cos\delta$ |
| | 齿根圆直径 | $d_f$ | $d_f = d - 2.4m\cos\delta$ |
| | 锥距 | $R$ | $R = \dfrac{m}{2}\sqrt{z_1^2 + z_2^2} = \dfrac{d_1}{2\sin\delta_1} = \dfrac{d_2}{2\sin\delta_2}$ |

续表

| 名称 | | 符号 | 计算方式及说明 |
|---|---|---|---|
| 几何尺寸 | 齿宽 | $b$ | $b = \psi_R R = (0.25 \sim 0.3)R$ |
| | 齿顶角 | $\theta_a$ | $\theta_a = \arctan \dfrac{h_f}{R}$ |
| | 齿根角 | $\theta_f$ | $\theta_f = \arctan \dfrac{h_f}{R}$ |

表 3-14 圆锥齿轮模数（GB/T 12368—1990）

| 1 | 1.125 | 1.25 | 1.375 | 1.5 | 1.75 | 2 | 2.25 | 2.5 | 2.75 |
|---|---|---|---|---|---|---|---|---|---|
| 3 | 3.25 | 3.5 | 3.75 | 4 | 4.5 | 5 | 5.5 | 6 | 6.5 |
| 7 | 8 | 9 | 10 | 11 | 12 | 14 | 16 | 18 | 20 |
| 22 | 25 | 28 | 30 | 32 | 36 | 40 | 45 | 50 | — |

#### 3. 直齿圆锥齿轮的啮合传动

一对直齿圆锥齿轮的啮合传动相当于其当量齿轮的啮合传动。正确啮合条件是：两齿轮模数相等、压力角相等且等于标准值、轴交角 $\Sigma = \delta_1 + \delta_2 = 90°$。

为保证一对直齿圆锥齿轮能够实现连续传动，其重合度也应不小于1，其重合度即为当量齿轮传动的重合度，可用当量齿轮的参数按直齿圆柱齿轮重合度计算公式来计算。

### 3.4.3 蜗轮蜗杆传动

#### 1. 蜗轮蜗杆传动的特点和应用

蜗轮蜗杆传动主要由蜗杆（Worm）1和蜗轮（Wheel）2组成（图3-26），用于传递空间交错成90°的两轴之间的运动和动力，通常蜗杆为主动件。蜗轮蜗杆传动广泛用于各种机械和仪表中，常用作减速，仅少数机械用于增速。

蜗轮蜗杆传动

1—蜗杆；2—蜗轮
图 3-26 蜗轮蜗杆传动

与其他机械传动比较，蜗轮蜗杆传动具有如下特点：

（1）传动比大，结构紧凑。一般在动力传动中，传动比为 10~80；在分度机构中，传动比可达 1 000。因此蜗轮蜗杆传动结构紧凑、体积小、质量轻。

（2）传动平稳，无噪声。因为蜗杆的轮齿是连续不间断的螺旋齿，它与蜗轮啮合时是连续不断的，蜗杆轮齿没有进入和退出啮合的过程，所以工作平稳，冲击、振动、噪声小。

（3）具有自锁性。当蜗杆的导程角很小时，蜗轮蜗杆传动可实现自锁。

（4）蜗轮蜗杆传动效率低。蜗轮蜗杆传动效率只有 0.7~0.8，对具有自锁性的蜗轮蜗杆传动，其效率低于 0.5。

（5）磨损较大，发热多，常采用减磨耐磨材料，因此成本较高。

### 2. 蜗轮蜗杆传动的类型

根据蜗杆形状的不同，蜗轮蜗杆传动可以分为圆柱蜗杆传动（Cylindrical Worm Drive）、环面蜗杆传动（Hourglass Worm Drive）和锥面蜗杆传动（Conical Worm Drive）等。圆柱蜗杆传动又包括普通圆柱蜗杆传动（Normal Cylindrical Worm Drive）和圆弧圆柱蜗杆传动（Hollow Flank Worm Drive）两类。机械中常用的为普通圆柱蜗杆传动。根据不同的齿廓曲线，普通圆柱蜗杆可分为阿基米德蜗杆、法向直廓蜗杆、渐开线蜗杆和锥面包络圆柱蜗杆 4 种。

（1）阿基米德蜗杆（Straight Sided Axial Worm）。这种蜗杆，在垂直于蜗杆轴线的平面上，齿廓为阿基米德螺旋线，在包含轴线的平面上的齿廓为直线，其齿形角为 20°。它可在车床上用直线刀刃的单刀（当导程角 $\gamma \leqslant 3°$ 时）或双刀（当 $\gamma > 3°$ 时）车削加工。阿基米德蜗杆的加工和测量比较方便，应用较多。

（2）法向直廓蜗杆（Straight Sided Normal Worm）。这种蜗杆的端面齿廓为延伸渐开线，法向齿廓为直线。这种蜗杆也是用直线刀刃的单刀或双刀在车床上车削加工，但磨削比较困难。

（3）渐开线蜗杆（Involute Helicoid Worm）。这种蜗杆的端面齿廓为渐开线，因此它相当于一个少齿数、大螺旋角的渐开线圆柱斜齿圆柱齿轮。渐开线蜗杆可用两把直线刀刃的车刀在车床上车削加工。刀刃顶面应与基圆柱相切，其中一把刀具高于蜗杆轴线，另一把刀具则低于蜗杆轴线。刀具的齿形角应等于蜗杆的基圆柱螺旋角。这种蜗杆可以在专用机床上磨削。

（4）锥面包络圆柱蜗杆（Milled Helicoid Worm）。这是一种非线性螺旋曲面蜗杆，它不能在车床上加工，只能在铣床上铣制并在磨床上磨削。加工时，除工件做螺旋运动外，刀具同时绕其自身的轴线做回转运动。此时，铣刀回转曲面的包络面即为蜗杆的螺旋齿面。这种蜗杆便于磨削，蜗杆的精度较高，应用日渐广泛。

根据蜗杆螺纹的旋向，可分为右旋蜗杆和左旋蜗杆两种。

由于阿基米德蜗杆容易加工制造，应用最广，本章主要讨论这种蜗轮蜗杆传动。

### 3. 蜗轮蜗杆传动的参数

（1）模数 $m$ 和压力角 $\alpha$。

为了方便加工，规定蜗杆的轴向模数为标准模数。蜗轮的端面模数等于蜗杆的轴向模数。标准模数系列见表 3-3。压力角 $\alpha$ 标准值为 20°。

(2) 蜗杆头数 $z_1$、蜗轮齿数 $z_2$ 和传动比 $i$。

选择蜗杆头数 $z_1$ 时，主要考虑传动比、工况要求、效率及加工等因素。单头蜗杆的传动比可以很大，但效率低，适用于分度机构、传递运动及有自锁要求的场合。当传递功率较大时，为提高传动效率，可采用多头蜗杆。通常取 $z_1 = 1, 2, 4$。

蜗轮齿数 $z_2 = iz_1$，为了避免蜗轮轮齿发生根切，$z_2$ 应不小于 18，但不宜大于 80。因为 $z_2$ 过大，会使结构尺寸增大，蜗杆长度也随之增加，致使蜗杆刚度降低而影响啮合精度。

对于蜗杆为主动件的蜗轮蜗杆传动，其传动比为

$$i = \frac{n_1}{n_2} = \frac{z_2}{z_1} \tag{3-37}$$

(3) 蜗杆直径系数 $q$ 和导程角 $\gamma$。

加工蜗轮的滚刀，其参数 $m$、$\alpha$、$z_1$ 和分度圆直径 $d_1$ 必须与相应的蜗杆相同，故 $d_1$ 不同的蜗杆，必须采用不同的滚刀。为减少滚刀数量并便于刀具的标准化，制定了蜗杆分度圆直径的标准系列。

蜗杆的形成原理与螺杆相同，螺旋面和分度圆柱的交线是螺旋线，$\gamma$ 为蜗杆分度圆柱上的螺旋线导程角，$p_x$ 为轴向齿距，则

$$\tan\gamma = \frac{z_1 p_x}{\pi d_1} = \frac{z_1 m}{d_1} = \frac{z_1}{q} \tag{3-38}$$

式中，$q = d_1/m$，称为蜗杆直径系数，表示蜗杆分度圆直径 $d_1$ 与模数 $m$ 的比。当 $m$ 一定时，$q$ 增大，则 $d_1$ 变大，蜗杆的刚度和强度相应提高。

(4) 中心距 $a$。

标准蜗轮蜗杆传动的中心距为

$$a = \frac{1}{2}(d_1 + d_2) = \frac{1}{2}(q + z_2)m \tag{3-39}$$

### 4. 蜗轮蜗杆传动的几何尺寸计算

圆柱蜗杆传动的几何尺寸计算可参考表 3-15。

表 3-15　圆柱蜗杆传动的几何尺寸计算

| 名称 | 计算公式 | |
|---|---|---|
| | 蜗杆 | 蜗轮 |
| 分度圆直径 | $d_1 = mq$ | $d_2 = mz_2$ |
| 齿顶高 | $h_a = m$ | $h_a = m$ |
| 齿根高 | $h_f = 1.2m$ | $h_f = 1.2m$ |
| 顶圆直径 | $d_{a1} = m(q+2)$ | $d_{a2} = m(z_2+2)$ |
| 根圆直径 | $d_{f1} = m(q-2.4)$ | $d_{f2} = m(z_2-2.4)$ |
| 顶隙 | $c = 0.2m$ | |
| 中心距 | $a = 0.5m(q+z_2)$ | |
| 蜗杆轴向齿距和蜗轮端面齿距 | $p_{a1} = p_{t2} = \pi m$ | |

### 练一练

1. 斜齿圆柱齿轮和直齿圆柱齿轮的特点有什么不同?
2. 斜齿圆柱齿轮不发生根切的最少齿数是多少?
3. 与其他机械传动比较,蜗轮蜗杆传动具备什么优缺点?
4. 齿轮传动、带传动、蜗轮蜗杆传动中,谁的传动比较大?
5. 判定图 3-27 中蜗轮、蜗杆的回转方向或螺旋方向。
(1) 判定蜗杆的螺旋方向。
(2) 判定 $n_2$ 的回转方向。

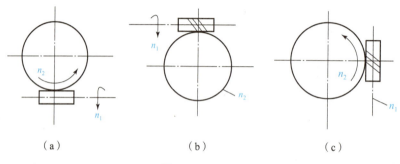

图 3-27 题图

## 3.5 齿轮加工方法及变位齿轮

齿轮可通过铸造、冲压、锻造、热轧和切削等方法加工而成,其中切削加工方法使用最普遍。切削加工法按其加工原理可分为仿形法和展成法两种。

### 1. 仿形法

在普通铣床上使用成形刀具,将齿轮轮坯逐一铣削出齿槽而形成齿廓的方法称为仿形法(Copying Method)。这种方法所使用的刀具的刀刃形状和被切齿轮的齿槽形状相同,常用的成形刀具有盘形铣刀和指状铣刀,如图 3-28 所示。

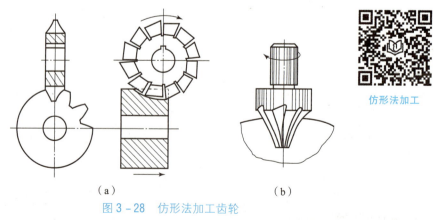

仿形法加工

图 3-28 仿形法加工齿轮
(a) 盘形铣刀;(b) 指状铣刀

铣齿时，铣刀绕自身轴线转动，轮坯沿自身轴线方向进给。待切出一个齿槽后，将毛坯退回到原来的位置，然后由分度机将轮坯转过 360°/z，再铣下一个齿槽，直至切制出所有的齿槽。由于渐开线齿廓形状取决于基圆大小，而 $d_b = mz\cos\alpha$，故其齿廓形状与齿轮的模数、压力角、齿数有关。采用仿形法加工齿轮，当 $m$ 和 $\alpha$ 一定时，渐开线的形状将随齿轮的齿数而变化。换句话说，在加工 $m$ 和 $\alpha$ 相同而 $z$ 不同的齿轮时，每一种齿数的齿轮就需要配一把铣刀，这是不经济也不现实的。在实际生产中，为减少刀具，对于同一模数和标准压力角的铣刀，一般采用 8 把或 15 把为一套。每把铣刀切制一定范围齿数的齿轮，以适应加工不同齿数齿轮的需要。表 3 – 16 为 8 把一组各号齿轮铣刀切制齿轮的齿数范围。

表 3 – 16　齿轮铣刀切制齿轮的齿数范围

| 刀号 | 1 | 2 | 3 | 4 | 5 | 6 | 7 | 8 |
|---|---|---|---|---|---|---|---|---|
| 齿数范围 | 12～13 | 14～16 | 17～20 | 21～25 | 26～34 | 35～54 | 55～134 | ≥135 |

因为一把铣刀加工几种齿数的齿轮，其齿轮的齿廓是有一定误差的，所以用仿形法加工的齿轮精度较低，又因切齿不能连续进行，故生产率低，不宜成批生产，但因不需专用机床，所以适用于修配和小批量生产中。

### 2. 展成法

展成法（Generating Method）是目前齿轮加工中最常用的一种方法，如插齿、滚齿、剔齿和磨齿等都属于这种方法。它是根据一对齿轮啮合传动时，其共轭齿廓互为包络线的原理来加工齿轮的，这时刀具与轮坯如同一对相互啮合的齿轮传动。用展成法加工齿轮时，常用的刀具有齿轮型刀具（如齿轮插刀）和齿条型刀具（如齿条插刀、滚刀）两大类。

（1）齿轮插刀插齿。

图 3 – 29（a）为用齿轮插刀加工齿轮的情况。齿轮插刀的外形像一个具有刀刃的渐开线外齿轮，插齿时，插刀与轮坯以恒定传动比（由机床传动系统来保证）做展成运动，同时插刀沿轮坯轴线方向做上下往复的切削运动。为了防止插刀退刀时擦伤已加工好的齿廓表面，在插刀退刀时，轮坯还需让开一小段距离（在插刀向下切削时，轮坯又恢复到原来位置）的让刀运动。另外，为了切出轮齿的高度，插刀还需要向轮坯中心移动，即进给运动。

（2）齿条插刀插齿。

图 3 – 29（b）为用齿条插刀加工齿轮的情况。切制齿廓时，刀具与轮坯的展成运动相当于齿条与齿轮啮合传动，其切齿原理与用齿轮插刀加工齿轮的原理相同。

（3）滚齿（Hobbing）（齿轮滚刀滚齿）。

用以上两种刀具加工齿轮，其切削都不是连续的，这就影响了生产率的提高。因此，在生产中更广泛地采用齿轮滚刀来切制齿轮。图 3 – 29（c）为用齿轮滚刀切制齿轮的情况。滚刀的形状像一个螺旋体，它的轴向剖面为一齿条，因此它属于齿条型刀具。当滚刀转动时，就相当于一个齿条在移动，用滚刀切制齿轮的原理和齿条插刀切制齿轮的原理基本相同。滚刀除了旋转之外，还沿着轮坯的轴线缓慢地移动，以便切出整个齿宽。

标准齿轮刀具、标准齿条刀具及标准的齿轮滚刀的齿顶高与齿根高相同，即比普通标准齿轮的齿顶高高出一个顶隙（$c = c^* m$），目的是用于加工齿轮的齿根部分，其他部分均与标准齿轮相同，如图 3 – 30 所示。

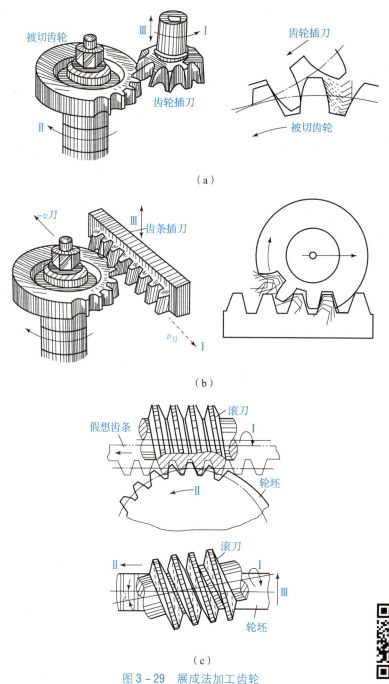

图 3-29 展成法加工齿轮
(a) 齿轮插刀插刀齿; (b) 齿条插刀插刀齿; (c) 滚齿

齿轮插刀加工

用展成法加工齿轮时,只要刀具和被加工齿轮的模数 $m$ 和压力角 $\alpha$ 相同,则不管被加工齿轮的齿数多少,都可以用同一把刀具来加工,而且加工效率高,因此在大批量生产中广泛采用这种方法。

### 3. 根切现象与不产生根切的最少齿数

(1) 根切现象。

当用展成法加工齿轮时,如果被加工齿轮的齿数太少,则齿轮坯的渐开线齿廓根部会被刀具过多地切削掉，如图 3-31 所示，这种现象称为根切现象（Undercutting）。被根切的轮齿不仅削弱了轮齿的抗弯强度，影响轮齿的承载能力，而且使一对轮齿的啮合过程缩短，重合度下降，传动平稳性较差。为保证齿轮传动质量，一般不允许齿轮出现根切。

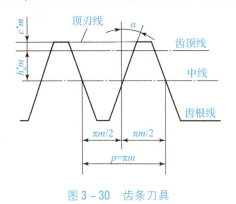

图 3-30 齿条刀具　　图 3-31 轮齿根切

（2）标准外啮合直齿圆柱齿轮的最少齿数。

图 3-32 为齿条插刀加工标准外啮合直圆柱齿轮的情况，齿条插刀的分度线与齿轮的分度圆相切。要使被切齿轮不产生根切，刀具的齿顶线不得超过 $N_1$ 点，即

$$h_a^* m \leq N_1 M$$

而 $N_1 M = PN_1 \cdot \sin\alpha = r\sin^2\alpha = \dfrac{mz}{2}\sin^2\alpha$，整理后得出：

$$z \geq \dfrac{2h_a^*}{\sin^2\alpha}$$

即

$$z_{\min} = \dfrac{2h_a^*}{\sin^2\alpha} \quad (3-40)$$

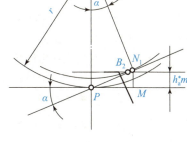

图 3-32 避免根切的条件

当 $\alpha = 20°$、$h_a^* = 1$ 时，$z_{\min} = 17$。

## 练一练

1. 齿轮常用的切削加工法有哪几种？
2. 齿轮的切削加工方法之一展成法的特点是什么？
3. 用展成法加工标准齿轮时，齿轮不根切的最少齿数是多少？
4. 变位齿轮传动的类型和特点是什么？

## 3.6　齿轮系的传动比计算

实际生产中仅用一对齿轮传动往往无法实现多方面的要求，如需要获得较大的传动比，有时需要将主动轴的一种转速转变为从动轴的多种转速（如车床上车外圆、车螺纹、车端面、滚花、切槽等工序需要不同的转速；在钟表上需要满足时针、分针、秒针的转速关系），用一对齿轮是无法实现的，必须用一系列齿轮组成的传动系统来实现。

## 1. 齿轮系

由一系列齿轮所组成的传动系统,称为齿轮系(Gear Train)。
一对齿轮组成的传动系统为最简单的齿轮系。

## 2. 分类

(1) 根据是否包含空间齿轮,可分为平面齿轮机构(Planar Gear Mechanism)和空间齿轮机构(Space Gear Mechanism)。

齿轮系应用

(2) 根据齿轮轴线是否固定,可分为定轴齿轮系(Ordinary Gear Train)、周转齿轮系(Epicyclic Gear Train)和组合齿轮系(Combined Gear Train)。见表 3-17。

表 3-17 齿轮系的分类

| 齿轮系分类 | 定义 | 图例 |
| --- | --- | --- |
| 定轴齿轮系 | 传动时,齿轮系中各齿轮的几何轴线位置都是固定的齿轮系称为定轴齿轮系,定轴齿轮系又称普通齿轮系 | |
| 周转齿轮系 | 传动时,轮系中至少有 1 个齿轮的几何轴线位置不固定,而是绕另 1 个齿轮的固定轴线回转,这种轮系称为周转齿轮系。在右图齿轮系中,齿轮 1、3 的轴线固定,齿轮 2 在转臂 H 的作用下绕齿轮 1、3 的固定轴线回转 | |
| 组合齿轮系 | 既有定轴齿轮系又有周转齿轮系,或者由几个单一周转齿轮系组合而成的传动,称为组合齿轮系。如右图的组合齿轮系:右部分为由齿轮 1、2、3 和转臂 H 组成的周转齿轮系;左部分为由齿轮 1′、5、4、4′和 3 所组成的定轴齿轮系 | |

### 3.6.1 定轴齿轮系传动比的计算

#### 1. 定轴齿轮系传动比的定义

定轴齿轮系传动比是指该齿轮系的首轮和末轮的转速之比。即

$$i_{1k} = \frac{\omega_1}{\omega_k} = \frac{n_1}{n_k} \tag{3-41}$$

#### 2. 平面定轴齿轮系的传动比计算

定轴齿轮系的传动比是指轮系中首、末两轮的角速度(或转速)之比。定轴齿轮系的

传动比计算包括计算齿轮系传动比的大小和确定末轮的回转方向,如图3-33所示。

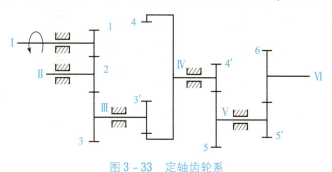

图3-33 定轴齿轮系

计算定轴齿轮系各齿轮间的传动比列于表3-18。

表3-18 定轴齿轮系各齿轮间的传动比

| 啮合齿轮 | 传动比 |
| --- | --- |
| 齿轮1和齿轮2 | $i_{12} = \dfrac{n_1}{n_2} = -\dfrac{z_2}{z_1}$ |
| 齿轮2和齿轮3 | $i_{23} = \dfrac{n_2}{n_3} = -\dfrac{z_3}{z_2}$ |
| 齿轮3′和齿轮4 | $i_{3'4} = \dfrac{n_{3'}}{n_4} = -\dfrac{z_4}{z_{3'}}$ |
| 齿轮4′和齿轮5 | $i_{4'5} = \dfrac{n_{4'}}{n_5} = -\dfrac{z_5}{z_{4'}}$ |
| 齿轮5′和齿轮6 | $i_{5'6} = \dfrac{n_{5'}}{n_6} = -\dfrac{z_6}{z_{5'}}$ |

定轴齿轮系传动比的计算公式为

$$\begin{cases} 大小:i_{1k} = \dfrac{n_1}{n_k} = \dfrac{\omega_1}{\omega_k} = (-1)^m \dfrac{各从动轮齿数乘积}{各主动轮齿数乘积} \\ 方向 \begin{cases} +-:轴线平行时可以用 \\ 箭头表示 \end{cases} \end{cases} \quad (3-42)$$

式中 $m$——齿轮系中外啮合圆柱齿轮副的数目。

若结果为正,说明输出轴与输入轴的回转方向相同;若结果为负,说明输出轴与输入轴的回转方向相反。齿轮系中各齿轮的回转方向还可用箭头标注,如图3-34所示。

图3-34中齿轮2同时与齿轮1和齿轮3相啮合。对于齿轮1而言,齿轮2是从动轮;对于齿轮3而言,齿轮2又是主动轮。齿轮2的作用仅仅是改变轮系的转向,而其齿数的多少并不影响该齿轮系传动比的大小,这种齿轮称为惰轮。

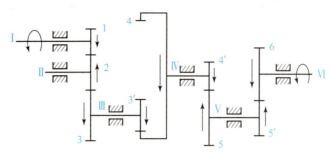

图 3-34 定轴齿轮系回转方向

### 3. 空间定轴齿轮系的传动比计算

空间定轴齿轮系的传动比的大小仍可用式（3-42）进行计算，但各轴线并不都相互平行，不能用 $(-1)^m$ 来确定主、从动轮的相对转向，只能用画箭头的方法来确定。

**【例 3-4】** 在图 3-35 的机床动力滑台齿轮系中，运动由电动机输入，由蜗轮 6 输出。电动机转速 $n = 940$ r/min，各齿轮齿数 $z_1 = 34$，$z_2 = 42$，$z_3 = 21$，$z_4 = 31$，蜗轮齿数 $z_6 = 38$，蜗杆头数 $z_5 = 2$，螺旋线方向为右旋，试确定蜗轮的转速和转向。

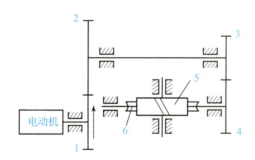

图 3-35 机床动力滑台齿轮系

**解** 设计计算步骤列于表 3-19。

表 3-19 机床动力滑台齿轮系输出轴速度计算

| 步骤 | 内容 | 结果 |
|---|---|---|
| 1. 分析传动路线，判断齿轮系类型 | 齿轮系动力由电动机提供，从齿轮 1 输入，经齿轮 2、3、4，蜗杆 5，由蜗轮 6 输出 | 定轴齿轮系 |
| 2. 了解相关参数 | 电动机转速 $n_1 = 940$ r/min，各齿轮齿数 $z_1 = 34$，$z_2 = 42$，$z_3 = 21$，$z_4 = 31$，蜗轮齿数 $z_6 = 38$，蜗杆头数 $z_5 = 2$，螺旋线方向为右旋 | 螺旋线方向为右旋 |
| 3. 计算齿轮系传动比 | $i_{16} = \dfrac{n_1}{n_6} = \dfrac{z_2 z_4 z_6}{z_1 z_3 z_5} = \dfrac{42 \times 31 \times 28}{34 \times 21 \times 2} = 34.64$ | $i_{16} = 34.64$ |

续表

| 步骤 | 内容 | 结果 |
|---|---|---|
| 4. 转速 | 蜗轮转速：<br>$n_6 = n_1/i_{16} = 940/34.64 = 27.14$（r/min） | $n_6 = 27.14$ r/min |
| 5. 分析齿轮系回转方向 | 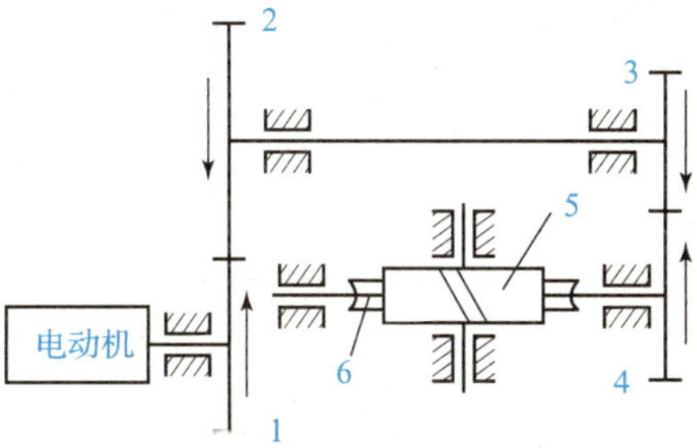  | 蜗轮的转动方向见左图箭头 |

### 3.6.2 周转齿轮系传动比的计算

#### 1. 周转齿轮系的定义及其分类

(1) 定义。

图 3-36 的齿轮系中，齿轮 1、3 的轴线相重合，它们均为定轴齿轮，而齿轮 2 的转轴装在构件 H 的端部，在构件 H 的带动下，它可以绕齿轮 1、3 的轴线做周转。

在运转过程中至少有一个齿轮几何轴线的位置不固定，而是绕着其他定轴齿轮轴线回转的齿轮系，称为周转齿轮系。

周转齿轮系中，齿轮 1 和齿轮 3 是中心轮（齿轮 1 为太阳轮，齿轮 3 为内齿圈），齿轮 2 是行星轮，构件 H 为行星架。

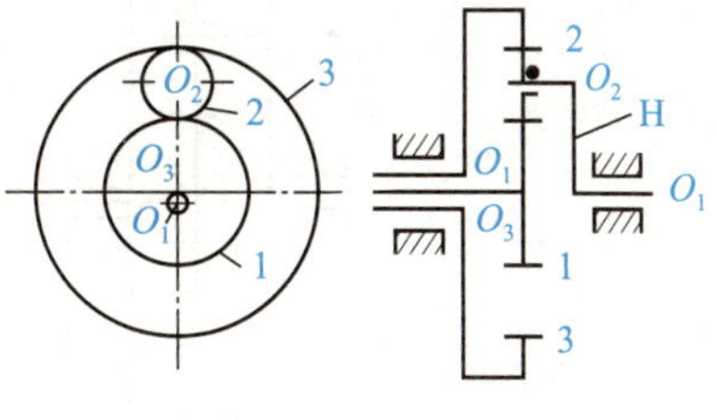

图 3-36 周转齿轮系

当齿轮系运转时，组成齿轮系的齿轮中至少有一个齿轮的几何轴线可绕另一齿轮的几何轴线转动（平动）的齿轮系称为周转齿轮系。

1) 行星轮：既具有自转，又具有公转的齿轮。

2) 太阳轮（中心轮）：只有自转，其轴线位置固定的齿轮。

3) 系杆（行星架、转臂）H：用于支持行星轮并使其做到公转的构件。

4) 基本构件：太阳轮和系杆统称为基本构件。

系杆的形状不一定是杆状，可以是轮子，也可以是转动的壳体或其他形状，但只要行星轮的轴装在其上，便是系杆。太阳轮、系杆的轴线必须重合，否则不能传动。

(2) 分类。

周转齿轮系分为差动齿轮系和行星齿轮系两大类，见表 3-20。当周转齿轮系的两个中心轮都能转动，自由度为 2 时称为差动齿轮系，如图 3-37（a）所示。若固定住其中一个中心轮，轮系的自由度为 1 时，称为行星齿轮系，如图 3-37（b）所示。

表 3-20 周转齿轮系的分类

| 种类 | 定义 | 举例 | 说明 |
| --- | --- | --- | --- |
| 差动齿轮系 | 中心轮的转速都不为 0 的周转齿轮系称为差动齿轮系 | | 太阳轮 1、内齿圈 3、行星架 H 均绕各自的轴线回转，行星轮 2 则做行星运动 |
| 行星齿轮系 | 有一个中心轮固定不动的周转齿轮系称为行星齿轮系 | | 中心轮 3 固定不动，太阳轮 1 绕自身轴线 $O_1$ 回转；行星架 H 绕自身轴线 $O_H$ 回转；行星轮 2 做行星运动，既绕自身轴线回转（也称自转），又绕行星架回转轴线 $O_H$ 回转（也称公转） |

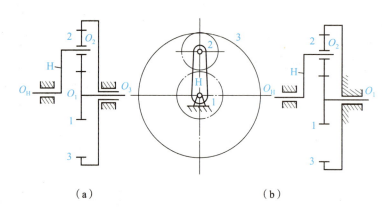

(a)　　　　　　　　　　(b)

图 3-37　周转齿轮系的类型

(a) 差动齿轮系；(b) 行星齿轮系

### 2. 周转齿轮系传动比的计算

周转齿轮系传动比的计算仍以定轴齿轮系为基础，如何把周转齿轮系转化为定轴齿轮系呢？

$$周转齿轮系 \xrightarrow{系杆固定\ n_H = 0} 定轴齿轮系 \begin{cases} 相对速度法 \\ 或转化机构法 \end{cases}$$

给整个周转齿轮系加上一个与行星架 H 的速度大小相等、方向相反的速度，这样，周转齿轮系就转化为定轴齿轮系，即可借用定轴齿轮系的传动比来计算周转齿轮系的传动比。

在转化机构中，各构件之间的相对运动关系不变，各构件的绝对角速度发生变化。下面进行具体分析。

假定转动方向：

$$\begin{cases} \text{太阳轮 1、3 的转速为 } n_1, n_3 \\ \text{行星轮 2 的转速为 } n_2 \\ \text{系杆 H 的转速为 } n_H \end{cases}, \text{方向均为逆时针}$$

转化机构中（附加 $n_H$），各构件相对系杆的转速见表 3-21。

表 3-21 齿轮系转速变化

| 机构 | 原有转速 | 转化机构中的转速 |
| --- | --- | --- |
| 太阳轮 1 | $n_5$ | $n_1^H = n_1 - n_H$ |
| 太阳轮 3 | $n_3$ | $n_3^H = n_3 - n_H$ |
| 行星轮 2 | $n_2$ | $n_2^H = n_2 - n_H$ |
| 行星架 H | $n_H$ | $n_H^H = n_H - n_H = 0$ |
| 机架 | $n_{机架} = 0$ | $n_{机架}^H = 0 - n_H = -n_H$ |

既然周转齿轮系的转化齿轮系为一定轴齿轮系，就可以应用定轴齿轮系传动比的公式进行计算。即

$$i_{13}^H = \frac{n_1^H}{n_3^H} = \frac{n_1 - n_H}{n_3 - n_H} = (-1)^1 \frac{z_2 z_3}{z_1 z_2} \qquad (3-43)$$

$i_{13}^H$ 为转化齿轮系的传动比，并不是原周转齿轮系的传动比。但 $n_1$、$n_3$、$n_H$ 3 个运动参数中，若已知任意两个，就可以确定第 3 个，从而求出周转齿轮系的传动比。

一般公式：

$$i_{mn}^H = \frac{n_m^H}{n_n^H} = \frac{n_m - n_H}{n_n - n_H} = (-1)^K \frac{\text{在转化齿轮系中由 } m \text{ 到 } n \text{ 各从动齿轮齿数乘积}}{\text{在转化齿轮系中由 } m \text{ 到 } n \text{ 各主动齿轮齿数乘积}}$$

即：

$$i_{mn}^H = \frac{\omega_m^H}{\omega_n^H} = \frac{\omega_m - \omega_H}{\omega_n - \omega_H} = (-1)^K \frac{\text{在转化齿轮系中由 } m \text{ 到 } n \text{ 各从动齿轮齿数乘积}}{\text{在转化齿轮系中由 } m \text{ 到 } n \text{ 各主动齿轮齿数乘积}}$$

说明：

(1) $n_m$、$n_n$、$n_H$ 均为代数值，要带相应的正负号 $\begin{cases} 逆、正 \\ 顺、负 \end{cases}$ 如假定↑正。

(2) 结果 ± 仅表明在转化齿轮系中两太阳轮 $m$、$n$ 之间的转向关系，而不是周转齿轮系主、从动轮的转向关系，但直接影响 $n_m$、$n_n$、$n_H$ 的数值大小。

(3) 轮 $m$、$n$ 必须是太阳轮或行星轮。

(4) 行星齿轮系假如有一个太阳轮固定（假设 $n$ 轮），则将 $n_n = 0$ 直接代入公式即可（原公式对行星、动轴、差动齿轮系都成立）。

(5)
$$i_{mn}^H \neq i_{mn}$$

式中 $i_{mn}^H$ ——转化轮系中齿轮 $m$, $n$ 的传动比,$i_{mn}^H = \dfrac{n_m^H}{n_n^H} = \dfrac{\omega_m^H}{\omega_n^H}$;

$i_{mn}$ ——齿轮 $m$, $n$ 的绝对传动比,$i_{mn} = \dfrac{n_m}{n_n} = \dfrac{\omega_m}{\omega_n}$。

计算周转齿轮系传动比的方法:
(1) 计算转化齿轮系的传动比。
(2) 代入已知条件求周转齿轮系的传动比。

**【例 3-5】** 在图 3-38 的齿轮系中,已知齿数 $z_1 = 30$,$z_2 = 20$,$z_2' = 25$,$z_3 = 25$,两中心轮的转速 $n_1 = 100$ r/min,$n_3 = 200$ r/min,试分别求出 $n_1$、$n_3$ 同向和反向两种情况下转臂的转速 $n_H$。

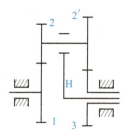

图 3-38 例 3-5 图

**解** 计算步骤列于表 3-22。

表 3-22 周转齿轮系转臂转速 $n_H$ 的求解步骤

| 步骤 | | 内容 | 结果 |
|---|---|---|---|
| 1. 分析传动路线,判断齿轮系类型 | | 齿轮 2 绕齿轮 1 的固定轴线旋转,齿轮 2′绕齿轮 3 的固定轴线旋转 | 该齿轮系属周转齿轮系 |
| 2. 了解相关参数 | | 齿数 $z_1 = 30$,$z_2 = 20$,$z_2' = 25$,$z_3 = 25$,两中心轮的转速 $n_1 = 100$ r/min,$n_3 = 200$ r/min | |
| 3. 计算轮系传动比 | | $i_{13}^H = \dfrac{n_1^H}{n_3^H} = \dfrac{n_1 - n_H}{n_3 - n_H} = (-1)^2 \dfrac{z_2 z_3}{z_1 z_2'} = +\dfrac{20 \times 25}{30 \times 25}$ | $i_{13}^H = \dfrac{2}{3}$ |
| 4. $n_1$、$n_3$ 同向时的转速 | 转速大小 | $n_1 = 100$ r/min,$n_3 = 200$ r/min,得 $\dfrac{100 - n_H}{200 - n_H} = \dfrac{2}{3}$ | $n_H = -100$ r/min |
| | 转速方向 | 计算结果为负 | $n_H$ 与 $n_1$ 转向相反 |
| 5. $n_1$、$n_3$ 反向时的转速 | 转速大小 | $n_1 = 100$ r/min,$n_3 = -200$ r/min,得 $\dfrac{100 - n_H}{-200 - n_H} = \dfrac{2}{3}$ | $n_H = 700$ r/min |
| | 转速方向 | 计算结果为正 | $n_H$ 与 $n_1$ 转向相同 |

### 3.6.3 组合齿轮系传动比的计算

**1. 组合齿轮系**

齿轮系中既有定轴齿轮系又有周转齿轮系,或者由几个单一的周转齿轮系组合而成组合齿轮系。

$$\begin{cases} \text{定轴齿轮系} + \text{周转齿轮系} & \text{混合轮系} \\ \text{单一的周转齿轮系} + \text{单一的周转} + \cdots \text{轮系} & \text{复合周转轮系} \end{cases}$$

### 2. 传动比计算

（1）分析齿轮系的组成。

步骤是先周转齿轮系后定轴齿轮系，而找周转齿轮系的步骤是行星轮—系杆—太阳轮，即根据轴线位置找到行星轮（轴线不固定），支撑行星轮的是系杆，与行星轮相啮合且轴线位置固定的是太阳轮。周转齿轮系划分出来后，剩下的便是定轴齿轮系了。

（2）分别写出各齿轮系的传动比。

（3）找出齿轮系之间的运动关系。

（4）联立求解。

### 3.6.4 齿轮系的应用

#### 1. 实现较远距离的传动

用一对齿轮进行传动，齿轮笨重，结构不紧凑；用多对齿轮进行传动，可以缩小径向尺寸，使结构紧凑，如图3-39所示。

#### 2. 实现大传动比传动

【例3-6】 图3-40中，已知$z_1=100$，$z_2=101$，$z_2'=100$，$z_3=99$，试求传动比$i_{H1}$？

图3-39 两轴之间的传动

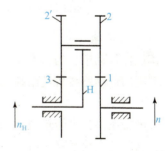

图3-40 例3-6图

**解** 依题得：

$$n_3 = 0$$

$$i_{13}^H = \frac{n_1^H}{n_3^H} = \frac{n_1 - n_H}{n_3 - n_H} = (-1) \times 2 \frac{z_2 z_3}{z_1 z_2'}$$

$$\frac{n_1 - n_H}{0 - n_H} = \frac{101 \times 99}{100 \times 100}$$

得：

$$\frac{n_H}{n_1} = 10\ 000 = i_{H1}$$

行星架转10 000转时，轮1才转1转，转向相同。该齿轮系仅用两对齿轮，便能获得这么大的传动比，传动机构非常紧凑。

### 3. 实现变速传动

图 3-41 为变速箱的传动简图。Ⅰ 为输入轴，Ⅲ 为输出轴，4、6 均为滑移齿轮，该变速箱可使轴Ⅲ获得 4 种不同的转速。

（1）齿轮 3 和 4 啮合，齿轮 5 和 6、离合器 A 和 B 均脱离。

（2）齿轮 5 和 6 啮合，齿轮 3 和 4、离合器 A 和 B 均脱离。

（3）离合器 A 和 B 嵌合而齿轮 3 和 4、5 和 6 均脱离。

（4）齿轮 6 和 8 啮合，齿轮 3 和 4、5 和 6，离合器 A 和 B 均脱离，由于惰轮 8 的作用而改变了输出轴Ⅲ的转向。

### 4. 实现变向传动

当主动轴转向不变时，可利用齿轮系中的惰轮改变从动轴的转向，如图 3-42 的机构。

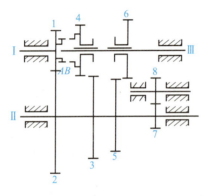

图 3-41 变速箱的传动简图

图 3-42 实现变向传动

### 5. 实现分路传动

在具体机械传动中，当只有 1 个原动件及多个执行构件时，原动件转动可通过多对啮合齿轮，从不同的传动路线传递给执行构件，以实现分路传动，如图 3-43 的机构。

### 6. 实现运动合成

在差动齿轮系中，当给定任意两个基本构件以确定的运动后，另一个基本构件的运动才能确定，利用差动齿轮系这一特点可实现运动合成。在图 3-44 机构的齿轮系中，若以行星架 H 和任一中心轮（假如为齿轮 3）为原动件，则轮 1 的转速是轮 3 和行星架 H 转速的合成，故这种齿轮系可用作加法机构。

图 3-43 实现分路传动

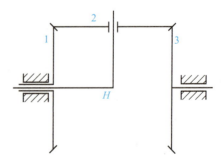

图 3-44 实现运动合成

### 7. 实现运动分解

图 3-45 为汽车后桥差减速器，当汽车沿直线行驶时，两个后轮所走的路程相同，因此要求齿轮 1、3 的转速相等。而当汽车转弯时，处于弯道内侧的后轮走的是小圆弧，处于弯道外侧的后轮走的是大圆弧，因此要求后轮应具有不同的转速，在汽车后桥上采用差速器，将发动机的一种转速分解为后轮的不同转速。

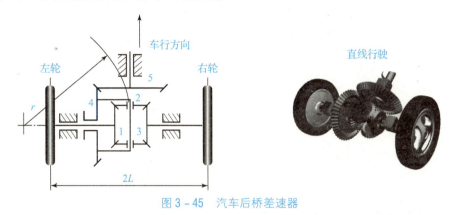

图 3-45　汽车后桥差速器

## 练一练

1. 齿轮传动的特点是什么？
2. 按轴线相对运动，齿轮系可分为哪几种基本类型？
3. 齿轮传动的应用有哪些？
4. 试标出图 3-46 各齿轮的转向。
5. 图 3-47 定轴齿轮系中，已知 $z_1 = z_{2'} = 30$，$z_2 = 60$，$z_3 = 45$，$z_4 = 135$，$n_1 = 900$ r/min。求：

（1）标出各齿轮的转向。
（2）依据齿轮系传动比公式，求出 $i_{14}$ 和 $n_4$。
（3）哪个齿轮是惰轮？其作用是什么？

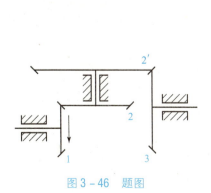

图 3-46　题图

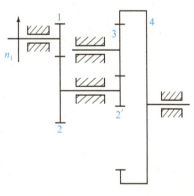

图 3-47　题图

## 项目四 挠性传动

# 创意自行车设计与制作
# Creative Bike Design and Production

## 1. 背景

在过去几年时间里,自行车设计又经历了一轮革新,先进材料的应用、车架结构的改变,促进行业往新的方向不断发展。目前在城市中,自行车使用率不断增长,设计师也在不断拓展自行车功能。请设计并制作一款你心目中的创意自行车(图4-1为参考),以展示你想要带给人们的感受。在制作过程中,可以利用链传动或者皮带传动来作为你的传动装置,最后拍摄一个完整的视频,介绍你的团队、已经完成的工作,尽量使这件事看起来很有趣。

图4-1 创意自行车

## 2. 模型设计制作要求

### 任务描述

低碳是最近这两年最流行的概念,大家费尽力气寻找清洁能源,少用电、少吃牛羊肉等,都是为了减少碳排放。当然，骑自行车也是其中一种非常好的办法，不但环保而且可以锻炼身体，因此设计师们对自行车的设计也非常热衷，每年都有不同创意的自行车创意面世。

国际自行车设计大赛（International Bicycle Design Competition，IBDC）1996年揭开序幕一直持续至今，主要宗旨是建构创意概念及设计作品汇集平台，引入全球重要消费市场设计原创概念，吸引各国设计师愿意对未来的自行车投入创意，以不同的国度文化特色和兴趣，提升全球自行车产品设计水准与国际化，持续创造全球自行车产业新风潮。他们每年都会面向全球征集关于自行车、零部件和服装的优秀设计，并进行评奖。

本项目要求设计与制作一款创意自行车，具体过程如下：

- 确定目标：确定创意自行车预实现的功能。
- 小组讨论：采用头脑风暴法充分发散思维，小组讨论设计出实现目标步骤的具体实施方法。
- 绘制思路：发挥逻辑思维能力，把各步骤草图画出来，并连贯起来形成模型。
- 实施制作：选择手边现有的材料实施制作，要求以最常见的生活材料为主，尽量运用本章的传动方法。
- 调试验证：运用制作实物验证绘制模型的可行性，采取制作中学习模式，在实践中修正设计错误和误差，最终实现预计的功能。
- 拍摄视频：运用手机和计算机拍摄并制作创意自行车的视频，实现知识分享。

## 每人所需材料

(1) 1卷 $\phi 2$ mm 的可卷彩色铁丝。
(2) 1对小轮子。
(3) 1块PVC密度板。
(4) 1套带轮与小皮带或1套链轮与链条。
(5) 若干金属或者木质材料。

## 技术

(1) 装配技术。
(2) 链传动与带传动技术。
(3) 计算机（剪辑并上传视频）。
(4) 手机（拍摄视频）。

## 学习成果

(1) 学习使用挠性传动技术搭建一款属于自己的创意自行车，可实现运动功能。
(2) 学习使用挠性传动知识制作小设备。
(3) 学习使用视频编辑软件制作属于自己的视频。
(4) 学习理论并制作1张挠性传动的知识心智图。

古代机械文明小故事

## 最早的机器人

西周时有个能工巧匠名叫偃师,他带着一个人去拜见国君周穆王(图4-2),王问他带来的是何人,偃师说:"臣之所造能倡者。"周穆王见"倡者"与真人一般无二,按他的下巴"则歌合律";抬抬它的手"则舞应节,千变万化,唯意所适"。周穆王叫来自己宠爱的妃嫔们一同观看。"倡者"在表演即将结束时,竟对周穆王的妃嫔展眼,周穆王勃然大怒,要杀偃师。偃师百口难辩,立即将"倡者"折开,只见是些"革、木、胶、白、黑、丹、青之所为","内则肝胆、心肺、脾肾、肠胃,外则筋骨、支节、皮毛、齿发,皆假物也,而无不毕具者",周穆王"试废其心,则口不能言;废其肝,则目不能视;废其肾,则足不能步"。周穆王这才转怒为喜,叹息道:"人可以巧夺天工呀。"

图4-2 偃师拜见周穆王

周穆王当政时约为公元前9世纪或前10世纪,距今有3 000年左右。

## 4.1 带传动

### 4.1.1 认识带传动

**1. 带传动的类型**

带传动（Belt Drive）是机械设备中应用较多的传动装置之一，主要由主动带轮（Driving Pulley）1、从动带轮（Driven Pulley）2 和传动带（Transmission Belt）3 组成，如图 4-3 所示。

根据工作原理的不同，带传动可分为两大类，即利用传动带与带轮间的摩擦力实现传动的摩擦型带传动（Friction Belt Drive）和利用带内侧的凸齿与带轮外缘上的齿槽相啮合实现传动的啮合型带传动（Meshing Belt Drive）。

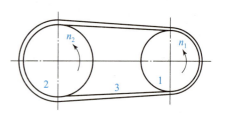

1—主动带轮；2—从动带轮；3—传动带
图 4-3 带传动的组成

摩擦型带传动按截面形状可分为平带传动（Flat Belt Transmission）、V 带传动（V-Belt Drive）、多楔带传动（Multi Wedge Belt Drive）和圆形带传动（Circular Belt Drive）4 种类型，如图 4-4 所示，以普通 V 带传动应用最广。

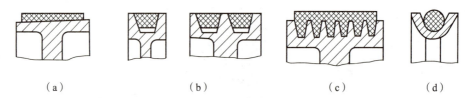

图 4-4 摩擦型带传动
(a) 平带传动；(b) V 带传动；(c) 多楔带传动；(d) 圆形带传动

（1）平带传动。

平带截面形状为矩形，内表面为工作面，如图 4-4(a)所示。其截面尺寸已标准化，常用的平带有橡胶帆布带和编织带等。平带适用于平行轴传动，多用于中心距较大的场合。

（2）V 带传动。

V 带截面形状为梯形，两侧面为工作面，如图 4-4(b)所示。V 带是无接头的环行带，通常几根 V 带同时使用。工作时 V 带与带轮槽两侧面接触，在同样压紧力的作用下，V 带的摩擦力比平带大，能传递较大的功率，结构紧凑，在机械传递中应用最广。

（3）多楔带传动。

多楔带传动如图 4-4(c)所示，多楔带兼有平带和 V 带的优点，多用于传递较大功率和结构要求紧凑的场合。

（4）圆形带传动。

圆形带横截面为圆形，如图 4-4(d)所示，只适用于功率较小的低速传动，如缝纫机、仪表等。

### 2. 带传动的特点和应用

摩擦带传动具有以下特点。

（1）结构简单，制造、安装精度要求低，维护方便，适用于两轴中心距较大的传动。

（2）带传动是挠性传动，传动带具有一定的弹性，能缓冲、吸振，传动平稳，无噪声。

（3）过载时，带在带轮上打滑，可防止其他零件的损坏，起到安全保护作用，由于弹性滑动，不能保证准确的传动比。

（4）传动效率较低，带的寿命较短。

（5）传动带需要张紧在带轮上，对轴和轴承的压力较大。

综合上述特点，带传动多用于要求传动平稳，传动比要求不很准确，中小功率及中心距较大的场合。不适宜在高温、易燃、易爆、有腐蚀介质的场合下工作。

#### 4.1.2 V带和V带轮

##### 1. V带的结构和标准

V带（V-Belts）有普通V带、窄V带、宽V带、联组V带、大楔角V带等多种类型，其中普通V带应用最广，近年来窄V带也得到了广泛的应用。

普通V带已标准化，标准V带都制成无接头的环行带，其横截面结构如图4–5所示，由伸张层、强力层、压缩层和包布层等部分组成。强力层的结构有帘布芯结构和绳芯结构两种。帘布芯结构抗拉强度高，制造较方便，一般V带多采用帘布芯结构。绳芯结构V带柔韧性好，抗弯强度高，适用于转速较高、载荷不大、带轮直径较小的场合。

图4–5 普通V带

(a) 帘布芯结构；(b) 绳芯结构

窄V带是用合成纤维作抗拉体，与普通V带相比，当高度相同时，窄V带的宽度约缩小1/3，而承载能力可提高1.5~2.5倍，适用于传递动力大而要求传动装置紧凑的场合。

普通V带按其截面尺寸由小至大的顺序分为Y、Z、A、B、C、D、E 7种型号，窄V带的截型分为SPZ、SPA、SPB、SPC 4种，其截面尺寸见表4–1。

表4–1 普通V带截面尺寸（摘自 GB/T 11544—2012）

| 型号 | Y | Z | A | B | C | D | E | 截面形状 |
|---|---|---|---|---|---|---|---|---|
| 节宽 $b_p$/mm | 5.3 | 8.5 | 11.0 | 14.0 | 19.0 | 27.0 | 32.0 | |
| 顶宽 $b$/mm | 6.0 | 10.0 | 13.0 | 17.0 | 22.0 | 32.0 | 38.0 | |
| 高度 $h$/mm | 4.0 | 6.0 | 8.0 | 11.0 | 14.0 | 19.0 | 23.0 | |
| 楔角 $\theta$/(°) | 40 | | | | | | | |

在同样条件下，截面尺寸大则传递的功率就大。V带绕在带轮上产生弯曲，外层受拉伸变长，内层受压缩变短，拉伸与压缩区域之间存在一长度和宽度均不变的中性层。中性层面称为节面，节面的宽度称为节宽 $b_p$（见表 4-1 中插图），与 $b_p$ 相对应的带轮直径 $d_d$ 称为基准直径。V带在规定的张紧力下位于带轮基准直径上的周线长度称为基准长度，用 $L_d$ 表示，其长度见表 4-2。

表 4-2 普通 V 带基准长度 $L_d$（摘自 GB/T 11544—2012） mm

| 截面型号 | | | | | | |
|---|---|---|---|---|---|---|
| Y | Z | A | B | C | D | E |
| 200 | 406 | 630 | 930 | 1 565 | 2 740 | 4 660 |
| 224 | 475 | 700 | 1 000 | 1 760 | 3 100 | 5 040 |
| 250 | 530 | 790 | 1 100 | 1 950 | 3 330 | 5 420 |
| 280 | 625 | 890 | 1 210 | 2 195 | 3 730 | 6 100 |
| 315 | 700 | 990 | 1 370 | 2 420 | 4 080 | 6 850 |
| 355 | 780 | 1 100 | 1 560 | 2 715 | 4 620 | 7 650 |
| 400 | 920 | 1 250 | 1 760 | 2 880 | 5 400 | 9 150 |
| 450 | 1 080 | 1 430 | 1 950 | 3 080 | 6 100 | 12 230 |
| 500 | 1 330 | 1 550 | 2 180 | 3 520 | 6 840 | 13 750 |
| | | 1 420 | 1 640 | 2 300 | 4 060 | 7 620 | 15 280 |
| | | 1 540 | 1 750 | 2 500 | 4 600 | 9 140 | 16 800 |
| | | | 1 940 | 2 700 | 5 380 | 10 700 | |
| | | | 2 050 | 2 870 | 6 100 | 12 200 | |
| | | | 2 200 | 3 200 | 6 815 | 13 700 | |
| | | | 2 300 | 3 600 | 7 600 | 15 200 | |
| | | | 2 480 | 4 050 | 9 100 | | |
| | | | 2 700 | 4 430 | 10 700 | | |
| | | | | 4 820 | | | |
| | | | | 5 370 | | | |
| | | | | 6 070 | | | |

普通 V 带的标记由基准长度和标准号组成，一般标注在传动带的顶面上，以便选用识别。例如 A—1640（GB/T 11544—2012），表示 A 型普通 V 带，基准长度为 1 640 mm。

### 2. V 带轮的材料和结构

（1）V 带轮的设计要求。

V 带轮设计的一般要求为：具有足够的强度和刚度，无过大的铸造内应力；结构工艺性好，便于制造；质量小且分布均匀；轮槽工作面应保持适宜的精度和表面质量，以使载荷分布均匀和减少带的磨损；转速高时要进行动平衡处理。

（2）V带轮的材料。

V带轮的材料主要为灰铸铁（Gray Cast Iron），当带速 $v \leq 30$ m/s 时，一般采用 HT150 或 HT200；转速较高时宜采用铸钢（Cast Steel）（或用钢板冲压焊接结构）；小功率时可采用铸铝（Cast Aluminum）或塑料（Plastic）。

（3）V带轮结构尺寸。

V带轮（V-Pulleys）一般由具有轮槽的轮缘（Rim）、轮辐（Spokes）和轮槽（Grooves）3部分组成，轮槽截面尺寸见表4-3。表中 $b_d$ 表示带轮轮槽的基性宽度，通常与V带的节宽 $b_p$ 相等，基准宽度处带轮直径称为带轮的基准直径 $d_d$，如表4-3中的插图所示。V带轮的基准直径系列按表4-4选用。

表4-3 V带轮槽截面尺寸（摘自 GB/T 10412—2002） mm

| 型号 | | | Y | Z | A | B | C |
|---|---|---|---|---|---|---|---|
| 基准宽度 $b_d$ | | | 5.3 | 8.5 | 11 | 14 | 19 |
| 基准线上槽深 $h_{amin}$ | | | 1.6 | 2 | 2.75 | 3.5 | 4.8 |
| 基准线下槽深 $h_{fmin}$ | | | 4.7 | 7 | 8.7 | 10.8 | 14.3 |
| 槽间距 $e$ | | | 8±0.3 | 12±0.3 | 15±0.3 | 19±0.4 | 25.5±0.5 |
| 槽边距 $f_{min}$ | | | 6 | 7 | 9 | 11.5 | 16 |
| 最小轮缘厚 $\delta_{min}$ | | | 5 | 5.5 | 6 | 7.5 | 10 |
| 圆角半径 $r_1$ | | | 0.2~0.5 | | | | |
| 带轮宽 B | | | $B = (z-1)e + 2f$（z——轮槽数） | | | | |
| 外径 $d_a$ | | | $d_a = d_d + 2h_a$ | | | | |
| 32° | 相应的基准直径 $d_d$ | ≤60 | — | — | — | — | — |
| 34° | | — | ≤80 | ≤118 | ≤190 | ≤315 | — |
| 36° | | >60 | — | — | — | — | ≤475 |
| 38° | | — | >80 | >118 | >190 | >315 | >475 |

表 4-4　V 带轮的（基准宽度制）基准直径系列（摘自 GB/T 10413—2002）　　mm

| 基准直径 $d_d$ | 槽型 Y | Z<br>SPZ | A<br>SPA | B<br>SPB | C<br>SPC | D | E | 基准直径 $d_d$ | 槽型 Y | Z<br>SPZ | A<br>SPA | B<br>SPB | C<br>SPC | D | E |
|---|---|---|---|---|---|---|---|---|---|---|---|---|---|---|---|
| | | | 外径 $d_a$（h11） | | | | | | | | 外径 $d_a$（h11） | | | | |
| 20 | + | | | | | | | 300 | | | | | . | | |
| 22.4 | + | | | | | | | 315 | | | | | . | | |
| 25 | + | | | | | | | 335 | | | | | . | | |
| 28 | + | | | | | | | 355 | | | | . | . | + | |
| 31.5 | + | | | | | | | 375 | | | | | . | + | |
| 35.5 | + | | | | | | | 400 | | | | . | . | + | |
| 40 | + | | | | | | | 425 | | | | | | + | |
| 45 | + | | | | | | | 450 | | | | | . | + | |
| 50 | + | + | | | | | | 475 | | | | | | + | |
| 56 | + | + | | | | | | 500 | | | | . | . | + | + |
| 63 | | . | | | | | | 530 | | | | | | | + |
| 71 | | . | | | | | | 560 | | | | | . | + | + |
| 75 | | . | + | | | | | 600 | | | | | . | + | + |
| 80 | + | . | + | | | | | 630 | | | | . | . | + | + |
| 85 | | | + | | | | | 670 | | | | | | + | |
| 90 | + | | | | | | | 710 | | | | | . | + | + |
| 95 | | . | | | | | | 750 | | | | | . | + | |
| 100 | + | . | | | | | | 800 | | | | | . | + | + |
| 106 | | . | | | | | | 900 | | | | | . | + | + |
| 112 | + | . | . | | | | | 1 000 | | | | | . | + | . |
| 118 | | | . | | + | | | 1 060 | | | | | | | |
| 125 | + | . | . | + | | | | 1 120 | | | | . | . | + | + |
| 132 | | . | . | + | | | | 1 250 | | | | | . | + | + |
| 140 | | . | . | . | | | | 1 350 | | | | | | | |

续表

| 基准直径 $d_d$ | 槽型 | | | | | | | 基准直径 $d_d$ | 槽型 | | | | | | |
|---|---|---|---|---|---|---|---|---|---|---|---|---|---|---|---|
| | Y | Z SPZ | A SPA | B SPB | C SPC | D | E | | Y | Z SPZ | A SPA | B SPB | C SPC | D | E |
| | 外径 $d_a$ (h11) | | | | | | | | 外径 $d_a$ (h11) | | | | | | |
| 150 | . | . | . | | | | | 1 400 | | | | | . | + | + |
| 160 | . | . | . | | | | | 1 500 | | | | | | + | + |
| 170 | . | . | . | | | | | 1 600 | | | | | . | + | + |
| 180 | . | . | . | | | | | 1 700 | | | | | | | |
| 200 | . | . | . | + | | | | 1 800 | | | | | | + | + |
| 212 | | . | . | + | | | | 2 000 | | | | | . | + | + |
| 224 | . | . | . | . | . | | | 2120 | | | | | | | |
| 236 | | . | . | . | . | | | 2 240 | | | | | | | + |
| 250 | | . | . | . | . | | | 2 360 | | | | | | | |
| 265 | | | | . | . | | | 2 500 | | | | | | | + |
| 280 | | | . | . | . | | | | | | | | | | |

注：①表中带"+"符号的尺寸只适用于普通V带。
②表中带"."符号的尺寸同时适用于普通V带和窄V带。
③不推荐使用表中未注符号的尺寸。

V带轮按轮辐结构不同分为4种形式，如图4-6所示。当 $d_d \leqslant (2.5 \sim 3)d$（$d$——带轮轴的直径）时，可采用实心式，如图4-6（a）所示；$d_d \leqslant 300$ mm 时，可采用腹板式或孔板式，如图4-6（b）、（c）所示；$d_d > 300$ mm 时，可采用轮辐式，如图4-6（d）所示。带轮的结构设计，主要根据带轮的基准直径选择结构形式，根据带的截面形状确定轮槽尺寸。

$$d_1 = (1.8 \sim 2)d, \quad L = (1.5 \sim 2)d, \quad S = (0.2 \sim 0.3)B$$

$$d_k = 0.5[d_d - 2(h_f + \delta) + d_1]$$

$$h = 290 \sqrt[3]{\frac{P}{nm}}$$

$$h_1 = 0.8h, \quad a = 0.4h, \quad f_1 = 0.2h, \quad f_2 = 0.2h_1$$

式中　$P$——传递功率，kW；
　　　$n$——带轮的转速，r/min；
　　　$m$——轮辐数。

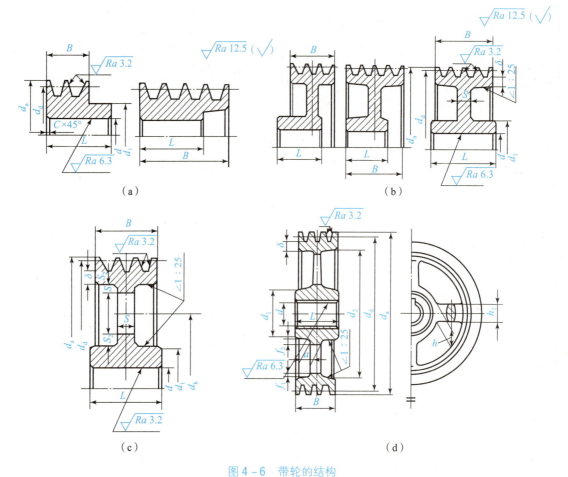

图 4-6 带轮的结构

(a) 实心式；(b) 腹板式；(c) 孔板式；(d) 轮辐式

### 4.1.3 带传动的工作情况分析

**1. 带传动的受力分析**

在带传动中，为使带和带轮接触面间产生足够的摩擦力，带必须以一定的初拉力将带紧套在带轮上。带传动不工作时，传动带两边拉力相等，称为预紧力 $F_0$，如图 4-7 (a) 所示。

带传动工作时，主动轮作用在带上的摩擦力方向与主动轮的圆周速度方向相同。由于摩擦力的作用，使得两边的拉力不再相等，如图 4-7 (b) 所示。于是，带绕上主动轮的一边被拉紧，叫作紧边，紧边拉力由 $F_0$ 增大到 $F_1$；带绕上从动轮的一边被放松，叫作松边，松边拉力由 $F_0$ 减少到 $F_2$。如果近似地认为带工作时的总长度不变，则带的紧边拉力的增加量应等于松边拉力的减少量，即

$$\begin{cases} F_1 - F_0 = F_0 - F_2 \\ F_1 + F_2 = 2F_0 \end{cases} \tag{4-1}$$

紧边与松边的拉力之差是带传动中起到传递作用的拉力，称为有效拉力，用 $F_e$ 表示，其值为带和带轮接触面上各点摩擦力的和 $F_f$，即

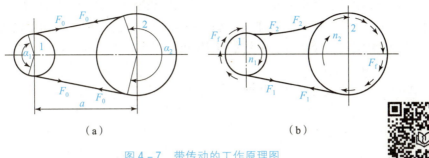

图 4-7 带传动的工作原理图

(a) 不工作时；(b) 工作时

**带传动应力分析**

$$F_e = F_1 - F_2 = F_f \tag{4-2}$$

带传动所能传递的功率为

$$P = \frac{F_e v}{1\,000} \tag{4-3}$$

式中 $P$——传递的功率，kW；

$F_e$——有效拉力，N；

$v$——带的速度，m/s。

将式（4-2）代入式（4-1），可得：

$$\begin{cases} F_1 = F_0 + \dfrac{F_e}{2} \\ F_2 = F_0 - \dfrac{F_e}{2} \end{cases} \tag{4-4}$$

由式（4-3）可知，当带速一定时，传递功率的大小取决于有效拉力 $F_e$ 的大小；由式（4-4）可知，带两边的拉力 $F_1$ 和 $F_2$ 大小，取决于预紧力 $F_0$ 和带传动的有效拉力 $F_e$。

**2. 带传动的弹性滑动和打滑**

带传动在工作时，带受到拉力后要产生弹性变形。由于紧边和松边的拉力不同，因而两边的弹性伸长量也不相同，如图 4-8 所示。

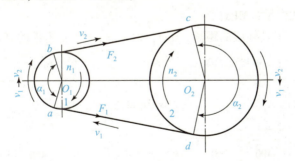

图 4-8 带传动的弹性滑动

当带由紧边绕经主动带轮进入松边时，带所受拉力 $F_1$ 由逐渐减为 $F_2$，其弹性伸长量也减小，带相对于带轮向后收缩，产生微量滑动，使带的速度滞后于主动轮的圆周速度。同样，当带由松边绕经从动带轮进入紧边时，拉力逐渐增加，带逐渐被拉长，带在从动轮表面将产生向前的弹性滑动,使带的速度大于从动轮的圆周速度。这种由于带的弹性变形而产生的带与带轮间的微量相对滑动称为弹性滑动(Elastic Sliding)。由于传动中紧边与松边拉力不相等,因而弹性滑动在摩擦传动中是不可避免的。

3. 带传动的应力分析

带工作时,带中的应力有以下几种。

(1) 拉应力。

紧边拉应力:

$$\sigma_1 = \frac{F_1}{A}$$

松边拉应力:

$$\sigma_2 = \frac{F_2}{A}$$

式中 $\sigma_1$、$\sigma_2$ 紧边和松边拉应力,MPa;

$F_1$、$F_2$ ——两轮拉力,N;

$A$ ——带的横截面面积,mm²。

(2) 离心应力 $\sigma_c$。

当带在带轮上以线速度 $v$ 做圆周运动时,其本身质量将产生离心力,由于离心力的作用,带中产生的离心拉力在带的横截面上产生离心应力 $\sigma_c$,离心应力 $\sigma_c$ 作用于带的全长,且各处大小相等。其计算公式为

$$\sigma_c = \frac{qv^2}{A} \tag{4-5}$$

式中 $q$ ——传动带单位长度的质量,kg/m;

$v$ ——带的线速度,m/s。

(3) 弯曲应力 $\sigma_b$。

带绕在带轮会产生弯曲应力,弯曲应力只存在于带与带轮相接触的部位。弯曲应力为

$$\sigma_b = 2E\frac{h'}{d_d} \tag{4-6}$$

式中 $E$ ——带的弹性模量,MPa;

$h'$ ——带的节面至最外层的距离,mm,取 $h' = h/2$,$h$ 为带的高度,见表4-5。

表4-5 单根V带基本额定功率 $P_1$(摘自 GB/T 10413—2002) kW

| 带型 | 小带轮基准直径 $d_{d1}$/mm | 小带轮转速 $n_1$/(r·min⁻¹) | | | | | | | | | |
|---|---|---|---|---|---|---|---|---|---|---|---|
| | | 200 | 400 | 700 | 800 | 950 | 1 200 | 1 450 | 1 600 | 2 000 | 2 400 |
| Y | 20 | — | — | — | — | 0.01 | 0.02 | 0.02 | 0.03 | 0.03 | 0.04 |
| | 25 | — | — | — | 0.03 | 0.03 | 0.03 | 0.04 | 0.05 | 0.05 | 0.06 |
| | 28 | — | — | — | 0.03 | 0.04 | 0.04 | 0.05 | 0.05 | 0.06 | 0.07 |

续表

| 带型 | 小带轮基准直径 $d_{d1}$/mm | 小带轮转速 $n_1$/(r·min$^{-1}$) | | | | | | | | | |
|---|---|---|---|---|---|---|---|---|---|---|---|
| | | 200 | 400 | 700 | 800 | 950 | 1 200 | 1 450 | 1 600 | 2 000 | 2 400 |
| Y | 31.5 | — | — | 0.03 | 0.04 | 0.04 | 0.05 | 0.06 | 0.06 | 0.07 | 0.09 |
| | 35.5 | — | — | 0.04 | 0.05 | 0.05 | 0.06 | 0.06 | 0.07 | 0.08 | 0.09 |
| | 40 | — | — | 0.04 | 0.05 | 0.06 | 0.07 | 0.08 | 0.09 | 0.11 | 0.12 |
| | 45 | — | 0.04 | 0.05 | 0.06 | 0.07 | 0.08 | 0.09 | 0.11 | 0.12 | 0.14 |
| | 50 | 0.04 | 0.05 | 0.06 | 0.07 | 0.08 | 0.09 | 0.11 | 0.12 | 0.14 | 0.16 |
| Z | 50 | 0.04 | 0.06 | 0.09 | 0.10 | 0.12 | 0.14 | 0.16 | 0.17 | 0.20 | 0.22 |
| | 56 | 0.04 | 0.06 | 0.11 | 0.12 | 0.14 | 0.17 | 0.19 | 0.20 | 0.25 | 0.30 |
| | 63 | 0.05 | 0.08 | 0.13 | 0.15 | 0.18 | 0.22 | 0.25 | 0.27 | 0.32 | 0.37 |
| | 71 | 0.06 | 0.09 | 0.17 | 0.20 | 0.23 | 0.27 | 0.30 | 0.33 | 0.39 | 0.46 |
| | 80 | 0.10 | 0.14 | 0.20 | 0.22 | 0.26 | 0.30 | 0.35 | 0.39 | 0.44 | 0.50 |
| | 90 | 0.10 | 0.14 | 0.22 | 0.24 | 0.28 | 0.33 | 0.36 | 0.40 | 0.48 | 0.54 |
| A | 75 | 0.15 | 0.26 | 0.40 | 0.45 | 0.51 | 0.60 | 0.68 | 0.73 | 0.84 | 0.92 |
| | 90 | 0.22 | 0.39 | 0.61 | 0.68 | 0.77 | 0.93 | 1.07 | 1.15 | 1.34 | 1.50 |
| | 100 | 0.26 | 0.47 | 0.74 | 0.83 | 0.95 | 1.14 | 1.32 | 1.42 | 1.66 | 1.87 |
| | 112 | 0.31 | 0.56 | 0.90 | 1.00 | 1.15 | 1.39 | 1.61 | 1.74 | 2.04 | 2.30 |
| | 125 | 0.37 | 0.67 | 1.07 | 1.19 | 1.37 | 1.66 | 1.92 | 2.07 | 2.44 | 2.74 |
| | 140 | 0.43 | 0.78 | 1.26 | 1.41 | 1.62 | 1.96 | 2.28 | 2.45 | 2.87 | 3.22 |
| | 160 | 0.51 | 0.94 | 1.51 | 1.69 | 1.95 | 2.36 | 2.73 | 2.54 | 3.42 | 3.80 |
| | 180 | 0.59 | 1.09 | 1.76 | 1.97 | 2.27 | 2.74 | 3.16 | 3.40 | 3.93 | 4.32 |
| B | 125 | 0.48 | 0.84 | 1.30 | 1.44 | 1.64 | 1.93 | 2.19 | 2.33 | 2.64 | 2.85 |
| | 140 | 0.59 | 1.05 | 1.64 | 1.82 | 2.08 | 2.47 | 2.82 | 3.00 | 3.42 | 3.70 |
| | 160 | 0.74 | 1.32 | 2.09 | 2.32 | 2.66 | 3.17 | 3.62 | 3.86 | 4.40 | 4.75 |
| | 180 | 0.88 | 1.59 | 2.53 | 2.81 | 3.22 | 3.85 | 4.39 | 4.68 | 5.30 | 5.76 |
| | 200 | 1.02 | 1.85 | 2.96 | 3.30 | 3.77 | 4.50 | 5.13 | 5.46 | 6.13 | 6.47 |
| | 224 | 1.19 | 2.17 | 3.47 | 3.86 | 4.42 | 5.26 | 5.97 | 6.33 | 7.02 | 7.25 |
| | 250 | 1.37 | 2.50 | 4.00 | 4.46 | 5.10 | 6.04 | 6.82 | 7.20 | 7.87 | 7.89 |
| | 280 | 1.59 | 2.89 | 4.61 | 5.13 | 5.85 | 6.09 | 7.76 | 8.13 | 8.60 | 8.22 |

续表

| 带型 | 小带轮基准直径 $d_{d1}$/mm | 小带轮转速 $n_1$/(r·min$^{-1}$) | | | | | | | | | |
|---|---|---|---|---|---|---|---|---|---|---|---|
| | | 200 | 400 | 700 | 800 | 950 | 1 200 | 1 450 | 1 600 | 2 000 | 2 400 |
| C | 200 | 1.39 | 2.41 | 3.69 | 4.07 | 4.58 | 5.29 | 5.84 | 6.07 | 6.34 | 6.02 |
| | 244 | 1.70 | 2.99 | 4.64 | 5.12 | 5.78 | 6.71 | 7.45 | 7.75 | 8.06 | 7.57 |
| | 250 | 2.03 | 3.62 | 5.64 | 6.23 | 7.04 | 8.21 | 9.04 | 9.38 | 9.62 | 8.75 |
| | 280 | 2.42 | 4.32 | 6.76 | 7.52 | 8.49 | 9.81 | 10.72 | 11.06 | 11.04 | 9.50 |
| | 315 | 2.84 | 5.14 | 8.09 | 8.92 | 10.05 | 11.53 | 12.46 | 12.72 | 12.14 | 9.43 |
| | 355 | 3.36 | 6.05 | 9.50 | 10.46 | 11.73 | 13.31 | 14.12 | 14.19 | 12.59 | 7.98 |
| | 400 | 3.91 | 7.06 | 11.02 | 12.10 | 13.48 | 15.04 | 15.53 | 15.24 | 11.95 | 4.34 |

由式（4-6）可知，带轮直径越小，带越厚，则带的弯曲应力越大。为了防止产生过大的弯曲应力而影响带的使用寿命，对各种截面形状的 V 带都规定了最小带轮直径，见表 4-5。

图 4-9 为带工作时的应力分布情况。带在紧边绕上小带轮时应力达到最大值，其值为

$$\sigma_{max} = \sigma_1 + \sigma_c + \sigma_{b1} \tag{4-7}$$

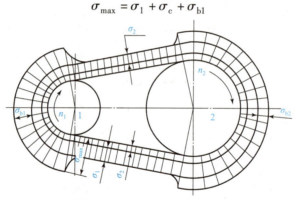

图 4-9 带传动的应力分析

**4. 带传动的主要失效形式**

由带传动的工作情况分析可知，当传递的载荷超过带的极限有效拉力 $F_{elim}$ 时，带将在带轮上打滑，从而失去传动能力。因此，打滑是带传动的主要失效形式之一。

由图 4-9 可见，带是在变应力状态下工作的，即带每绕两带轮循环 1 周时，作用在带上某点的应力是变化的。当应力循环次数达到一定值时，将使带产生疲劳破坏。带的疲劳破坏是带传动的另一种主要失效形式。

### 4.1.4 普通 V 带的设计计算

**1. 设计准则和单根 V 带的额定功率**

（1）带传动的失效形式和设计准则。

根据上述分析可知，带传动的主要失效形式是打滑和带的疲劳破坏。因此，带传动的设

计准则应为：**在保证带传动不打滑的条件下，具有足够的疲劳强度和一定的使用寿命**。

（2）单根 V 带的额定功率。

在载荷平稳、特定带长、传动比 $i=1$、包角 $\alpha_1=180°$ 的条件下，单根普通 V 带的基本额定功率 $P_1$ 见表 4-5。带传动的实际工作条件往往与上述特定条件不同，对查得的值应加以修正。实际工作条件下单根 V 带的基本额定功率 $[P_1]$ 为

$$[P_1]=(P_1+\Delta P_1)K_\alpha K_L \tag{4-8}$$

式中 $P_1$——单根 V 带的基本额定功率，kW，其值查表 4-5；

$K_\alpha$——包角系数，考虑 $\alpha\neq 180°$ 时包角对传递功率的影响，其值查表 4-6；

$K_L$——带长修正系数，考虑非特定长度时带长对传动功率的影响，其值查表 4-7；

$\Delta P_1$——单根普通 V 带额定功率的增量，见表 4-8。

表 4-6　带轮包角修正系数 $K_\alpha$（摘自 GB/T 10413—2002）

| 带轮包角 $\alpha/(°)$ | 180 | 175 | 170 | 165 | 160 | 155 | 150 | 145 | 140 | 135 |
|---|---|---|---|---|---|---|---|---|---|---|
| $K_\alpha$ | 1 | 0.99 | 0.98 | 0.96 | 0.95 | 0.93 | 0.92 | 0.91 | 0.89 | 0.88 |
| 带轮包角 $\alpha/(°)$ | 130 | 125 | 120 | 115 | 110 | 105 | 100 | 95 | 90 | — |
| $K_\alpha$ | 0.86 | 0.84 | 0.82 | 0.80 | 0.78 | 0.76 | 0.74 | 0.72 | 0.69 | — |

表 4-7　普通 V 带带长修正系数 $K_L$（摘自 GB/T 10413—2002）

| 基准带长 $L_d$/mm | $K_L$ | | | | | |
|---|---|---|---|---|---|---|
| | Y | Z | A | B | C | D |
| 200 | 0.81 | — | — | — | — | — |
| 224 | 0.82 | — | — | — | — | — |
| 250 | 0.84 | — | — | — | — | — |
| 280 | 0.87 | — | — | — | — | — |
| 315 | 0.89 | — | — | — | — | — |
| 355 | 0.92 | — | — | — | — | — |
| 400 | 0.96 | — | — | — | — | — |
| 450 | 1.00 | 0.87 | — | — | — | — |
| 500 | 1.02 | 0.89 | — | — | — | — |
| 560 | — | 0.91 | — | — | — | — |
| 630 | — | 0.94 | 0.81 | — | — | — |
| 710 | — | 0.96 | 0.83 | — | — | — |
| 800 | — | 0.99 | 0.85 | — | — | — |
| 900 | — | 1.00 | 0.87 | 0.82 | — | — |

续表

| 基准带长 $L_d$/mm | $K_L$ | | | | | |
|---|---|---|---|---|---|---|
| | Y | Z | A | B | C | D |
| 1 000 | — | 1.03 | 0.89 | 0.84 | — | — |
| 1 120 | — | 1.06 | 0.91 | 0.86 | — | — |
| 1 250 | — | 1.08 | 0.93 | 0.88 | — | — |
| 1 400 | — | 1.11 | 0.96 | 0.90 | — | — |
| 1 600 | — | 1.14 | 0.99 | 0.92 | 0.83 | — |
| 1 800 | — | 1.16 | 1.01 | 0.95 | 0.86 | — |
| 2 000 | — | 1.18 | 1.03 | 0.98 | 0.88 | — |
| 2 240 | — | — | 1.06 | 1.00 | 0.91 | — |

表 4–8　单根普通 V 带额定功率的增量 $\Delta P_1$（摘自 GB/T 10413—2002）　　kW

| 带型 | 传动比 $i$ | 小带轮转速 $n_1$/(r·min$^{-1}$) | | | | | | | | | |
|---|---|---|---|---|---|---|---|---|---|---|---|
| | | 200 | 400 | 700 | 800 | 950 | 1 200 | 1 450 | 1 600 | 2 000 | 2 400 |
| Y | 1.02~1.04 | 0 | 0 | 0 | 0 | 0 | 0 | 0 | 0 | 0 | 0 |
| | 1.05~1.08 | 0 | 0 | 0 | 0 | 0 | 0 | 0 | 0 | 0 | 0 |
| | 1.09~1.12 | 0 | 0 | 0 | 0 | 0 | 0 | 0 | 0 | 0 | 0 |
| | 1.13~1.18 | 0 | 0 | 0 | 0 | 0 | 0 | 0 | 0 | 0 | 0.01 |
| | 1.19~1.24 | 0 | 0 | 0 | 0 | 0 | 0 | 0.01 | 0.01 | 0.01 | 0.01 |
| | 1.25~1.34 | 0 | 0 | 0 | 0 | 0.01 | 0.01 | 0.01 | 0.01 | 0.01 | 0.01 |
| | 1.35~1.50 | 0 | 0 | 0 | 0 | 0.01 | 0.01 | 0.01 | 0.01 | 0.01 | 0.01 |
| | 1.51~1.99 | 0 | 0 | 0 | 0 | 0.01 | 0.01 | 0.01 | 0.01 | 0.01 | 0.01 |
| | ≥2 | 0 | 0 | 0 | 0 | 0.01 | 0.01 | 0.01 | 0.01 | 0.01 | 0.01 |
| Z | 1.02~1.04 | 0 | 0 | 0 | 0 | 0 | 0 | 0 | 0.01 | 0.01 | 0.01 |
| | 1.05~1.08 | 0 | 0 | 0 | 0 | 0 | 0.01 | 0.01 | 0.01 | 0.01 | 0.02 |
| | 1.09~1.12 | 0 | 0 | 0 | 0 | 0.01 | 0.01 | 0.01 | 0.01 | 0.02 | 0.02 |
| | 1.13~1.18 | 0 | 0 | 0 | 0.01 | 0.01 | 0.01 | 0.01 | 0.01 | 0.02 | 0.02 |
| | 1.19~1.24 | 0 | 0 | 0 | 0.01 | 0.01 | 0.01 | 0.01 | 0.02 | 0.02 | 0.02 |
| | 1.25~1.34 | 0 | 0 | 0.01 | 0.01 | 0.01 | 0.02 | 0.02 | 0.02 | 0.02 | 0.03 |
| | 1.35~1.50 | 0 | 0 | 0.01 | 0.01 | 0.02 | 0.02 | 0.02 | 0.02 | 0.03 | 0.03 |
| | 1.51~1.99 | 0 | 0.01 | 0.01 | 0.02 | 0.02 | 0.02 | 0.02 | 0.03 | 0.03 | 0.04 |
| | ≥2 | 0 | 0.01 | 0.02 | 0.02 | 0.02 | 0.02 | 0.03 | 0.03 | 0.04 | 0.04 |

续表

| 带型 | 传动比 $i$ | 小带轮转速 $n_1/(\text{r}\cdot\text{min}^{-1})$ | | | | | | | | | |
|---|---|---|---|---|---|---|---|---|---|---|---|
| | | 200 | 400 | 700 | 800 | 950 | 1 200 | 1 450 | 1 600 | 2 000 | 2 400 |
| A | 1.02~1.04 | 0 | 0.01 | 0.01 | 0.01 | 0.01 | 0.02 | 0.02 | 0.02 | 0.03 | 0.03 |
| | 1.05~1.08 | 0.01 | 0.01 | 0.02 | 0.02 | 0.03 | 0.03 | 0.04 | 0.04 | 0.06 | 0.07 |
| | 1.09~1.12 | 0.01 | 0.02 | 0.03 | 0.03 | 0.04 | 0.05 | 0.06 | 0.06 | 0.08 | 0.10 |
| | 1.13~1.18 | 0.01 | 0.02 | 0.04 | 0.04 | 0.05 | 0.07 | 0.08 | 0.09 | 0.11 | 0.13 |
| | 1.19~1.24 | 0.01 | 0.03 | 0.05 | 0.05 | 0.06 | 0.08 | 0.09 | 0.11 | 0.13 | 0.16 |
| | 1.25~1.34 | 0.02 | 0.03 | 0.06 | 0.06 | 0.07 | 0.10 | 0.11 | 0.13 | 0.16 | 0.19 |
| | 1.35~1.50 | 0.02 | 0.04 | 0.07 | 0.08 | 0.08 | 0.11 | 0.13 | 0.15 | 0.19 | 0.23 |
| | 1.51~1.99 | 0.02 | 0.04 | 0.08 | 0.09 | 0.10 | 0.13 | 0.15 | 0.17 | 0.22 | 0.26 |
| | ≥2 | 0.03 | 0.05 | 0.09 | 1.00 | 0.11 | 0.15 | 0.17 | 0.19 | 0.24 | 0.29 |
| B | 1.02~1.04 | 0.01 | 0.01 | 0.02 | 0.03 | 0.03 | 0.04 | 0.05 | 0.06 | 0.07 | 0.08 |
| | 1.05~1.08 | 0.01 | 0.03 | 0.05 | 0.06 | 0.07 | 0.08 | 0.10 | 0.11 | 0.14 | 0.17 |
| | 1.09~1.12 | 0.02 | 0.04 | 0.07 | 0.08 | 0.10 | 0.13 | 0.15 | 0.17 | 0.21 | 0.25 |
| | 1.13~1.18 | 0.03 | 0.06 | 0.10 | 0.11 | 0.13 | 0.17 | 0.20 | 0.23 | 0.28 | 0.34 |
| | 1.19~1.24 | 0.04 | 0.07 | 0.12 | 0.14 | 0.17 | 0.21 | 0.25 | 0.28 | 0.35 | 0.42 |
| | 1.25~1.34 | 0.04 | 0.08 | 0.15 | 0.17 | 0.20 | 0.25 | 0.31 | 0.34 | 0.42 | 0.51 |
| | 1.35~1.50 | 0.05 | 0.10 | 0.17 | 0.20 | 0.23 | 0.30 | 0.36 | 0.39 | 0.49 | 0.59 |
| | 1.51~1.99 | 0.06 | 0.11 | 0.20 | 0.23 | 0.26 | 0.34 | 0.40 | 0.45 | 0.56 | 0.68 |
| | ≥2 | 0.06 | 0.13 | 0.22 | 0.25 | 0.30 | 0.38 | 0.46 | 0.51 | 0.63 | 0.76 |
| C | 1.02~1.04 | 0.02 | 0.04 | 0.07 | 0.08 | 0.09 | 0.12 | 0.14 | 0.16 | 0.20 | 0.23 |
| | 1.05~1.08 | 0.04 | 0.08 | 0.14 | 0.16 | 0.19 | 0.24 | 0.28 | 0.31 | 0.39 | 0.47 |
| | 1.09~1.12 | 0.06 | 0.12 | 0.21 | 0.23 | 0.27 | 0.35 | 0.42 | 0.47 | 0.59 | 0.70 |
| | 1.13~1.18 | 0.08 | 0.16 | 0.27 | 0.31 | 0.37 | 0.47 | 0.58 | 0.63 | 0.78 | 0.94 |
| | 1.19~1.24 | 0.10 | 0.20 | 0.34 | 0.39 | 0.47 | 0.59 | 0.71 | 0.78 | 0.98 | 2.18 |
| | 1.25~1.34 | 0.12 | 0.23 | 0.41 | 0.47 | 0.56 | 0.70 | 0.85 | 0.94 | 1.17 | 1.41 |
| | 1.35~1.50 | 0.14 | 0.27 | 0.48 | 0.55 | 0.65 | 0.82 | 0.99 | 1.10 | 1.37 | 1.65 |
| | 1.51~1.99 | 0.16 | 0.31 | 0.55 | 0.63 | 0.74 | 0.984 | 1.14 | 1.25 | 1.57 | 1.88 |
| | ≥2 | 0.18 | 0.35 | 0.62 | 0.71 | 0.83 | 1.02 | 1.27 | 1.41 | 1.76 | 2.12 |

2. 设计步骤及传动参数的选择

（1）确定计算功率 $P_d$。

计算功率 $P_d$ 是根据传递的额定功率 $P$，并考虑载荷性质及每天工作运转时间的长短等

因素的影响而确定的。即

$$P_d = K_A P \tag{4-9}$$

式中　$P$——传递的额定功率，kW；

　　　$K_A$——工作情况系数，查表4-9。

表4-9　普通V带轮工作情况系数 $K_A$

| 工况 | | $K_A$ | | | | | |
|---|---|---|---|---|---|---|---|
| | | 空、轻载启动 | | | 重载启动 | | |
| | | 每天工作小时数/h | | | | | |
| | | <10 | 10~16 | >16 | <10 | 10~16 | >16 |
| 载荷变动最小 | 液体搅拌机，通风机和鼓风机（≤7.5 kW），离心式水泵和压缩机，轻型输送机 | 1.0 | 1.1 | 1.2 | 1.1 | 1.2 | 1.3 |
| 载荷变动小 | 带式输送机（不均匀载荷），通风机（>7.5 kW），旋转式水泵和压缩机（非离心式），发电机，金属切削机床，印刷机，旋转筛，锯木机和木工机械 | 1.1 | 1.2 | 1.3 | 1.2 | 1.3 | 1.4 |
| 载荷变动较大 | 制砖机，斗式提升机，往复式水泵和压缩机，起重机，磨粉机，冲剪机床，橡胶机械，振动筛，纺织机械 | 1.2 | 1.3 | 1.4 | 1.4 | 1.5 | 1.6 |
| 载荷变动很大 | 破碎机（旋转式、颚式等），磨碎机（球磨、棒磨） | 1.3 | 1.4 | 1.5 | 1.5 | 1.6 | 1.8 |

注：①空、轻载启动——电动机（交流启动、三角启动、直流并励），四缸以上的内燃机，装有离心式离合器、液力联轴器的动力机。

②重载启动——电动机（联机交流启动、直流复励或串励），四缸以下的内燃机。

③启动频繁，经常正反转，工作条件恶劣时，普通V带应乘以1.2。

④增速传动时，$K_A$ 应乘下列系数。

| $i$ | 1.25~1.74 | 1.75~2.49 | 2.50~3.49 | 3.5 |
|---|---|---|---|---|
| 系数 | 1.05 | 1.11 | 1.18 | 1.25 |

（2）选择V带型号。

根据计算功率 $P_d$ 及小带轮转速 $n_1$，由图4-10选择V带型号。若坐标点（$P_d$，$n_1$）位于图中型号分界线附近时，可初选相邻两种带型进行设计计算，最后比较两种方案的设计结果，择优选择。

（3）确定带轮的基准直径 $d_{d1}$ 和 $d_{d2}$。

1）初选小带轮直径 $d_{d1}$ 时，应使 $d_{d1} > d_{dmin}$，各型V带的 $d_{dmin}$ 值见表4-10。为了提高带的寿命，$d_{d1}$ 宜选取较大的直径。

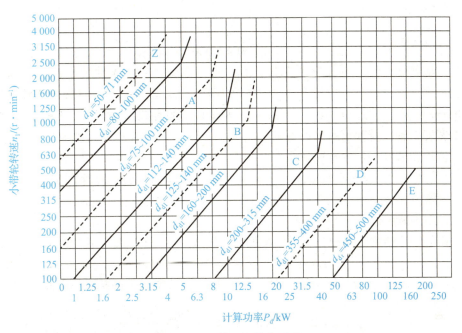

图 4-10 普通 V 带选型图

表 4-10 各种型号 V 带轮基准直径系列（摘自 GB/T 10413-2002 部分） mm

| 型号 | 基准直径 $d_d$ | | | | | | | | | | |
|---|---|---|---|---|---|---|---|---|---|---|---|
| Y | 20 | 22.4 | 25 | 28 | 31.5 | 35.5 | 40 | 45 | 50 | 56 | 63 | 71 |
| | 80 | 90 | 100 | 112 | 125 | — | — | — | — | — | — | — |
| Z | 50 | 56 | 63 | 71 | 75 | 80 | 90 | 100 | 112 | 125 | 132 | 140 |
| | 150 | 160 | 180 | 200 | 224 | 250 | 280 | 315 | 355 | 400 | 500 | 630 |
| A | 75 | 80 | 85 | 90 | 95 | 100 | 106 | 112 | 118 | 125 | 132 | 140 |
| | 150 | 160 | 180 | 200 | 224 | 250 | 280 | 315 | 355 | 400 | 450 | 500 |
| | 560 | 630 | 710 | 800 | — | — | — | — | — | — | — | — |
| B | 125 | 132 | 140 | 150 | 160 | 170 | 180 | 200 | 224 | 250 | 280 | 315 |
| | 355 | 400 | 450 | 500 | 560 | 600 | 630 | 710 | 750 | 800 | 900 | 1 000 |
| | 1 120 | — | — | — | — | — | — | — | — | — | — | — |
| C | 200 | 212 | 224 | 236 | 250 | 265 | 280 | 300 | 315 | 335 | 355 | 400 |
| | 450 | 500 | 560 | 600 | 630 | 710 | 750 | 800 | 900 | 1 000 | 1 120 | 1 250 |
| | 1 400 | 1 600 | 2 000 | — | — | — | — | — | — | — | — | — |
| D | 355 | 375 | 400 | 450 | 500 | 560 | 600 | 630 | 710 | 750 | 800 | 900 |
| | 1 000 | 1 060 | 1 120 | 1 250 | 1 400 | 1 500 | 1 600 | 1 800 | 2 000 | — | — | — |
| E | 500 | 530 | 560 | 600 | 630 | 710 | 800 | 900 | 1 000 | 1 120 | 1 250 | 1 400 |
| | 1 500 | 1 600 | 1 800 | 2 000 | 2 240 | 2 500 | — | — | — | — | — | — |

2）验算带速 $v$。

$$v = \frac{\pi d_{d1} n_1}{60 \times 1\,000} \quad (4-10)$$

设计时应使 $v < v_{max}$。对于普通 V 带，$v_{max} = 25 \sim 30$ m/s；窄 V 带，$v_{max} = 35 \sim 40$ m/s。

带速高则离心力过大，带与带轮间的摩擦力减小，传动易打滑，且带的绕转次数增多，降低带的寿命；若带速过小（如 $v < 5$ m/s），则带传动的有效拉力增大，带的根数增多，于是带轮的宽度、轴径及轴承的尺寸都随之增大。一般以 $v = 5 \sim 25$ m/s 为宜。若带速超过上述范围，应重新选取小带轮直径 $d_{d1}$。

3）计算从动轮的基准直径 $d_{d2}$。$d_{d2} = i d_{d1}$，并按表 4-10 加以适当的圆整。

（4）确定中心距 $a$ 和带的基准长度 $L_d$。

1）初定中心距 $a_0$。

如果中心距未给出，可根据传动结构的需要按式（4-11）选定中心距 $a_0$。

$$0.7(d_{d1} + d_{d2}) \leq a_0 \leq 2(d_{d1} + d_{d2}) \quad (4-11)$$

$a_0$ 选定后，根据带传动的几何关系，按式（4-12）计算所需带的基准长度 $L_d$。

$$L_0 = 2a_0 + \frac{\pi}{2}(d_{d1} + d_{d2}) + \frac{(d_{d2} - d_{d1})^2}{4a_0} \quad (4-12)$$

由表 4-2 选取与 $L_0$ 相近的基准长度 $L_d$。

2）确定中心距 $a$。

根据 $L_d$ 计算实际中心距。

$$a \approx a_0 + \frac{L_d - L_0}{2} \quad (4-13)$$

考虑安装调整和补偿预紧力的需要，中心距应有一定的调整范围，其大小为

$$a_{min} = a - 0.015 L_d$$
$$a_{max} = a + 0.03 L_d$$

（5）验算小带轮包角 $\alpha_1$。

$$\alpha_1 \approx 180° - \frac{d_{d2} - d_{d1}}{a} \times 57.3° \geq 120° \quad (4-14)$$

若不满足式（4-14）的要求，可适当增大中心距或加张紧轮等措施改进。

（6）确定 V 带根数 $z$。

$$z \geq \frac{P_d}{(P_1 + \Delta P_1) K_\alpha K_L} \quad (4-15)$$

$$\Delta P_1 \approx 0.000\,1 \Delta T_0^n$$

式中  $P_d$——设计功率，kW；

$\Delta T$——单根 V 带所能传递转矩修正值，N·m。

带的根数 $z$ 应圆整，为了使每根 V 带受力均匀，根数不易太多，通常 $z < 10$，否则应改选 V 带型号重新计算。

（7）计算单根 V 带的初拉力 $F_0$。

$$F_0 = 500 \frac{P_d}{zv}\left(\frac{2.5}{K_\alpha} - 1\right) + q v^2 \quad (4-16)$$

由于新带容易松弛，对非自动张紧的带传动，安装新带时的初拉力应取式（4-16）计算值的 1.5 倍。

（8）计算带传动作用在轴上的压力 $F_Q$。

为了设计安装带轮的轴和轴承，必须计算带传动作用在轴上的压力 $F_Q$。一般按静止状态下带轮两边均作用初拉力 $F_0$ 进行计算，如图 4-11 所示。

由图（4-11）可得

$$F_Q = 2zF_0 \sin\frac{\alpha_1}{2} \quad (4-17)$$

（9）带轮的结构设计。

带轮的结构，参见前文。在完成上述各设计步骤后，画出完整的带轮工作图（略）。

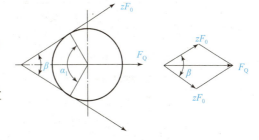

图 4-11 带传动作用在轴上的压力

### 3. 计算实例

【例 4-1】 有一带式输送装置，其异步电动机与齿轮减速器之间用普通 V 带传动，电动机额定功率 $P = 7$ kW、转速 $n_1 = 960$ r/min，减速器输入轴的转速 $n_2 = 330$ r/min，允许误差为 ±5%，运输装置工作时有轻度冲击，两班制工作，试设计此带传动。

**解** V 带设计步骤列于表 4-11。

表 4-11 V 带设计步骤

| 设计步骤 | 设计过程 | 计算结果 |
|---|---|---|
| 1. 确定计算功率 $P_d$ | 由表 4-9 查得 $K_A = 1.3$，由式（4-9）得：<br>$P_d = K_A P = 9.1$ kW | $P_d = 9.1$ kW |
| 2. 选取普通 V 带型号 | 根据 $P_d = 9.1$ kW、转速 $n_1 = 960$ r/min，由图 4-10 选用 B 型普通 V 带 | B 型普通 V 带 |
| 3. 确定两带轮的基准直径 $d_{d1}$ 和 $d_{d2}$ | 根据表 4-10 和图 4-10 选取 $d_{d1} = 125$ mm。<br>大带轮基准直径为<br>$$d_{d2} = \frac{n_1}{n_2} d_{d1} = \frac{960}{330} \times 125 = 363.64 \text{（mm）}$$<br>按表 4-10 选取标准值 $d_{d2} = 375$ mm，则实际传动比 $i$、从动轮的实际转速分别为<br>$$i = \frac{d_{d2}}{d_{d1}} = \frac{375}{125} = 3 \quad n_2 = \frac{n_1}{i} = \frac{960}{3} = 320 \text{（r/min）}$$<br>从动轮的转速误差率为<br>$$\frac{320 - 330}{330} \times 100\% = -3.03\%$$<br>在 ±5% 的范围内，为允许值 | $d_{d1} = 125$ mm<br>$d_{d2} = 375$ mm |

续表

| 设计步骤 | 设计过程 | 计算结果 |
|---|---|---|
| 4. 验算带速 $v$ | $v = \dfrac{\pi d_{d1} n_1}{60 \times 1\,000} = \dfrac{3.14 \times 125 \times 960}{60 \times 1\,000} = 6.28$（m/s）<br>带速在 5~25 m/s | $v = 6.28$ m/s |
| 5. 确定带的基准长度 $L_d$ 和实际中心距 $a$ | $0.7(d_{d1} + d_{d2}) \leqslant a_0 \leqslant 2(d_{d1} + d_{d2}) = 0.7(125 + 375) \leqslant a_0 \leqslant 2(125 + 375)$<br>$350 \leqslant a_0 \leqslant 1\,000$<br>取 $a_0 = 500$ mm。<br>由式（4-12）得<br>$L_0 = 2a_0 + \dfrac{\pi}{2}(d_{d1} + d_{d2}) + \dfrac{(d_{d2} - d_{d1})^2}{4a_0}$<br>$= \left[2 \times 500 + \dfrac{\pi}{2}(125 + 375) + \dfrac{(375 - 125)^2}{4 \times 500}\right]$<br>$= 1\,816.25$（mm）<br>由表 4-2 选取基准长度 $L_d = 1\,800$ mm。<br>由式（4-13）得实际中心距 $a$ 为<br>$a \approx a_0 + \dfrac{L_d - L_0}{2} = 500 + \dfrac{1\,816.25 - 1\,800}{2} = 508.125$（mm）<br>取 $a = 510$ mm。<br>考虑安装调整和补偿预紧力的需要，中心距应有一定的调整范围。中心距的变化范围为<br>$a_{min} = a - 0.015 L_d = 510 - 0.015 \times 1\,800 = 483$（mm）<br>$a_{max} = a + 0.03 L_d = 510 + 0.03 \times 1\,800 = 564$（mm） | $L_d = 1\,800$ mm<br>$a = 510$ mm |
| 6. 验算小带轮包角 $\alpha_1$ | $\alpha_1 \approx 180° - \dfrac{d_{d2} - d_{d1}}{a} \times 57.3° = 180° - \dfrac{375 - 125}{510} \times 57.3° = 151.9°$<br>$\alpha_1 > 120°$，合适 | $\alpha_1 = 151.9°$<br>满足要求 |
| 7. 确定V带根数 $z$ | $z \geqslant \dfrac{P_d}{(P_1 + \Delta P_1) K_\alpha K_L}$<br>根据带型、小带轮转速和基准直径，查表 4-5 得 $P_1 = 1.64$ kW。<br>根据带型、小带轮转速和传动比，查表 4-8 得 $\Delta P_1 = 0.3$ kW。<br>根据小带轮包角，查表 4-6 得 $K_\alpha = 0.93$。<br>根据带的基准长度，查表 4-7 得 $K_L = 0.95$。<br>代入公式得 $z = 5.3$，取 $z = 6$ | $z = 6$ 根 |
| 8. 计算初拉力 $F_0$ | $F_0 = 500 \dfrac{P_d}{zv}\left(\dfrac{2.5}{K_\alpha} - 1\right) + qv^2 = 500 \times \dfrac{9.1}{5 \times 6.28}\left(\dfrac{2.5}{0.93} - 1\right) + 0.2 \times 6.28^2 = 211.48$（N）<br>由式（4-11）可得作用在轴上的压力为<br>$F_Q = 2zF_0 \sin\dfrac{\alpha_1}{2} = 2 \times 6 \times 211.48 \times \sin\dfrac{151.9°}{2} = 2\,461.84$（N） | $F_0 = 211.48$ N<br>$F_Q = 2\,461.84$ N |

续表

| 设计步骤 | 设计过程 | 计算结果 |
| --- | --- | --- |
| 9. 带轮的结构设计 | 按图4-6进行设计（设计过程及带轮工作图略） | |
| 10. 设计结果 | 选用6根 B—1800（GB/T 1171—2017）V 带，中心距 $a = 510$ mm，带轮直径 $d_{d1} = 125$ mm，$d_{d2} = 375$ mm，轴上压力 $F_Q = 2\,461.84$ N | |

### 4.1.5 带传动的张紧和维护

**1. 带传动的张紧**

带传动工作一段时间后会因产生塑性变形而松弛，使初拉力减小，传动能力下降。为了保证带传动的传动能力，应定期检查初拉力的数值，发现初拉力不足必须重新张紧。常见的张紧装置有以下几种。

（1）定期张紧装置。

一般通过调节螺钉（Adjusting Screw）来调整中心距（Center Distance），以达到重新张紧的目的。在水平或倾斜不大的传动中，可采用图4-12（a）的方法，将装有带轮的电动机安装在制有滑道的基板1上。调节带的预紧力时，松开基板上螺栓的螺母2，旋动调节螺钉3，将电动机向右推动到所需位置，然后拧紧螺母2。在垂直或接近垂直的传动中，可采用图4-12（b）的摆动式方法，将装有带轮的电动机安装在可调节的摆动架上。

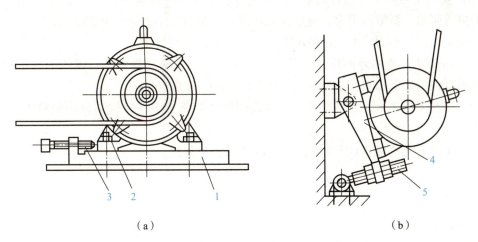

1—基板；2—螺母；3—调节螺钉；4—摆动架；5—调节螺杆

图4-12 带的定期张紧装置

（a）滑道式；（b）摆动式

（2）自动张紧装置。

将装有带轮的电动机安装在浮动的摆动架上，如图4-13所示，利用电动机的自重，使带轮随同电动机绕固定轴摆动，以自动保持张紧力。

(3) 张紧轮张紧装置。

当中心距不能调节时，采用张紧轮法，如图 4 – 14 所示。张紧轮一般应设置在松边内侧，并尽量靠近大带轮。这样可使带只受单向弯曲，且小带轮的包角不会过分减小。张紧轮的轮槽尺寸与带轮的相同，且直径应小于小带轮的直径。若张紧轮设置在外侧时，则应靠近小带轮，这样可以增加小带轮的包角。

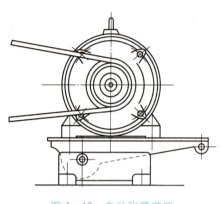

图 4 – 13　自动张紧装置

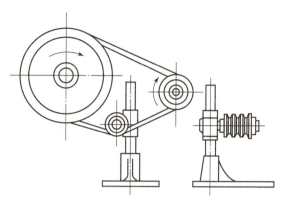

图 4 – 14　张紧轮张紧装置

### 2. 带传动的安装与维护

正确的安装与维护是保证带传动正常工作、延长带的使用寿命的有效措施，一般应注意以下几点。

(1) 安装时两轮轴线必须平行，两轮轮槽应对齐，否则将加剧带的磨损，甚至使带从带轮上脱落。

(2) 安装 V 带时，应通过调整中心距的方法来安装和张紧带，将 V 带套入轮槽后，按初拉力进行张紧。新带使用前，最好预先拉紧一段时间后再使用。同组使用的 V 带应型号相同、长度相同，不同厂家生产的 V 带或新旧带不能同时使用。

(3) 带传动装置的外面应加防护罩，以保证安全，防止带与酸、碱或油接触而腐蚀。带传动不宜在阳光下暴晒，以免变质，其工作温度不应超过 60 ℃。

(4) 带传动不需润滑，禁止往带上加润滑油或润滑脂，应及时清理带轮槽内及传动带上的油污。

(5) 如果带传动装置较长时间不用，应将传动带放松。

## 练一练

1. 判断题。

(1) 带传动是通过带与带轮之间的摩擦力来传递运动和动力的。　　　　　　　　(　　)

(2) 普通 V 带的截面形状是三角形，两侧面夹角为 40°。　　　　　　　　　　　　(　　)

(3) 在 Y、Z、A、B、C、D、E 7 种普通 V 带型号中，Y 型的截面积最大，E 型的截面积最小。　　　　　　　　　　　　　　　　　　　　　　　　　　　　　　　　　　(　　)

(4) 为了制造与测量的方便，普通 V 带以带的内周长作为基准长度。　　　　　　(　　)

(5) 普通 V 带的基准直径是指带轮上通过普通 V 带横截面中性层的直径。　　　(　　)

(6) 普通 V 带的传动能力比平带的传动能力强。（  ）
(7) 两带轮基准直径之差越大，则小带轮的包角 $\alpha_1$ 也越大。（  ）
(8) 普通 V 带轮的结构形式主要取决于带轮的材料。（  ）
(9) 当 V 带所传递的圆周力一定时，传递功率与带速成反比。（  ）
(10) 在普通 V 带传动中，若发现个别带不能使用，应立刻更换不能使用的 V 带。（  ）

2. 选择题。

(1) V 带的型号和_____，都压印在带的外表面，以供识别与选用。
A. 内周长度　　　　　　B. 基准长度　　　　　　C. 标准长度

(2) 安装时带的松紧要适度，通常以大拇指能按下_____左右为宜。
A. 5 mm　　　　　　　B. 15 mm　　　　　　　C. 30 mm

3. 简答题。

(1) 带传动为什么要张紧？常用张紧方法有哪几种？
(2) 小带轮的包角与哪些因素有关？
(3) 为什么普通 V 带的轮槽角必须略小于 40°？

4. 某电动机驱动旋转式水泵，水泵转速 $n_2 = 400$ r/min，电动机功率 $P = 10$ kW、转速 $n_1 = 1\,460$ r/min，试设计一 V 带传动，要求选择的中心距在 1 500 mm 左右。

5. 普通 V 带传动的安装和维护应注意哪些方面？

6. V 带传动中，如果发现有的已失效，为什么要成组更换 V 带？

## 4.2　链传动

### 4.2.1　概述

链传动（Chain Drive）是应用较广的一种机械传动，它是由装在两平行轴上的主动链轮（Driving Sprocket）1、从动链轮（Driven Sprocket）2 及绕在两轮上的环形链条（Ring Chain）3 所组成，如图 4–15 所示。

#### 1. 链传动的工作原理和类型

链传动是以链条（Chain）作为中间挠性件，通过链条（Chain）、链节（Chain Link）与链轮轮齿（Sprocket Teeth）的啮合来传递运动（Motion）和动力（Power）的，因此链传动是一种具有中间挠性件的啮合传动。

链条的种类很多，按用途不同可分为传动链、起重链和牵引链 3 种。传动链（Drive Chain）主要用于一般机械传动，应用较广；起重链（Hoist Chain）主要用于起重机械中提升重物；牵引链（Drag Chain）主要用于各种输送装置中输送和搬运物料。

传动链的主要类型有套筒滚子链（图 4–15）和齿形链（Toothed Chain）（图 4–16）。两者相比，齿形链工作平稳、噪声小、承受冲击载荷能力强，但结构复杂、质量较大、成本较高，只适用于高速或传动比大、精度要求高的场合。它有内导板式和外导板式两种，一般用内导板式。套筒滚子链（Sleeve Roller Chain）结构简单、质量较轻、成本较低，应用最为广泛。本章主要介绍套筒滚子链的结构、运动特点和设计计算。

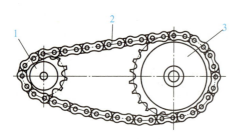

1—主动链轮；2—环形链条；3—从动链轮

图 4-15　链传动简图

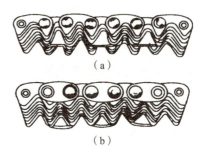

图 4-16　齿形链

(a) 内导板式；(b) 外导板式

**2. 链传动的特点和应用范围**

链传动与带传动相比的优点是：

(1) 没有弹性滑动和打滑现象，能保持准确的平均传动比。

(2) 张紧力小，轴与轴承所受载荷较小。

(3) 结构紧凑，传动可靠，传递圆周力大。

(4) 传动效率较高，封闭式链传动效率为 97% ~ 98%。

(5) 链条在机构中应用更广泛。

链传动与齿轮传动相比的优点是：

(1) 适用于两轴中心距较大的传动，并能吸收振动及缓和冲击。

(2) 结构简单，成本低廉，安装精度要求低。

(3) 能在高温、潮湿、多尘、油污等恶劣环境下工作。

链传动的缺点是：

(1) 链的瞬时速度和瞬时传动比不恒定，传动平稳性较差，工作时有冲击和噪声，不适用于高速场合。

(2) 不适用于载荷变化大和急速反转的场合。

(3) 链条铰链易磨损，从而产生跳齿脱链现象。

(4) 只能用于传递平行轴间的同向回转运动。

由于链传动结构简单，工作可靠，应用十分广泛，主要用于要求工作可靠，传动中心距较大、工作条件恶劣，但对传动平稳性要求不高的场合。目前，链传动所能传递的功率可达数千 kW，链速可达 30 ~ 40 m/s，最高可达 60 m/s。应用范围日趋扩大。

一般链传动的常用范围为：传递的功率 $P \leq 100$ kW；链速 $v \leq 15$ m/s；传动比 $i \leq 8$；中心距 $a \leq 5 ~ 6$ m。

### 4.2.2　滚子链和链轮

**1. 滚子链的结构**

滚子链的结构如图 4-17 所示，它由内链板 1、外链板 2、销轴 3、套筒 4、滚子 5 和弹簧夹 6 组成。其中，内链板与套筒、外链板与销轴分别采用过盈配合（Interference Fit）固定，形成内、外链节，销轴与套筒、套筒与滚子之间均采用间隙配合，组成两转动副，使相邻的内、外链节可以相对转动，使链条具有挠性。当链节与链轮轮齿啮合时，链条进入啮合与退出啮合使套筒绕销轴自由转动，同时滚子沿链轮齿廓滚动，减轻了链条与轮齿的磨损。为了减轻链条的质量并使链板各横截面强度接近相等，内、外链板均制成"∞"字形。链条的各零件均由碳钢或合金钢制成，并经热处理以提高其强度和耐磨性。

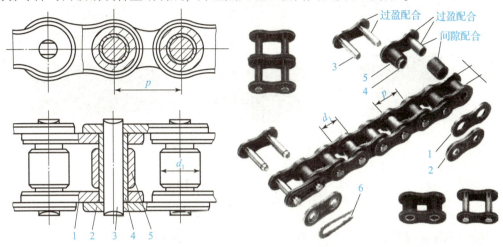

1—内链板；2—外链板；3—销轴；4—套筒；5—滚子；6—弹簧夹

图4-17 滚子链的结构

套筒滚子链上相邻两销轴中心间的距离称为链节距（Chain Pitch），用 $p$ 表示，它是链传动的主要参数。节距越大，链条各部分的尺寸越大，所能传递的功率也越大，但质量也大，冲击和振动也随之增加。为了减小链传动的结构尺寸及传动时的动载荷，当传递的功率较大及转速较高时，可采用小节距的双排滚子链（图4-18）或多排滚子链，多排滚子链的承载能力与排数成正比。但由于多排滚子链制造和安装精度的影响，其各排链受载不易均匀，故排数不宜过多，一般不超过4排。相邻两排链条中心线之间的距离称为排距（Row Spacing），用 $p_t$ 表示。

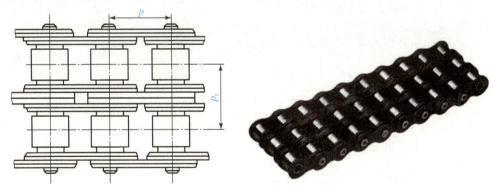

图4-18 双排滚子链

滚子链的长度以链节数（$p$ 的倍数）来表示。当链节数为偶数时，接头处可用开口销［图4-19（a）］或弹性锁片［图4-19（b）］来固定。通常前者用于大节距链，后者用于小节距链。当链节数为奇数时，接头处需采用过渡链节［图4-19（c）］，过渡链节在链条受拉时，其链板要承受附加弯矩的作用，从而使其强度降低，因此在设计时应尽量避免采用奇数链节。

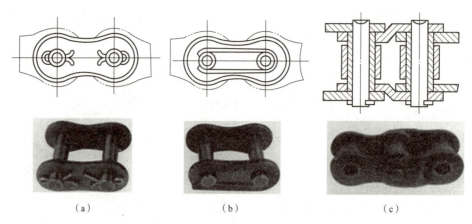

图 4-19 滚子链的接头形式

(a) 开口销；(b) 弹性锁片；(c) 过渡链节

### 2. 滚子链的标准

目前传动用短节距精密滚子链已经标准化（GB/T 1243—2006）。根据使用场合和抗拉载荷的不同，滚子链分为 A、B 两种系列。A 系列用于重载、高速和重要的传动，B 系列用于一般传动。表 4-12 列出了国标规定的滚子链的主要参数、尺寸和抗拉载荷。其中，链号乘以 25.4/16 mm 即为链节距 $p$ 值。国际上多数国家链节距用英制单位，我国链条标准中规定链节距用英制折算成米制单位，故节距 $p$ 值均带小数。这里仅介绍最常用的 A 系列滚子链传动的设计计算。

滚子链的标记方法规定为：链号—排数×链节数　标准编号，例如：16A—1×80　GB/T 1243—2006　表示 A 系列、节距 $p$ = 25.4 mm、单排、80 节的滚子链。

表 4-12　滚子链规格和主要参数（摘自 GB/T 1243—2006）

| 链号 | 节距<br>$p$/mm | 排距<br>$p_t$/mm | 滚子外径<br>$d_{1max}$/mm | 内节内宽<br>$b_{1min}$/mm | 销轴直径<br>$d_{2max}$/mm | 套筒孔径<br>$d_{3min}$/mm | 内链板高度<br>$h_{2max}$/mm | 外链板或中链板高度<br>$h_{3max}$/mm | 极限拉伸载荷 $Q_{min}$/kN | | | 每米质量（单排）<br>$\approx q$/<br>(kg·m$^{-1}$) |
|---|---|---|---|---|---|---|---|---|---|---|---|---|
| | | | | | | | | | 单排 | 双排 | 三排 | |
| 05B | 8.00 | 5.64 | 5.00 | 3.00 | 2.31 | 2.36 | 7.11 | 7.11 | 4.4 | 7.8 | 11.1 | 0.18 |
| 06B | 9.525 | 10.24 | 6.35 | 5.72 | 3.28 | 3.33 | 8.26 | 8.26 | 8.9 | 16.9 | 24.9 | 0.40 |
| 08A | 12.700 | 14.38 | 7.92 | 7.85 | 3.98 | 4.00 | 12.07 | 10.41 | 13.8 | 27.6 | 41.4 | 0.60 |
| 08B | 12.700 | 13.92 | 8.51 | 7.75 | 4.45 | 4.50 | 11.81 | 10.92 | 17.8 | 31.1 | 44.5 | 0.70 |
| 10A | 15.875 | 18.11 | 10.16 | 9.40 | 5.09 | 5.12 | 15.09 | 13.03 | 21.8 | 43.6 | 65.4 | 1.00 |
| 12A | 19.050 | 22.78 | 11.91 | 12.57 | 5.96 | 5.98 | 18.08 | 15.62 | 31.1 | 62.3 | 93.4 | 1.50 |
| 16A | 25.400 | 29.29 | 15.88 | 15.75 | 7.94 | 7.96 | 24.13 | 20.83 | 55.6 | 111.2 | 166.8 | 2.60 |
| 20A | 31.750 | 35.76 | 19.05 | 18.90 | 9.54 | 9.56 | 30.18 | 26.04 | 86.7 | 173.5 | 260.2 | 3.80 |
| 24A | 38.100 | 45.44 | 22.23 | 25.22 | 11.11 | 11.14 | 36.20 | 31.24 | 124.6 | 249.1 | 373.7 | 5.60 |
| 28A | 44.450 | 48.87 | 25.40 | 25.22 | 12.71 | 12.74 | 42.24 | 36.45 | 169.0 | 338.1 | 507.1 | 7.50 |
| 32A | 50.800 | 58.55 | 28.58 | 31.55 | 14.29 | 14.31 | 48.26 | 4.66 | 222.4 | 444.8 | 667.2 | 10.10 |

注：使用过渡链节时，其抗拉载荷按表列数值的 80% 计算。

### 3. 链轮的齿形、结构和材料

链轮齿形已经标准化。设计时主要是确定其结构尺寸，合理地选择材料及热处理方法。

(1) 链轮的基本参数及主要尺寸。

链轮的基本参数是配用链节距 $p$、滚子外径 $d_1$、齿数 $z$ 及排距 $p_t$。链轮的主要尺寸及计算公式见表 4-13。

表 4-13 链轮的主要尺寸及计算公式（摘自 GB/T 1243—2006）    mm

| 名称 | 代号 | 计算公式 | 备注 |
|---|---|---|---|
| 分度圆直径 | $d$ | $d = p/\sin\dfrac{180°}{z}$ | |
| 齿顶圆直径 | $d_a$ | $d_{a\max} = d + 1.25p - d_1$<br>$d_{a\min} = d + \left(1 - \dfrac{1.6}{z}\right)p - d_1$ | 可在 $d_{a\max}$、$d_{a\min}$ 范围内任意选取，但选用 $d_{a\max}$ 时应考虑如果采用展成法加工，有可能发生顶切 |
| 分度圆弦齿高 | $h_a$ | $h_{a\max} = \left(0.625 + \dfrac{0.8}{z}\right)p - 0.5d_1$<br>$h_{a\min} = 0.5(p - d_1)$ | $h_a$ 是为简化放大齿形图的绘制而引入的辅助尺寸（见表 4-14 图）<br>$h_{a\max}$ 相应于 $d_{a\max}$<br>$h_{a\min}$ 相应于 $d_{a\min}$ |
| 齿根圆直径 | $d_f$ | $d_f = d - d_1$ | |
| 齿侧凸缘（或排间槽）直径 | $d_g$ | $d_g \leq p\cot\dfrac{180°}{z} - 1.04h_2 - 0.76$ | $h_2$——内链板高度（见表 4-12） |
| 链轮孔径 | $d_k$ | — | 根据轴尺寸确定 |

(2) 链轮的齿形。

链轮齿形应保证链条能顺利地进入啮合和退出啮合，不易脱链且便于加工。GB/T 1243—2006 规定了滚子链链轮的端面齿形，见表 4-13 图。链轮的实际端面齿形应在最大齿槽形状和最小齿槽形状之间，这样的处理使链轮齿槽形状设计有一定的灵活性，其齿廓由两段光滑的圆弧组成。齿槽形状、各部分尺寸及计算公式见表 4-14。链轮轴向齿廓尺寸见表 4-15。按标准齿形设计的链轮，可用标准刀具加工，其端面齿形在链轮零件图上可不画出，只需注明链轮的基本参数和主要尺寸。

表 4–14 链轮齿槽的形状和尺寸（摘自 GB/T 1243—2006）

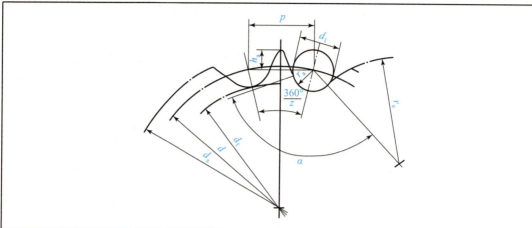

| 名称 | 代号 | 计算公式 | |
|---|---|---|---|
| | | 最大齿槽形状 | 最小齿槽形状 |
| 齿面圆弧半径/mm | $r_e$ | $r_{emin}=0.08d_1(z^2+180)$ | $r_{emax}=0.12d_1(z+2)$ |
| 齿沟圆弧半径/mm | $r_a$ | $r_{amax}=0.505d_1+0.69\sqrt[3]{d_1}$ | $r_{amin}=0.505d_1$ |
| 齿沟角/(°) | $\alpha$ | $\alpha_{min}=120°-\dfrac{90°}{z}$ | $\alpha_{max}=140°-\dfrac{90°}{z}$ |

注：链轮的实际齿槽形状，应在最大齿槽形状和最小齿槽形状的范围内。

表 4–15 链轮轴向齿廓尺寸（摘自 GB/T 1243—2006）

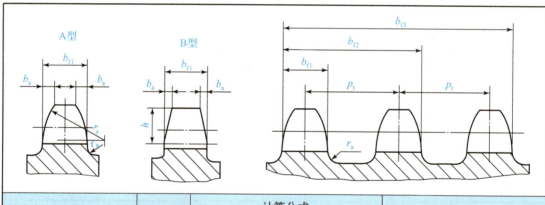

| 名称 | | 代号 | 计算公式 | | 备注 |
|---|---|---|---|---|---|
| | | | $p\leqslant 12.7$ | $p>12.7$ | |
| 齿宽 | 单排 | $b_{f1}$ | $0.93b_1$ | $0.95b_1$ | $p>12.7$ 时，经制造厂家同意也可以使用 $p\leqslant 12.7$ 时的齿宽。$b_1$——内节内宽（见表 4–12） |
| | 双排、三排 | | $0.91b_1$ | $0.93b_1$ | |
| | 四排以上 | | $0.88b_1$ | | |

续表

| 名称 | 代号 | 计算公式 | | 备注 |
|---|---|---|---|---|
| | | $p \leqslant 12.7$ | $p > 12.7$ | |
| 齿侧半径 | $r_x$ | $r_x \geqslant p$ | | |
| 齿侧倒角 | $b_a$ | 链号为 081、083、084 及 085 时，$b_{a公称} = 0.06p$，其他链号时，$b_{a公称} = 0.13p$ | | |
| 齿侧凸缘（或排间槽）圆角半径 | $r_a$ | $r_a \approx 0.04p$ | | |
| 链轮齿总宽 | $b_{fn}$ | $b_{fn} = (n-1)p_t + b_{f1}$ | | $n$——排数 |

注：齿宽 $b_{f1}$ 的偏差为 h/4。

(3) 链轮的结构。

链轮的结构如图 4-20 所示。小直径的链轮可采用整体式结构，如图 4-18（a）所示；中等尺寸的链轮可采用孔板式结构，如图 4-20（b）所示；大直径的链轮（$d > 200$ mm）常采用组合结构，以便更换齿圈，组合方式可为焊接 [图 4-20（c）]，也可为螺栓连接 [图 4-20（d）]。轮毂部分尺寸可参照带轮确定。

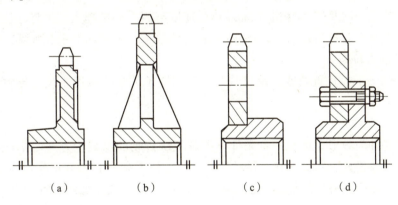

图 4-20 链轮的结构

(a) 整体式结构；(b) 孔板式结构；(c) 组合焊接结构；(d) 组合螺栓连接结构

(4) 链轮的材料。

链轮的材料应保证轮齿具有足够的强度和耐磨性。在低速、轻载和平稳的传动中，链轮材料可采用中碳钢（Medium Carbon Steel）；中速、中载传动，也可用中碳钢，但需齿面淬火使其硬度大于 40 HRC；在高速重载且连续工作的传动中，最好采用低碳钢齿面渗碳淬火（如采用 15Cr、20Cr 材料，淬火硬度至 50~60 HRC），或用中碳钢齿面淬火，淬硬至 40~45 HRC。

由于小链轮齿数少，啮合次数多，磨损、冲击比大链轮严重，小链轮材料及热处理要比大链轮的要求高。

### 4.2.3 滚子链传动的设计计算

**1. 链传动的失效形式**

链传动的失效形式主要有以下几种。

（1）链条的疲劳破坏。

链条在工作时，不断地由松边到紧边做环形绕转，因此链条在交变力状态下工作。当应力循环次数达到一定时，链条中某一零件将产生疲劳破坏而失效（Failure）。通常润滑良好、工作速度较低时，链板首先发生疲劳断裂；高速时，套筒或滚子表面将会出现疲劳点蚀或疲劳裂纹。此时，疲劳强度（Fatigue Strength）是限定链传动承载能力的主要因素。

（2）链条铰链的磨损（Abrasion）。

链条在工作时，销轴和套筒不仅承受较大的压力，而且又有相对运动，因而将引起铰链的磨损。磨损后使链节距增大，动载荷增加，链与链轮的啮合点将外移，最终将导致跳齿或脱链。润滑密封不良时，磨损严重，使链条寿命急剧降低。磨损是开式链传动的主要失效形式。

（3）销轴与套筒的胶合（Gluing）。

润滑不良或速度过高的链传动，链节啮合时会受到很大的冲击，使销轴与套筒之间的润滑油膜遭到破坏，两者的金属表面直接接触，由摩擦产生的热量增加，进而导致两者的工作表面发生胶合。胶合在一定程度上限制了链传动的极限速度。

（4）滚子与套筒的冲击疲劳破坏。

链条与链轮啮合时将产生冲击（Impact），速度越高，冲击越大。另外，反复启动、制动或反转时，也将引起冲击载荷（Impact Load），使滚子、套筒发生冲击断裂。

（5）链条静力拉断。

低速（$v < 0.6$ m/s）重载或严重过载时，常因链条的静力强度不足而导致链条的过载拉断。

**2. 额定功率曲线**

链传动的各种失效形式都在一定条件下限制了链传动的承载能力（Carrying Capacity）。在一定条件下（小链轮齿数 $z_1 = 19$、传动比 $i = 3$、工作寿命为 15 000 h 等），对链传动分别进行大量试验，测得各种失效形式限定的功率与转速之间的关系曲线，称为极限功率曲线，如图 4 – 21 所示。

图 4 – 21 中，曲线 1 为正常润滑条件下，由磨损限定的极限功率曲线；曲线 2 为链条疲劳强度限定的极限功率曲线；曲线 3 为套筒和滚子冲击疲劳强度限定的极限功率曲线；曲线 4 是销轴与套筒胶合限定的极限功率曲线。封闭区域 OABC 是链条在各种条件下容许传递的极限功率曲线，又称帐篷曲线。为了保证链传动可靠地工作，取修正曲线 5 作为额定功率曲线。考虑到安全裕度，将图中阴影部分作为实际使用区域。虚线 6 为润滑条件恶劣时，磨损限定的极限功

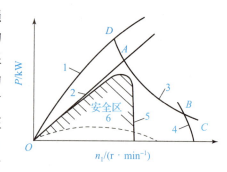

图 4 – 21 滚子链的极限功率曲线

率曲线，此时极限功率很低，链传动潜在功率未发挥，应予以避免。

图 4-22 为 A 系列滚子链的额定功率曲线，它表明了链传动所能传递的额定功率 $P_0$、小链轮转速 $n_1$ 和链号三者之间的关系，是计算滚子链传动能力的依据，图中各曲线是在 $z_1 = 19$、$i = 3$、$X = 120$、单排滚子链、水平布置、载荷平稳、按推荐的润滑方式、满负荷连续运转 15 000 h、链节因磨损而引起的相对伸长量不超过 3% 的试验条件下绘制的。若润滑不良或不能采用推荐的润滑方式时，应将图中规定的 $P_0$ 降至下列数值：当 $v < 1.5$ m/s 时，降至 $(0.3 \sim 0.6) P_0$；当 $1.5$ m/s $< v < 7$ m/s 时，降至 $(0.15 \sim 0.3) P_0$；当 $v > 7$ m/s 时，润滑不良时，则传动不可靠，不宜采用。

若实际使用条件与上述特定试验条件不符时，则用修正系数加以修正。

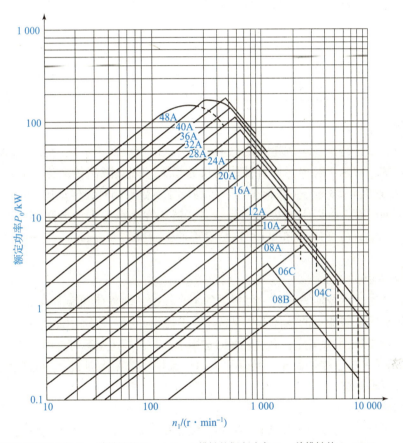

注：1. 双排链的额定功率 $P_0$ = 单排链的 $P_0 \times 1.7$；三排链的额定功率 $P_0$ = 单排链的 $P_0 \times 2.5$。
2. 本图的制定条件为：安装在水平平行轴上的两链轮传动；工作环境温度最低为 $-5$ ℃，最高为 70 ℃；链条正确对中，链条调节保持正确，平稳运转，无过载、冲击或频繁启动。

图 4-22　A 系列滚子链（单排）的额定功率曲线

### 3. 设计计算准则

设计的已知条件：传动用途、工作情况、原动机种类、传递功率、链轮转速，以及结构尺寸的要求等。设计的内容包括确定链轮齿数、链节距、链条排数、链节数、传动中心距、材料、结构尺寸、作用在轴上的压力及选择润滑方式等。

按链传动的速度一般可分为：低速链传动，$v < 0.6$ m/s；中速链传动，$v = 0.6 \sim 8$ m/s；

高速链传动，$v > 8$ m/s。低速链传动通常按静强度设计；中、高速链传动则按功率曲线设计。

**4. 链传动的主要参数的选择**

（1）链轮齿数。

链轮齿数不宜过少或过多。当齿数 $z_1$ 过少时，虽然可减小外廓尺寸，但将使传动的不均匀性和动载荷增大，链的工作拉力（Working Pull）也随着增大，从而加速了链条磨损（Chain Wear）。一般最少齿数为 $z_1 = 17$，高速重载时取 $z_1 \geq 21$。

通常由表 4-16 按传动比 $i$ 选取小链轮齿数 $z_1$，则大链轮齿数为 $z_2 = iz_1$。链轮齿数应优先选用：17、19、21、23、25、38、57、76、95、114。由于链节数常为偶数，为使链条和链轮轮齿均匀磨损，链轮齿数一般应取与链节数互为质数的奇数。

表 4-16 小链轮齿数 $z_1$

| $i$ | 1~2 | 3~4 | 5~6 | >6 |
|---|---|---|---|---|
| $z_1$ | 31~27 | 25~23 | 21~17 | 17 |

（2）传动比 $i$。

传动比过大时，链条在小链轮上的包角减小，同时啮合的齿数减少，使链条和轮齿受到的单位压力增加，加速了磨损，而且使传动尺寸增大。一般限制传动比 $i \leq 7$，推荐 $i = 2 \sim 3.5$。但当传动速度 $v < 3$ m/s、载荷平稳、传动尺寸不受限制时，传动比 $i$ 可达 10。

为了保证同时有 3 个以上的齿与链条啮合，链条在小链轮上的包角不应小于 120°。为了控制链传动的动载荷（Dynamic Load）与噪声冲击（Noise Impact），链速一般限制为 $v \leq 12 \sim 15$ m/s。

（3）链条节距 $p$。

链条节距越大，承载能力越高，但传动的不平稳性、动载荷和噪声也就越大。因此设计时，在保证足够的承载能力的条件下尽量选用小节距链。其一般选用原则是：

1）低速重载时选用大节距；高速轻载时选用小节距；高速重载时选用小节距多排链。

2）从经济性考虑，中心距小，传动比大时，选用小节距多排链；中心距大，传动比小时，选用大节距单排链。

（4）中心距 $a$。

当链速一定时，中心距减小，链条绕转次数增多，加速了链的磨损与疲劳；同时小链轮上的包角小，使链和链轮同时啮合的齿数减少，单个链齿受载增大，加剧了磨损，而且易跳齿和脱链。中心距大时，链节数增多，弹性好、吸振能力强，使用寿命长。但当中心距太大时，会引起从动边垂度过大，造成从动边上下振动加剧，使传动不平稳。因此，对中心距的范围需加以限制，一般取 $a = (30 \sim 50)p$，设计时可初选 $a = 40p$，最大取 $a_{max} = 80p$，当有张紧轮装置或有托板时可取 $a > 80p$。最小中心距为

$i \leq 3$ 时，$a_{min} = 1.2(d_{a1} + d_{a2})/2 + (20 \sim 30)$ mm

$i > 3$ 时，$a_{min} = \dfrac{9+i}{10} \dfrac{d_{a1} + d_{a2}}{2}$

式中　$d_{a1}$，$d_{a2}$——主、从动链轮顶圆直径，mm。

#### 5. 链传动的设计计算方法

(1) 中高速链传动的设计步骤。

1) 确定链轮齿数 $z_1$、$z_2$。

根据表 4-16 确定小链轮齿数 $z_1$，由 $z_2 = iz_1$ 算出大链轮齿数。

2) 确定链条节距 $p$ 和排数。

选用链条节距 $p$ 的根据是额定功率曲线图（图 4-22）。由于链传动的实际工作条件与试验情况一般不同，因此应按实际工作条件对所要传递功率 $P$ 进行修正，修正后的传递功率即为设计功率：

$$P_C = P_0 f_1 f_2 \tag{4-18}$$

式中  $P_0$——链传动所需传递的额定功率，kW；

$f_1$——应用系数，见表 4-17；

$f_2$——小链轮齿数系数，考虑 $z_1 \neq 19$ 时的修正系数，如图 4-23 所示。

链传动设计计算中，其承载能力应满足的条件为：$P_C \leq P_0$（链传动的额定功率）。

根据 $P_C$ 和 $n_1$ 由图 4-22 选择链号，从而确定链条节距 $p$。注意：坐标点（$n_1$，$P_C$）应落在所选链条功率曲线顶点的左侧范围内，这样链条工作能力最高。若坐标点落在顶点右侧，则可改选小节距的多排链，使坐标点落在较小节距链的功率曲线顶点左侧。

表 4-17 应用系数 $f_1$（摘自 GB/T 18150—2006）

| 载荷种类 | 从动机械 | 主动机械 | | |
|---|---|---|---|---|
| | | 电动机、汽轮机、燃气轮机、带液力变矩器的内燃机 | 带机械联轴器的内燃机（≥6 缸）频繁启动的电动机（>2 次/日） | 带机械联轴器的内燃机（<6 缸） |
| 平稳转动 | 液体搅拌机和混料机、风机、离心式泵和压缩机，均匀加料输送机、印刷机、自动扶梯、均匀载荷的一般机械 | 1.0 | 1.1 | 1.3 |
| 中等振动 | 多缸泵和压缩机（≥3 缸）、混凝土搅拌机、载荷非恒定的输送机、固体搅拌机和混料机 | 1.4 | 1.5 | 1.7 |
| 严重振动 | 刨煤机、电铲、轧机、橡胶加工机械、压力机、挖掘机、冲床、石油钻机、振动机 | 1.8 | 1.9 | 2.1 |

3) 校核链条速度 $v$。

由式（4-19）计算链条速度：

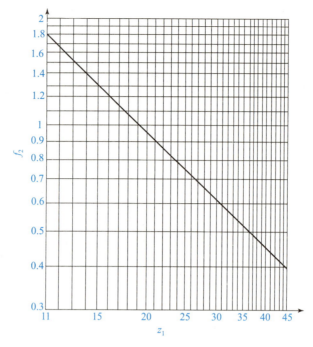

图 4-23 小链轮齿数系数与齿数的关系

$$v_1 = \frac{z_1 p n_1}{60 \times 1\,000} = \frac{z_2 p n_2}{60 \times 1\,000} \tag{4-19}$$

一般不超过 15 m/s。

4) 初选中心距 $a_0$ 及确定链长节数 $X$。

一般初选中心距 $a_0 = (30 \sim 50)p$,推荐取 $a_0 = 40p$,若对安装空间有限制,则应根据具体要求选取。根据初选的中心距 $a_0$,可按式(4-20)计算链长节数:

$$X = \frac{2a_0}{p} + \frac{z_1 + z_2}{2} + \left(\frac{z_2 - z_1}{2\pi}\right)^2 \frac{p}{a_0} \tag{4-20}$$

计算所得的 $X$ 应圆整为偶数,为了避免使用过渡链节,否则其极限拉伸载荷为正常值的 80%。

5) 确定链传动的实际中心距 $a$。

选定链长节数 $X$ 之后,可按下列情况计算实际中心距 $a$,即

① 两链轮齿数相同($z_1 = z_2 = z$)时:

$$a = \frac{X - z}{2} p \tag{4-21}$$

② 两链轮齿数不同时:

$$a = p(2X - z_2 - z_1)f_4 \tag{4-22}$$

式中 $f_4$——由链轮齿数差决定的中心距计算系数,见表 4-18。

为了便于安装链条和调节链的张紧程度,中心距一般应设计成可调节的,实际安装中心距 $a'$ 应比计算值小 0.2% ~ 0.4%。若中心距不可调节时,为了保证链条适当的初垂度,实际安装中心距应比计算中心距 $a$ 小 2 ~ 5 mm。

**表 4-18 由链轮齿数差决定的中心距计算系数 $f_4$**

| $\dfrac{X-z_1}{z_2-z_1}$ | $f_4$ | $\dfrac{X-z_1}{z_2-z_1}$ | $f_4$ | $\dfrac{X-z_1}{z_2-z_1}$ | $f_4$ |
|---|---|---|---|---|---|
| 13 | 0.249 91 | 3.8 | 0.248 83 | 2.0 | 0.244 21 |
| 12 | 0.249 90 | 3.6 | 0.248 68 | 2.00 | 0.244 21 |
| 11 | 0.249 88 | 3.4 | 0.248 49 | 1.95 | 0.243 80 |
| 10 | 0.249 86 | 3.2 | 0.248 25 | 1.90 | 0.243 33 |
| 9 | 0.249 83 | 3.0 | 0.247 95 | 1.85 | 0.242 81 |
| 8 | 0.249 78 | 2.9 | 0.247 78 | 1.80 | 0.242 22 |
| 7 | 0.249 70 | 2.8 | 0.247 58 | 1.75 | 0.241 56 |
| 6 | 0.249 58 | 2.7 | 0.247 35 | 1.70 | 0.240 81 |
| 5 | 0.249 37 | 2.6 | 0.247 08 | 1.68 | 0.240 48 |
| 4.8 | 0.249 31 | 2.5 | 0.246 78 | 1.66 | 0.240 13 |
| 4.6 | 0.249 25 | 2.4 | 0.246 43 | 1.65 | 0.239 77 |
| 4.4 | 0.249 17 | 2.3 | 0.246 02 | 1.62 | 0.239 38 |
| 4.2 | 0.249 07 | 2.2 | 0.245 52 | 1.60 | 0.238 97 |
| 4.0 | 0.248 96 | 2.1 | 0.244 93 | 1.58 | 0.238 54 |
| 1.56 | 0.238 07 | 1.32 | 0.229 12 | 1.16 | 0.215 26 |
| 1.54 | 0.237 58 | 1.31 | 0.228 54 | 1.15 | 0.213 90 |
| 1.52 | 0.237 05 | 1.30 | 0.227 93 | 1.14 | 0.212 45 |
| 1.50 | 0.236 48 | 1.29 | 0.227 29 | 1.13 | 0.210 90 |
| 1.48 | 0.235 88 | 1.28 | 0.226 62 | 1.12 | 0.209 23 |
| 1.46 | 0.235 24 | 1.27 | 0.225 93 | 1.11 | 0.207 44 |
| 1.44 | 0.234 55 | 1.26 | 0.225 20 | 1.10 | 0.205 49 |
| 1.42 | 0.233 81 | 1.25 | 0.224 43 | 1.09 | 0.203 36 |
| 1.40 | 0.233 01 | 1.24 | 0.223 61 | 1.08 | 0.201 04 |
| 1.39 | 0.232 59 | 1.23 | 0.222 75 | 1.07 | 0.198 48 |

6)计算作用在链轮轴上的压力 $F_Q$。

链传动的有效圆周力 $F_e$(单位为 N)为

$$F_e = 1\,000P/v \tag{4-23}$$

式中　$P$——链传动的传递功率，kW；

　　　$\bar{v}$——平均链条速度，m/s。

链条作用在链轮轴上的压力 $F_Q$ 可近似取为

$$F_Q \approx (1.2 \sim 1.3)F_e = 1\,000 \times (1.2 \sim 1.3)P/\bar{v} \tag{4-24}$$

当有冲击和振动时应取最大值。

（2）低速链传动的静强度计算。

对于低速链传动（$v < 0.6$ m/s），其主要失效形式是链条受静力拉断，故应进行静强度校核。静强度安全系数应满足式（4-24）的要求：

$$S = \frac{Q}{K_A F_1} \geq 4 \tag{4-25}$$

式中　$S$——链的抗拉静力强度的计算安全系数；

　　　$Q$——链的抗拉载荷，N，见表4-12；

　　　$K_A$——工作情况系数，查表4-9可得；

　　　$F_1$——链的紧边工作拉力，N，可近似用有效圆周力 $F_e$ 代替。

当链条速度略小于 0.6 m/s 时，对于润滑不良、从动件惯性较大，又用于重要场合的链传动，建议安全系数取较大值。

### 4.2.4　链传动的布置、张紧和润滑

**1. 链传动的布置**

链传动的布置是否合理，对传动的工作能力和使用寿命都有较大影响。合理布置方案是：链传动的两轴应平行，两链轮应位于同一个平面内，采用水平或接近水平的布置，并使松边在下，以防止松边下垂量过大，使链条与链轮轮齿发生干涉或松边与紧边相碰。表4-19列出了不同条件下链传动的布置简图。

表 4-19　链传动的布置简图

| 传动参数 | 正确布置 | 不正确布置 | 说明 |
|---|---|---|---|
| $i > 2$<br>$a = (30 \sim 50)p$ | | | 两轮轴线在同一水平面，紧边在上或在下都可以，但在上较好 |
| $i > 2$<br>$a < 30p$ | | | 两轮轴线不在同一水平面，松边应在下面，否则松边下垂量增大后，链条易与链轮卡死 |

续表

| 传动参数 | 正确布置 | 不正确布置 | 说明 |
|---|---|---|---|
| $i<2$<br>$a>60p$ | 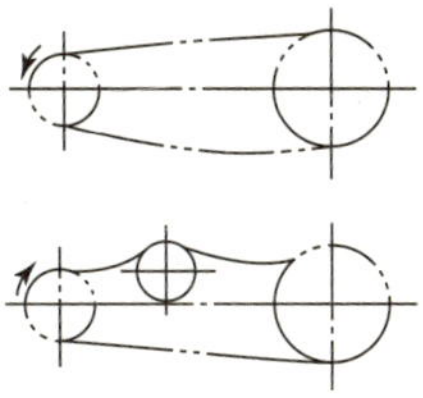 | 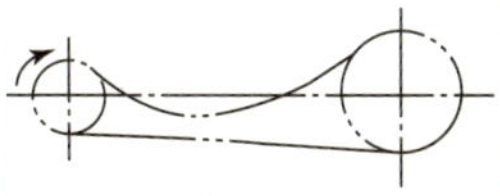 | 两轮轴线在同一水平面,松边应在下面,否则下垂量增大后,松边会与紧边相碰,需经常调整中心距 |
| $i$、$a$ 为任意值 | 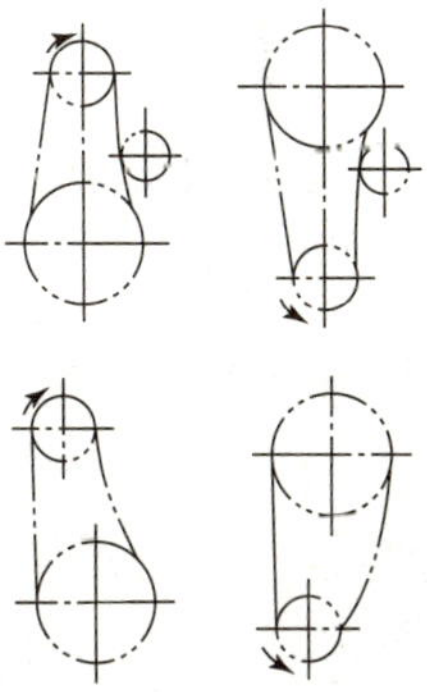 | 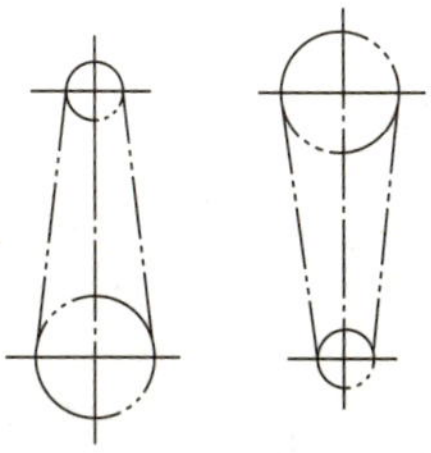 | 两轮轴线在同一铅垂面内,下垂量增大,会减少下链轮的有效啮合齿数,降低传动能力。为此应采用<br>(1) 中心距可调。<br>(2) 设张紧装置。<br>(3) 上、下两轮偏置,使两轮的轴线不在同一铅垂面内 |

## 2. 链传动的张紧

链传动张紧的目的,是避免链条垂度过大时产生啮合不良或振动过大现象。但若过分张紧又会加速链条的磨损(Wear)和疲劳(Fatigue),降低使用寿命。一般用下垂量来控制张紧程度,下垂量 $f$ 应介于最小下垂量 $f_{min}$ 和允许的最大下垂量 $f_{max}$ 之间。一般取:

$$f_{min} = (0.015 \sim 0.02)a \qquad (a\text{——中心距})$$

$$f_{max} = 2f_{min} \qquad \text{对 A 级链}$$

$$f_{max} = 3f_{min} \qquad \text{对 B 级链}$$

张紧的方法有:

(1) 对中心距可调的链传动,可通过调整中心距来控制张紧程度。

(2) 对中心距不可调的链传动,可通过去掉 1~2 个链节的方法重新张紧。

(3) 对中心距不可调的链传动,还可采用张紧轮张紧。

张紧轮为链轮或带挡边的圆柱辊轮,其直径可与小链轮分度圆直径 $d_1$ 相似或取为 $(0.6 \sim 0.7)d_1$,宽度应比链宽 5 mm 左右。一般压紧在松边靠近小链轮四倍节距处,如图 4-24 (a)、(b)、(d) 所示。

(4) 加支撑链轮或用托板、压板张紧,适用于中心距 $a_0 > (30 \sim 50)p$ 的链传动,如图 4-24 (c)、(e) 所示。

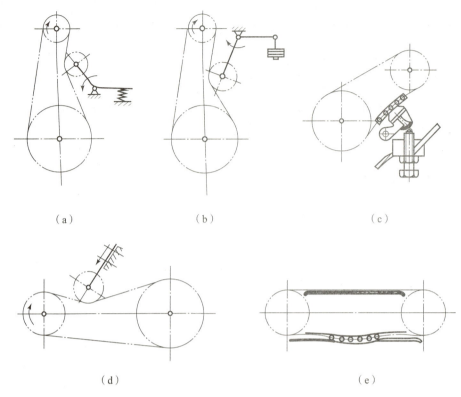

图 4-24 链传动的张紧装置

(a)(b)(c) 张紧轮张紧；(d) 压极张紧；(e) 托板张紧

### 3. 链传动的安装及润滑

两链轮安装的共面误差推荐为 $\delta/a = 0.002 \sim 0.000\,5$。

链传动常用的润滑方式（Lubrication Mode）有 4 种。

（1）用油刷或油壶人工定期润滑（Artificial lubrication）。

（2）用油杯通过油管向松边内外链板间隙处滴油润滑（Drip lubrication）。

（3）油浴润滑或用甩油盘将油甩起进行飞溅润滑（Splash Lubrication）。

（4）用油泵经油管对链条连续供油进行压力喷油润滑（Injection Lubrication）。

推荐的具体润滑方式根据链条速度 $v$ 和链条节距 $p$ 由图 4-25 选定。良好的润滑有利于减少摩擦和磨损，延长链的使用寿命。链传动常用的润滑油（Lubricating Oil）有 L—AN32、L—AN46 和 L—AN68 全损耗系统用油，当温度低时取黏度低者。对于开式传动或低速传动，可在油中加入 $MoS_2$、$WS_2$ 等添加剂，以提高润滑效果。润滑油应加于松边，使其便于渗入各运动接触面。

开式传动和不易润滑的链传动，可定期拆下用煤油清洗。干燥后，浸入 70~80 ℃ 润滑油中（销轴要垂直放在油中），待铰链间隙充满油后安装使用。

通常用防护罩或链条箱封闭，既可以防尘又能减小噪声，并起到安全防护作用。

【例 4-2】 设计一滚子链传动。已知：小链轮轴功率 $P = 4.3$ kW，小链轮转速 $n_1 = 265$ r/min，传动比 $i = 2.5$，工作载荷平稳，小链轮悬臂装于轴上，轴径为 50 mm，链传动中心距可调，两轮中心连线与水平面夹角约为 30°。

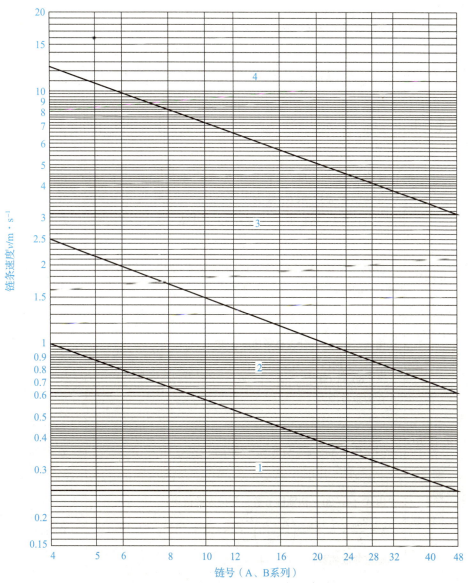

范围1—用油壶或用刷定期人工润滑；范围2—滴油润滑；
范围3—油池润滑或油盘飞溅润滑；范围4—油泵压力喷油润滑

图4-25 推荐的润滑方式

**解** 由已知先设计链传动的基本参数，再设计链轮，设计计算列于表4-20。

表4-20 滚子链传动设计计算的求解步骤

| 步骤 | 内容 | 结果 |
| --- | --- | --- |
| 1. 链传动设计计算<br>（1）确定链轮齿数 $z_1$、$z_2$ | 由已知传动比 $i=2.5$，查表4-16，取 $z_1=25$，$z_2=iz_1=2.5\times25=62.5$ | 圆整取 $z_1=25$，$z_2=62$ |

续表

| 步骤 | 内容 | 结果 |
|---|---|---|
| （2）实际传动比 | $i' = z_2/z_1 = 62/25 = 2.48$ | $i' = 2.48$ |
| （3）链轮转速的确定 | 已知：$n_1 = 265$ r/min，则 $n_2 = n_1/i' = 265/2.48 = 107$ r/min。 | $n_2 = 107$ r/min |
| （4）计算功率 $P_C$ | ①查表 4-17，取 $f_1 = 1$。<br>②查图 4-23，取 $f_2 = 0.74$。<br>③由式（4-18）得 $P_C = Pf_1 f_2 = 3.18$ kW | $f_1 = 1$<br>$f_2 = 0.74$<br>$P_C = 3.18$ kW |
| （5）选择链条 | 由 $P_C = 3.18$ kW，$n_1 = 265$ r/min 查图 4-22，选得链号为 12A，节距 $p = 19.05$ mm，单排链 | 链号为 12 A<br>节距 $p = 19.05$ mm<br>单排链 |
| （6）验算链条速度 | 由式（4-19）计算链条速度，得<br>$v_1 = \dfrac{z_1 p n_1}{60 \times 1\,000} = \dfrac{25 \times 265 \times 19.05}{60 \times 1\,000} = 2.1$ m/s $< 15$ m/s<br>在限定范围内 | $v_1 = 2.1$ m/s |
| （7）初选中心距 | 因结构上无限定，初选 $a_0 = 35p$ | $a_0 = 35p$ |
| （8）确定链节数 $X$ | 由式（4-20）初算链节数，并代入数值得：<br>$X = \dfrac{2a_0}{p} + \dfrac{z_1 + z_2}{2} + \left(\dfrac{z_2 - z_1}{2\pi}\right)^2 \dfrac{p}{a_0} = 114.9$<br>圆整并取偶数得：$X = 114$ | $X = 114$ |
| （9）计算理论中心距 $a$ | 因，$\dfrac{X - z_1}{z_2 - z_1} = \dfrac{114 - 25}{62 - 25} = 2.41$ 用插值法求得 $f_4 = 0.246\,47$，则由式（4-22）得<br>$a = p(2X - z_2 - z_1) f_4$<br>代入数值得：$a = 662.03$ mm | $a = 662.03$ mm |
| （10）计算实际中心距 $a'$ | $a' = a - \Delta a$，$\Delta a = (0.002 \sim 0.004)a$，取 $\Delta a = 0.004a$，则<br>$a' = a - \Delta a = 662.03 - 0.004 \times 662.03 = 659.38$（mm） | $a' = 659.38$ mm |
| （11）计算作用在轴上的力 $F_Q$ | 由式（4-24）计算如下：<br>$F_Q \approx 1\,000(1.2 \sim 1.3)P/v = 1\,000(1.2 \sim 1.3) \times 4.3/2.1 = 2\,457 \sim 2\,662$（N） | $F_Q = 2\,457 \sim 2\,662$ N |

续表

| 步骤 | 内容 | 结果 |
|---|---|---|
| （12）选择润滑方式 | 由 $p = 19.05$ mm，$v = 2.1$ m/s 查图 4-25，选用滴油润滑 | 选用滴油润滑 |
| （13）链条标记 | 12A—1×114 GB/T 1243—2006 | |
| 2. 链轮计算<br>（1）选择材料及热处理方法 | 根据工作情况，选用45钢，淬火处理，硬度为 40～45 HRC | 45钢<br>硬度为 40～45 HRC |
| （2）计算分度圆直径 $d$ | ①小链轮<br>$$d_1 = \frac{p}{\sin\frac{180°}{z_1}} = \frac{19.05}{\sin\frac{180°}{25}} = 151.995 \text{（mm）}$$<br>②大链轮<br>$$d_2 = \frac{p}{\sin\frac{180°}{z_2}} = \frac{19.05}{\sin\frac{180°}{62}} = 366.346 \text{（mm）}$$ | $d_1 = 151.995$ mm<br>$d_2 = 366.346$ mm |
| （3）计算齿顶圆直径 $d_a$ | ①由表 4-12 得滚子外径 $d_1 = 11.91$ mm<br>②由表 4-13 得<br>$d_{a\max} = d + 1.25p - d_1$<br>则 $d_{a\min} = d + \left(1 - \frac{1.6}{z}\right)p - d_1$<br>157.961 mm ≤ $d_{aⅠ}$ ≤ 163.898 mm<br>382.765 mm ≤ $d_{aⅡ}$ ≤ 388.020 mm<br>③取 $d_{aⅠ} = 161$ mm，$d_{aⅡ} = 385$ mm | $d_{aⅠ} = 161$ mm<br>$d_{aⅡ} = 385$ mm |
| （4）齿根圆直径 $d_f$ | 由表 4-13，查得：<br>$d_{fⅠ} = d_Ⅰ - d_1 = (151.995 - 11.91) = 140.085 \text{（mm）}$<br>$d_{fⅡ} = d_Ⅱ - d_1 = (376.117 - 11.91) = 364.207 \text{（mm）}$ | $d_{fⅠ} = 140.085$ mm<br>$d_{fⅡ} = 364.207$ mm |
| （5）选择齿形 | 齿形选择按 GB/T1244—1985 | |
| （6）确定链轮公差 | ①链轮直径尺寸公差。<br>根据工作情况，确定齿根直径公差为 $h_{11}$，齿顶圆直径公差为 $h_{11}$，齿坯孔径公差为 $H_8$，齿宽公差为 $h_{14}$。<br>②链轮位置公差。<br>齿根圆径向圆跳动小链轮为10级、大链轮11级，齿根圆处端面圆跳动为小链轮10级、大链轮11级 | |

**练一练**

1. 判断题。

(1) 链传动是一种啮合传动,所以它的瞬时传动比恒定。( )

(2) 链传动一般不宜用于两轴心连线为铅垂的场合。( )

(3) 在单排滚子链承载能力不够或选用的节距不能太大时,可采用小节距的双排滚子链。( )

(4) 为了使传动零件磨损均匀,链节数与链轮齿数应同为偶数或奇数。( )

(5) 链传动时,最好将链条的松边置于上方,紧边置于下方。( )

(6) 链传动中链条长度一般是用链节数 $L_p$ 来表示的。在计算时,$L_p$ 只需圆整为整数即可。( )

(7) 滚子链有 A、B 两种系列,其中 A 系列供维修用,B 系列供设计用。( )

(8) 链轮齿数越少,传动越不平稳,冲击、振动加剧。( )

2. 选择题。

(1) 链传动的传动比最好在( )以内。

A. 5~6  B. 2~3.5  C. 3~5

(2) 链传动中链条的强度( )高于链轮的强度。

A. 高于  B. 低于  C. 等于

3. 简答题。

(1) 链传动的失效形式有哪几种?

(2) 为什么链条的链节距 $L_p$ 通常取偶数?

(3) 为什么小链轮的材料通常优于大链轮的材料?

4. 试设计某带式输送机上的滚子链传动。已知:电动机额定功率 $P=5.5$ kW,主动链轮转速 $n_1=725$ r/min,从动轮转速 $n_2=225$ r/min,载荷平稳,中心距可以调整。

# 项目五 机械连接

## 鲁比高堡机器设计与制作
## Rube Goldberg Machine Design and Production

### 1. 背景

鲁比高堡机器(图5-1)是用尽可能更多的复杂步骤来完成一个简单的动作,这种有趣的设计方法在外国已经成为大学机械系训练创意思考的课程,甚至成为美国的一项全国性比赛(Annual National Rube Goldberg Machine Contest)。

图5-1 鲁比高堡机器

确实，鲁比高堡机器如果由结果论视之，确实荒诞不已，往往设计一堆繁复的操作仅仅只为了削铅笔或擦窗户，但是如果从过程论视之，即从教育的角度出发，这个设计理念不仅可以活用物理、化学观念与机械运作原理，还可以训练系统思考与解决问题的能力，更重要的是创意思考与创造力的培养，因此美国、日本等国家的学校对这类型设计创作都保持支持的态度，其实仔细想一下这不就是创新发明的起点吗？

### 2. 模型设计制作要求

**任务描述**

用各种连接方式搭建一个属于你的鲁比高堡机器以展示你想要给人们带来的感受。在制作过程中，可以利用各种工具和机器来搭建鲁比高堡机器，最后拍摄一个完整的视频，介绍你的团队、已经完成的工作，尽量使这件事看起来很有趣。

本项目要求设计与制作一个鲁比高堡机器，具体过程如下：

- 确定目标：确定鲁比高堡机器实现的功能和预计的步骤数。
- 小组讨论：采用头脑风暴法充分发散思维，小组讨论设计出实现目标步骤的具体实施方法。
- 绘制思路：发挥逻辑思维能力，把各步骤草图画出来，并连贯起来形成模型。
- 实施制作：选择手边现有的材料实施制作，要求以最常见的生活材料为主，尽量运用本章的连接方法进行搭建。
- 调试验证：运用制作实物验证绘制模型的可行性，采取挫折教育，在失败中修正设计错误和摆放误差，最终实现预计的功能。
- 拍摄视频：运用手机和计算机拍摄并制作鲁比高堡机器的视频，实现知识分享。

**每人所需材料**

(1) 1块绘图板做底板。
(2) 1个气球或一颗钉子（最终是扎气球或者锤钉子）。
(3) 1把胶枪。
(4) 1卷细线。
(5) 很多搭建材料。

**技术**

(1) 剪裁技术。
(2) 连接与搭建技术。
(3) 计算机（剪辑并上传视频）。
(4) 手机（拍摄视频）。

## 学习成果

(1) 学习使用各种工具搭建一个属于自己的鲁比高堡机器,10步以上。
(2) 学习使用机械连接知识制作小设备。
(3) 学习使用视频编辑软件制作属于自己的视频。
(4) 学习理论并制作1张机械连接的知识心智图。

### 古代机械文明小故事

#### 机械瑰宝——秦铜车马

1980年在西安市临潼县(今为临潼区)骊山下,出土了两辆铜车马(图5-2),震惊世界。两辆铜车马表现出了高超的设计和制造水平,铜车马设计了辕衡、轮轴、车舆、铜马4部分,一辆马车多达3 462个零部件,从铜车马的结构上可以看出,秦代在机械设计中,已应用了理论力学、材料力学及机械工程学的有关知识。铜车马的制造远比真实的木车困难得多,铸造的难度也大,应用了丰富的加工工艺,包括铸造、铸接、焊接、铆接、销连接、过盈配合等,在冷加工应用了钻、凿、锉、磨、雕刻等工艺。结合秦陵出土的其他有关文物,可以看出秦代的机械工程及机械加工都有了标准化的倾向,优先数列的思想已经出现,质量管理也有了严格的措施。

图5-2 秦铜车马

秦陵兵马俑与铜车马是举世无双的工艺品,历史上的瑰宝。它既是科技史上的杰出成果,又是机械史上的优秀代表,显示出当时制陶、冶铸、设计、冷加工、装配能力水平都已很高,还反映出当时的生产管理水平已很高明,是中国古代科学技术走向成熟的标志。

## 5.1 常用机械连接

通常，连接可分为可拆连接和不可拆连接。可拆连接是不损坏连接中任一零件就可拆开的连接，故多次拆装不影响其使用性能，常用的有螺纹连接（Threaded Joint）、键连接（Key Joint）、花键连接（Spline Joint）、销连接（Pin Joint）等。不可拆连接是拆开连接时至少要损坏连接中某一部分才能拆开的连接，常见的有焊接（Welding）、铆接（Riveting）及胶接（Bonding）等。此外，过盈配合（Interference Fit）也是常用的连接手段，它介于不可拆连接与可拆连接之间。很多情况下，过盈配合是不可拆的，因拆开这种连接将会引起表面损坏和配合松动。在过盈配合量不大的情况下，如滚动轴承内圈与轴的连接，虽然多次拆装轴承但对连接损伤不大，又可视为可拆连接。

设计中采用何种连接，主要取决于使用和经济性要求。一般来说，采用可拆连接是由于结构、安装、维修和运输上的需要；采用不可拆连接，多数是由于工艺和经济上的要求。

## 5.2 螺纹连接

螺纹连接是机械制造中应用极其广泛的连接方式，在机器的装配、安装中，常利用具有内、外螺纹的连接件来紧固被连接件。它结构简单、互换性好、装拆方便、制造便利、工作可靠。螺旋传动则是利用具有内、外螺纹零件的相对运动来传递运动或动力，螺旋传动可将旋转运动变成直线运动。

### 5.2.1 螺纹的类型和主要参数

#### 1. 螺纹的类型

常用螺纹的类型主要有普通螺纹、管螺纹（Pipe Thread）、矩形螺纹（Rectangular Thread）、梯形螺纹（Trapezoidal Thread）和锯齿形螺纹（Sawtooth Thread），其牙型如图 5-3 所示。其中，普通螺纹和管螺纹主要用于连接，其余 3 种则主要用于螺纹传动，除矩形螺纹外，其他螺纹都已标准化。螺纹按螺旋线的绕行方向，可分为左旋螺纹和右旋螺纹，一般多用右旋，特殊需要时用左旋。螺纹按螺旋线的数目，可分为单线螺纹（Single-Start Thread）和多线螺纹（Multi-Start Thread），为制造方便起见，螺纹一般不超过 4 线。

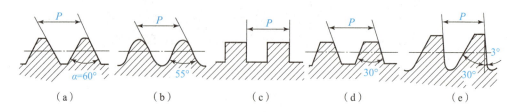

图 5-3 常用螺纹牙型

(a) 普通螺纹；(b) 管螺纹；(c) 矩形螺纹；(d) 梯形螺纹；(e) 锯齿形螺纹

#### 2. 螺纹的主要参数

螺纹副是由外螺纹（External Thread）和内螺纹（Internal Thread）相互旋合组成的螺旋

副（Screw Pair）。螺纹连接和螺旋传动都是利用螺纹副零件进行工作的，但两者的工作性质并不相同，技术要求上也存在差别。由表 5-1 中圆柱螺纹可知，螺纹的主要参数有（以外螺纹为例）：大径 $d$、小径 $d_1$、中径 $d_2$ $\left[d_2 \approx \frac{1}{2}(d+d_1)\right]$、螺纹线数 $n$（一般 $n \leqslant 4$）、螺距 $P$、导程 $P_h$、牙型角 $\alpha$、牙型高度 $h$ 及螺纹升角 $\lambda$。

$$\tan\lambda = \frac{P_h}{\pi d_2} = \frac{nP}{\pi d_2} \tag{5-1}$$

表 5-1 普通螺纹的主要参数

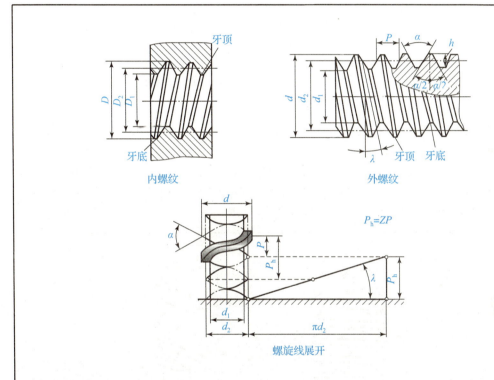

| 主要参数 | 代号 | | 定义 |
| --- | --- | --- | --- |
| | 内螺纹 | 外螺纹 | |
| 螺纹大径（公称直径） | $D$ | $d$ | 与外螺纹牙顶或内螺纹牙底相重合的假想圆柱面的直径，在标准中用作螺纹的公称直径 |
| 螺纹中径 | $D_2$ | $d_2$ | 在轴向剖面内，牙厚等于牙间距的假想圆柱面的直径，近似等于螺纹的平均直径，$d_2 \approx \frac{1}{2}(d+d_1)$。它是确定螺纹几何参数和配合性质的直径 |
| 螺纹小径 | $D_1$ | $d_1$ | 与外螺纹牙底或内螺纹牙顶相重合的假想圆柱面的直径，在强度计算中常作为螺杆危险剖面的计算直径 |

续表

| 主要参数 | 代号 | | 定义 |
|---|---|---|---|
| | 内螺纹 | 外螺纹 | |
| 螺纹升角 | λ | | 在中径圆柱上，螺旋线的切线与垂直于螺纹线平面的夹角 |
| 牙型角 | α | | 在螺纹牙型上，相邻两牙侧间的夹角，普通螺纹的牙型角 α = 60°，牙型半角是牙型角的一半，用 α/2 表示 |
| 牙型高度 | h | | 在两个相互配合螺纹的牙型上，牙侧重合部分在垂直于螺纹轴线方向上的距离。常用作螺纹工作高度 |
| 螺距 | P | | 螺纹相邻两牙在中径线上对应两点间的轴向距离 |
| 导程 | $P_h$ | | 同一条螺旋线上相邻两牙在中径线上对应两点间的轴向距离。单线螺纹 $P_h = P$，多线螺纹 $P_h = nP$，如图 5 – 4 所示 |
| 螺纹线数 | n | | 螺纹螺旋线的数目。连接螺纹要求具有自锁性，多用单线螺纹；传动螺纹要求传动效率高，多用双线或三线螺纹。为便于制造，一般 $n \leq 4$ |

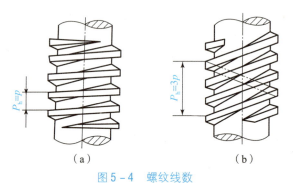

图 5 – 4　螺纹线数
(a) 单线螺纹；(b) 多线螺纹

### 3. 常见螺纹的特点及应用

(1) 普通螺纹。

普通螺纹即米制三角形螺纹，牙型角 α = 60°。同一直径按螺距的大小分为粗牙和细牙两种，螺距最大的一种是粗牙，其余的均为细牙。一般连接多用粗牙螺纹（Coarse Thread）。细牙螺纹（Fine Thread）牙浅、升角小、自锁性能好，多用于薄壁零件或细小零件，以及受冲击、振动和变载荷的连接，也可用作微调机构的调整螺纹。

(2) 管螺纹。

最常用的管螺纹是英制细牙三角形螺纹，牙型角 α = 55°，牙顶有较大的圆角，内、外螺纹旋合后牙型间无径向间隙，公称直径近似为管子的内径。多用于有紧密性要求的管件连接。

(3) 矩形螺纹。

矩形螺纹牙型为正方形，牙型角 $\alpha=0°$。传动效率高，牙根强度弱，精加工困难，对中精度低，常用于传力螺纹。

(4) 梯形螺纹。

梯形螺纹牙型为等腰梯形，牙型角 $\alpha=30°$。牙根强度高，工艺性好，螺纹副对中性好，采用部分螺母时可调整间隙，传动效率略低于矩形螺纹，常用于传动螺纹。

(5) 锯齿形螺纹。

锯齿形螺纹牙型角 $\alpha=33°$，牙的工作面倾斜3°，牙的非工作面倾斜30°。传动效率及强度都比梯形螺纹高，外螺纹的牙底有相当大的圆角，以减小应力集中。螺纹副的大径处无间隙，对中性良好，多用于单向受力的传动螺纹。

### 5.2.2 螺纹连接的主要类型

螺纹连接的主要类型有螺栓连接（Bolt Connection）、双头螺柱连接（Stud Connection）、螺钉连接（Screw Connection）及紧定螺钉连接（Set Screw Connection）4 种。

#### 1. 螺栓连接

螺栓连接分为普通螺栓连接和铰制孔螺栓连接两种。用普通螺栓连接 [图 5-5 (a)] 时，被连接件的通孔与螺栓杆间有一定间隙，无论连接传递的载荷是何种形式，螺栓都受到拉伸作用。由于这种连接的通孔加工精度低、结构简单、装拆方便，故应用广泛。用铰制孔螺栓连接 [图 5-5 (b)] 时，螺栓的光杆和被连接件的孔多采用基孔制过渡配合（H7/m6 或 H7/n6）。这种螺栓工作时受到剪切和挤压作用，主要承受横向载荷，用于载荷大、冲击严重、要求良好对中的场合。

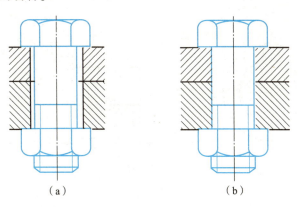

图 5-5 螺栓连接

(a) 普通螺栓连接；(b) 铰制孔螺栓连接

普通螺栓螺纹预留长度 $l_1$：静载荷 $l_1 \geq (0.3 \sim 0.5)d$；变载荷 $l_1 \geq 0.75d$；冲击载荷或弯曲载荷 $l_1 \geq d$。铰制孔螺栓 $l_1$ 尽可能小，螺纹伸出长度 $a \approx (0.2 \sim 0.3)d$。

#### 2. 双头螺柱连接

图 5-6 (a) 的双头螺柱一端直接旋入被连接件螺纹孔中，适合于被连接件之一较厚，不便采用螺栓连接，而材料较软需经常拆卸的场合。

### 3. 螺钉连接

图 5-6（b）的螺钉连接不需要用螺母，其用途和双头螺柱相似，多用于受力不大且不需经常拆卸的场合。

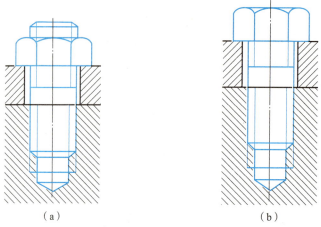

图 5-6　双头螺柱连接和螺钉连接

（a）双头螺柱连接；（b）螺钉连接

根据螺纹孔材料不同，座端拧入深度 $H$ 取不同值：钢或青铜 $H \approx d$；铸铁 $H = (1.25 \sim 1.5)d$；铝合金 $H = (1.5 \sim 2.5)d$。螺孔深度 $H_1 = H + (2 \sim 2.5)d$。钻孔深度 $H_2 = H_1 + (0.5 \sim 1)d$。$l_1$、$a$ 值同螺栓连接。

### 4. 紧定螺钉连接

图 5-7 的紧定螺钉连接，将紧定螺钉旋入被连接件之一零件的螺纹孔中，并以其末端顶住另一被连接件的表面或嵌入相应的凹坑中，以固定两个零件的相对位置，并传递不大的力或转矩。

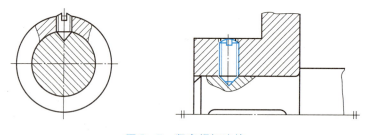

图 5-7　紧定螺钉连接

#### 5.2.3　常见螺纹连接件

螺纹连接件的种类很多，其中常用的连接件有螺栓（Bolt）、双头螺柱（Stud）、螺钉（Screw）、螺母（Nut）、垫圈（Washer）等，如图 5-8 所示；因其结构、尺寸已经标准化，设计时可根据标准选用。根据国家标准规定，螺纹连接件分为 A、B、C 3 个精度等级。A 级精度最高，用于要求配合精确、防止振动等重要连接；B 级精度次之，多用于受载较大且经常装拆、调整或承受变载的连接；C 级精度多用于一般的连接。

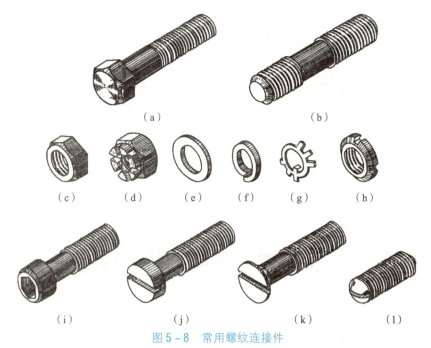

图 5-8 常用螺纹连接件

(a) 六角头螺栓; (b) 双头螺柱; (c) 六角螺母; (d) 六角开槽螺母; (e) 垫圈; (f) 弹簧垫圈; (g) 圆螺母用止动垫圈; (h) 圆螺母; (i) 内六角圆柱头螺钉; (j) 开槽圆柱头螺钉; (k) 开槽沉头螺钉; (l) 开槽锥端紧定螺钉

螺纹连接件的常用材料为 Q215、Q235A、10 钢、35 钢和 45 钢。对于重要和特殊用途的螺纹连接件,可采用 15Cr、40Cr 等力学性能较高的合金钢。

### 5.2.4 螺纹连接的预紧和防松

#### 1. 螺纹连接的预紧

工程实际中,绝大多数螺纹连接在装配时都要拧紧,使连接在承受工作载荷之前,各连接件已预先受到力的作用,即为预紧(Pretightening)。这个预加的作用力称为预紧力(Pretightening Force)。装配时需要拧紧的连接称为紧连接,反之则称为松连接。

预紧的目的是增强连接的可靠性、紧密性及刚性,提高连接的防松能力,对于受拉变载荷螺纹连接还可提高其疲劳强度。但过大的预紧力会导致整个连接的结构尺寸增大,也可能会使螺栓在装配时或在工作中偶然过载时被拉断。因此对于重要的螺纹连接,为了保证所需的预紧力,又不使连接螺栓过载,在装配时应控制预紧力。通常利用控制拧紧螺母时的拧紧力矩来控制预紧力的大小。

在拧紧螺母时(图 5-9),拧紧转矩 $T$ 等于螺纹副间的摩擦阻力矩 $T_1$ 和螺母环行支承面上的摩擦阻力矩 $T_2$ 之和。由分析可知,对于 M10~M68 的米制粗牙普通螺纹的钢制螺栓,螺纹副中无润滑时,有

$$T \approx 0.2 F_0 d \qquad (5-2)$$

式中 $F_0$——预紧力,根据连接的工作要求确定,N;

$d$——螺纹大径,mm。

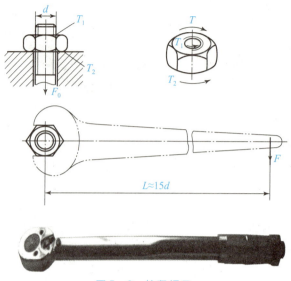

图 5-9 拧紧螺母

当预紧力 $F_0$ 和螺纹大径 $d$ 已知，由式（5-2）即可确定所需的拧紧力矩 $T$。一般标准扳手的长度：

$$L \approx 15d$$

若加在扳手上的拧紧力为 $F$，则

$$T = FL$$

代入式（5-2）后有

$$F_0 \approx 75F$$

若 $F = 200$ N 时，则在螺栓中将产生的预紧力：

$$F_0 \approx 15\,000 \text{ N}$$

这样大的预紧力很可能使直径较小的螺栓被拉断。因此，对于重要的螺栓连接，应避免采用小于 M12 的螺栓，必须使用时，应严格控制其拧紧力矩。

在工程实际中，常用测力矩扳手［图 5-10（a）］或定力矩扳手［图 5-10（b）］来控制拧紧力矩，测力矩扳手可由指针的指示直接读出拧紧力矩的数值。定力矩扳手可利用螺钉调整弹簧的压紧力，预先设置拧紧力矩的大小，当扳手力矩过大时，弹簧被压缩，扳手卡盘与圆柱销之间打滑，从而控制拧紧力矩不超过规定值。对于大直径的螺栓连接，则可用测量螺栓伸长量的方法来控制预紧力。

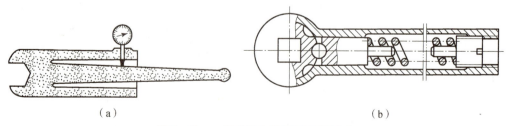

(a) (b)

图 5-10 工程实际中使用的预紧扳手

(a) 测力矩扳手；(b) 定力矩扳手

## 2. 螺纹连接的防松

连接螺纹都能满足自锁条件，且螺纹和螺栓头部支承面处的摩擦也能起到防松作用，故在静载荷下，螺纹连接不会自动松脱。但在冲击、振动或变载荷的作用下，或当温度变化很大时，螺纹副间的摩擦力很小或瞬时消失，这种现象多次重复就会使连接松脱，影响连接的牢固和紧密，甚至会引起严重事故。因此在设计时，必须采用有效的防松（Anti-loosening）措施。

测力矩扳手　　定力矩扳手

防松的根本问题是防止螺纹副的相对转动。防松的方法很多，按其工作原理，可分为摩擦防松、机械防松和永久防松 3 类。常用的防松方法见表 5-2。

表 5-2　常用的防松方法

| 防松方法 | | 结构形式 | 特点和应用 |
| --- | --- | --- | --- |
| 摩擦防松 | 对顶螺母 | 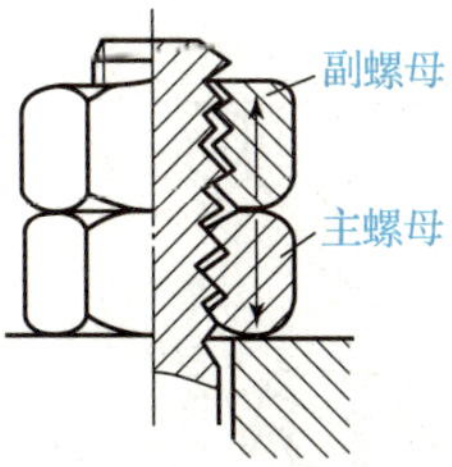 副螺母<br>主螺母 | 用两个螺母对顶拧紧，使旋合螺纹间始终受到附加的压力和摩擦力的作用。结构简单，但连接的高度尺寸和质量加大。适用于平稳、低速和重载的连接 |
| | 弹簧垫圈 | 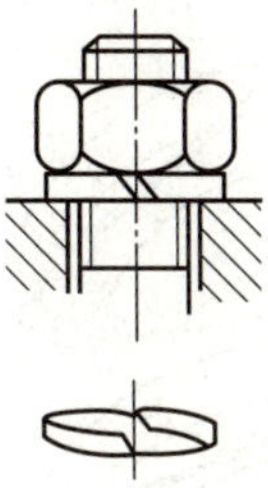 | 拧紧螺母后弹簧被压平，垫圈的弹性恢复力使螺纹副轴向压紧，同时垫圈斜口的尖端抵住螺母与被连接件的支承面，也有防松作用。结构简单、应用方便，广泛用于一般的连接。但在振动工作条件下防松效果差 |
| | 尼龙圈锁紧螺母 | 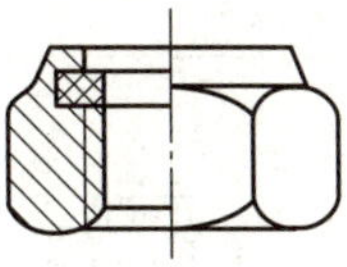 | 尼龙圈锁紧螺母是利用螺母末端的尼龙圈箍紧螺栓，横向压紧螺纹来防松 |
| | 自锁螺母 | 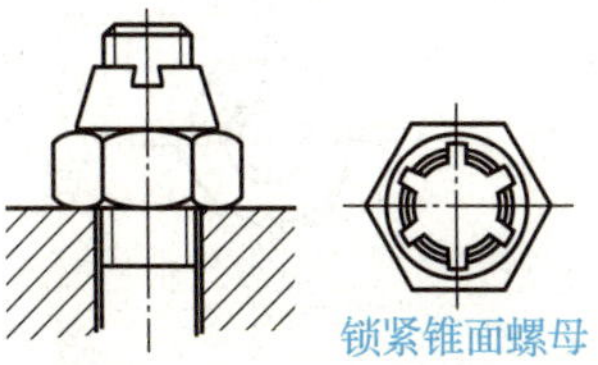 锁紧锥面螺母 | 自锁螺母是利用螺母末端椭圆口的弹性变形箍紧螺栓，横向压紧螺纹来防松。结构简单、防松可靠，可多次拆装不降低防松性能，适用于重要的连接 |

续表

| 防松方法 | | 结构形式 | 特点和应用 |
|---|---|---|---|
| 机械防松 | 开口销和槽形螺母 | 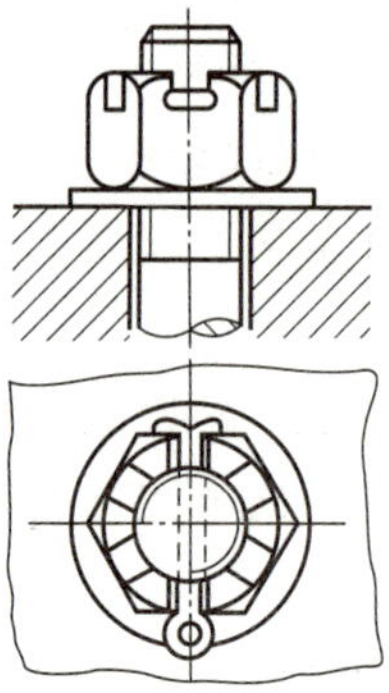 | 拧紧槽形螺母后，将开口销插入螺栓尾部小孔和螺母的槽内，再将销的尾部分开，使螺母锁紧在螺栓上。适用于有较大冲击、振动的高速机械中的连接 |
| | 止动垫圈 | 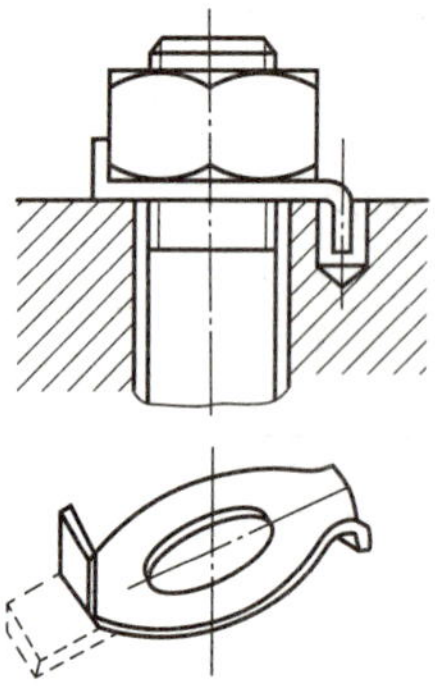 | 将垫圈套入螺栓，并使其下弯的外舌放入被连接件的小槽中，再拧紧螺母，最后将垫圈的另一边向上弯，使之和螺母的一边贴紧，结构简单、使用方便、防松可靠 |
| | 串联钢丝 | 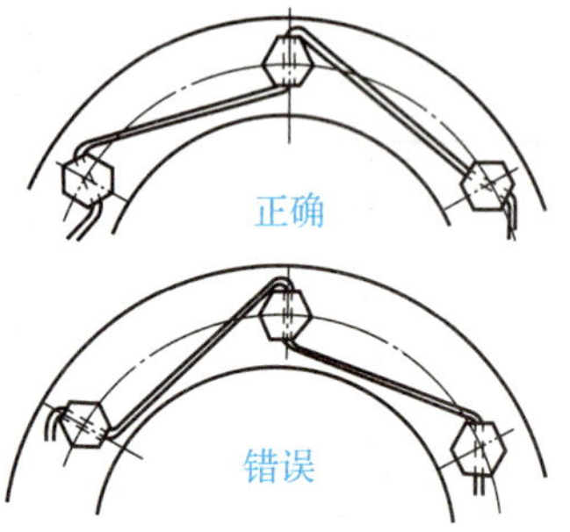 正确<br>错误 | 用低碳钢丝穿入各螺钉头部的孔内，将各螺钉串联起来，使其相互约束，使用时必须注意钢丝的穿入方向。适用于螺钉组连接，防松可靠，但装拆不方便 |
| 永久防松 | 冲点和点焊 | 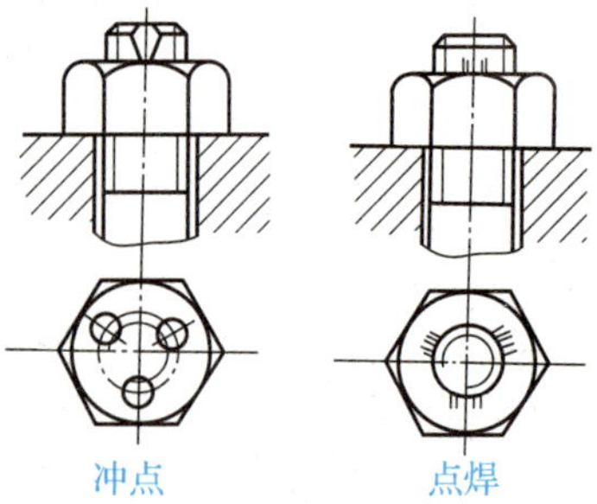 冲点　点焊 | 螺母拧紧后，在螺栓末端与螺母的旋合缝处冲点或焊接来防松。防松可靠，但拆卸后连接不能重复使用，适用于不需拆卸的特殊连接 |

续表

| 防松方法 | | 结构形式 | 特点和应用 |
|---|---|---|---|
| 永久防松 | 胶合 | 涂胶接剂 | 在旋合的螺纹间涂以胶接剂，使螺纹副紧密胶合。防松可靠，且有密封作用，但不便拆卸 |

### 5.2.5 螺栓连接的结构设计

#### 1. 螺栓的位置

在布置螺栓位置时，各螺栓间及螺栓中心线与机体壁之间应留有扳手空间，以便于装配（图 5-11），即图中尺寸 $A$、$B$、$C$、$D$、$E$ 应足够大。

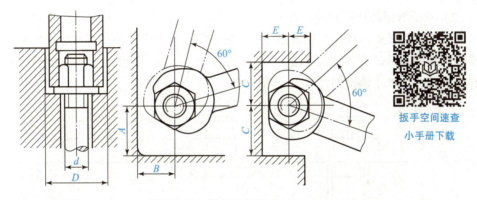

图 5-11　扳手空间尺寸

对压力容器等紧密连接，螺栓间距 $t$ 不得大于表 5-3 推荐的数值。

#### 2. 螺栓组的布置

（1）螺栓组的布置方式及接合面形状。

螺栓组的布置应尽可能对称，以使接合面受力均匀；连接接合面应尽量设计成轴对称的简单几何形状，如图 5-12 所示，使螺栓组的几何中心与接合面的形心重合，以便于加工和装配，计算也较简单。

表 5-3　紧密连接的螺栓间距 $t$

| | 工作压力/MPa | | | | | |
|---|---|---|---|---|---|---|
| | ≤1.6 | 1.6~4 | 4~10 | 10~16 | 16~20 | 20~30 |
| | $t$/mm | | | | | |
| $d$—螺纹公称直径 | $7d$ | $4.5d$ | $4.5d$ | $4d$ | $3.5d$ | $3d$ |

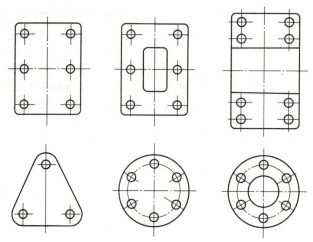

图 5-12 连接接合面常用的形状

（2）承受弯矩和转矩时的布置方式。

承受弯矩和转矩时应尽可能地把螺栓布置在靠近接合面边缘，以减少螺栓的受力。对于承受较大横向载荷的普通螺栓连接，如图 5-13 所示，应采用销、套筒、键等抗剪零件来承受横向载荷，以减小螺栓的预紧力及结构尺寸。

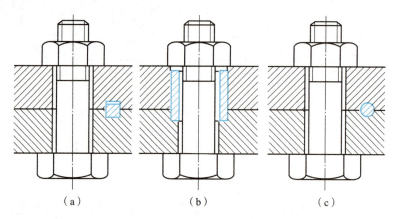

图 5-13 螺栓承受较大横向载荷时的减载装置
（a）用减载键；（b）用减载套筒；（c）用减载销

（3）螺栓数目的确定。

圆周分布的螺栓，通常取偶数，以便于加工。同组螺栓的材料、直径和长度均应相同。

## 练一练

1. 常用的螺纹有哪些？各用于何处？
2. 试述螺纹传动的特点，并分析其应用。
3. 在常用的螺旋传动中，传动效率最高的螺纹是哪一种？
4. 用于连接的螺纹，必须满足什么条件？
5. 一般情况下，传动用螺纹的牙型角比连接用螺纹的牙型角小，为什么？

6. 螺纹连接预紧的目的是什么？
7. 试述螺栓连接的适用条件和特点。
8. 试述螺钉连接的适用条件和特点。
9. 螺纹连接常用的防松方法有哪些？
10. 简述提高螺栓连接强度的措施有哪些。

## 5.3 键连接

键连接在机器中应用极为广泛，常用于轴（Axle）与轮毂（Hub）之间的周向固定，以传递运动和转矩。其中有些还能实现轴向移动，用作动连接。键连接分为松键连接和紧键连接两大类。

### 5.3.1 键连接的类型、特点和应用

键是标准件，因其结构简单、装拆方便、工作可靠，故键连接是应用最为广泛的一种轴毂连接。键连接按键的形状可分为平键连接（Flat Key Joint）、半圆键连接（Woodruff Key Joint）、楔键连接（Taper Key Joint）、切向键连接（Tangential Key Joint）等几种类型。

#### 1. 平键连接

平键的工作面为其两个侧面，上表面与轮毂键槽底面间有间隙，如图 5-14（a）所示。工作时靠轴上键槽（Key Way）、键及轮毂键槽的侧面相互挤压来传递运动和转矩。平键连接结构简单、装拆方便、对中性好、应用最广，但对轴上零件不能起到轴向固定的作用。

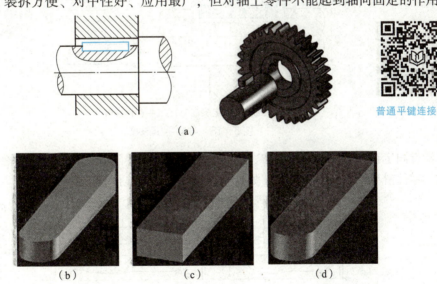

图 5-14 平键连接

(a) 普通平键连接；(b) 圆头平键；(c) 方头平键；(d) 单圆头平键

按用途的不同，平键可分为普通平键（General Flat Key）、导向平键（Dive Key）和滑键（Feather Key）三种。

普通平键根据其端部结构形状的不同，分为圆头（A 型）、方头（B 型）和单圆头（C 型）3 种，分别如图 5-14（b）、(c)、(d) 所示。采用 A 型键和 C 型键时，轴上键槽用指

状立铣刀（Finger Milling Cutter）加工，如图 5-15（a）所示，键在轴上的轴向固定良好，但轴上键槽端部的应力集中较大。采用 B 型键时，轴上键槽用圆盘状铣刀加工，如图 5-15（b）所示，键槽两端的应力集中较小，但键在轴上的轴向固定不好；当键的尺寸较大时需用紧定螺钉把它压紧在轴上的键槽中。A 型键和 B 型键多用于中间轴段，C 型键用于轴端与轮毂键槽的连接。轮毂键槽一般用插刀或拉刀加工。

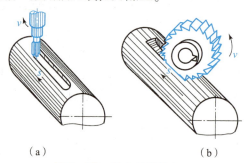

指状立铣刀加工动画
与生产视频

图 5-15 轴上键槽的加工
(a) 指状立铣刀加工 A 型键；(b) 圆盘状铣刀加工 B 型键

圆盘状铣刀加工动画与
生产视频

导向平键用于轮毂需做轴向移动的动连接，如变速箱中的滑移齿轮（Sliding Gear）。导向平键较长，需用螺钉将键紧固在轴槽上，为了便于装拆，键的中部常设有起键螺纹孔，如图 5-16 所示。

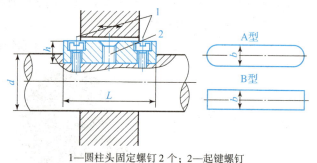

1—圆柱头固定螺钉 2 个；2—起键螺钉
图 5-16 导向平键连接

滑键固定在轴上零件的轮毂中，如图 5-17 所示，并随零件在轴上的键槽中滑移，适用于轴上零件滑移距离较大的场合，如台钻主轴与带轮的连接等。

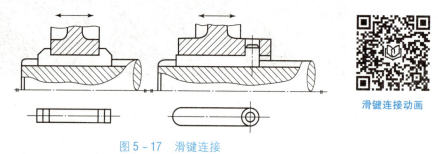

图 5-17 滑键连接

滑键连接动画

### 2. 半圆键连接

半圆键连接如图 5-18 所示，它靠键的 2 个侧面传递转矩。轴上键槽用尺寸与半圆键相同的圆盘铣刀加工，因而键在轴槽中能绕其几何中心摆动，以适应轮毂槽由于加工误差所造成的斜度。半圆键连接的优点是轴槽的加工工艺性好，装配方便，但键槽较深，对轴的削弱较大。一般只宜用于轻载，尤其适用于锥形轴端与轮毂的连接。

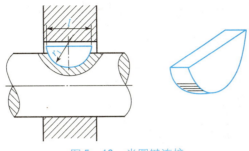

图 5-18 半圆键连接

### 3. 楔键连接

楔键连接如图 5-19 所示，可分为普通楔键（有圆头和方头两种形式）和钩头楔键（Gib-head Taper Key）2 种键连接。装配时，圆头楔键要先放入键槽，然后打进轮毂［图 5-19（a）］；对于方头楔键和钩头楔键，则是先把轮毂装到适当位置后，再将键拧紧［图 5-19（b）］。楔键的上表面和与它配合的轮毂槽底面均有 1:100 的斜度，键的上下两面为工作面，键的两侧面与键槽都留有间隙。

工作时，靠键的楔紧作用传递转矩，同时还可承受单方向的轴向载荷。但在打紧键时破坏了轴与轮毂的对中性，另外，在振动、冲击和承受变载荷时易产生松动。故楔键连接仅适用于传动精度要求不高、低速和平稳的场合。钩头楔键的钩头是供拆卸键用的，为了防止工作时发生事故，钩头部分应加防护罩。

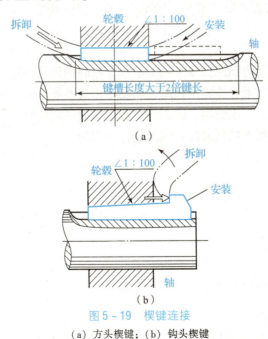

图 5-19 楔键连接
(a) 方头楔键；(b) 钩头楔键

### 4. 切向键连接

切向键连接是由一对斜度为 1:100 的楔键组成，如图 5-20 所示。装配时两键的斜面相互贴合，共同楔紧在轴毂之间。其工作原理与楔键相同，依靠键的楔紧作用传递转矩。传递单向转矩只需一对切向键［图 5 – 20（a）］，若要传递双向转矩，则需要装两对互成120°～135°的切向键［图 5 – 20（b）］。切向键仅用于载荷较大且对中性要求不高的场合。

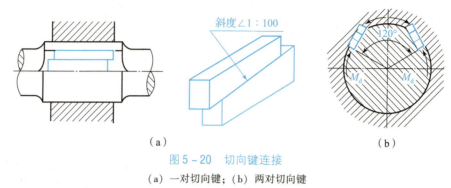

图 5 – 20　切向键连接

(a) 一对切向键；(b) 两对切向键

### 5.3.2　平键连接的选择和强度计算

**1. 类型的选择**

键的类型应根据具体的工作要求和使用条件而定，如对中性要求，传递转矩的大小，轮毂是否沿轴向滑移及滑移的距离大小，以及键在轴上的位置（在轴的中部还是端部）等。

**2. 尺寸的选择**

(1) 根据轴的直径 $d$ 从标准（见表 5 – 4 或有关手册）中选取平键的宽度 $b$ 和高度 $h$。

(2) 键长 $L$ 根据轮毂宽度 $B$ 确定，一般 $L = B - (5 \sim 10)$ mm，并须符合标准中规定的长度系列，见表 5 – 4。

**3. 强度校核**

平键连接工作时的受力情况如图 5 – 21 所示，键的侧面受挤压。实践证明，普通平键连接的主要失效形式是键、轴和轮毂中强度较弱的工作表面被压溃，而导向平键和滑键连接的主要失效形式是工作面的过度磨损。因此，对普通平键只需校核其挤压强度，而对导向平键和滑键则通过限制其压强来控制磨损。强度条件分别为

$$\sigma_p = \frac{2T}{dkl} \leqslant \sigma_{pp} \tag{5 – 3}$$

$$p = \frac{2T}{dkl} \leqslant [p] \tag{5 – 4}$$

式中　$T$——传递转矩，N·mm；

　　　$d$——轴的直径，mm；

　　　$k$——键与轮毂的接触高度，$k \approx \dfrac{h}{2}$，mm；

　　　$l$——键的工作长度，mm；

　　　$\sigma_{pp}$——较弱材料的许用挤压应力，N/mm²，其值见表 5 – 5；

　　　$[p]$——许用压强，MPa，其值见表 5 – 5。

平键材料一般采用强度极限 $\sigma_b \geqslant 600$ MPa 的钢，常用 45 钢。

表 5-4 普通平键和键槽的尺寸

mm

键和键槽的截面尺寸（GB/T 1095—2003）

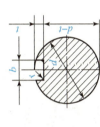
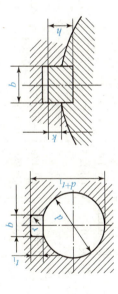

普通平键的型式与尺寸（GB/T 1096—2003）

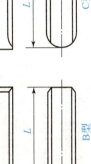
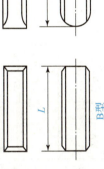
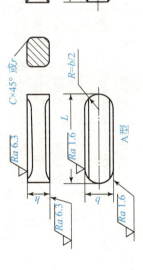

标记示例：圆头普通平键（A型），$b=28$ mm，$h=16$ mm，$L=110$ mm：键 $28\times110$
方头普通平键（B型），$b=16$ mm，$h=10$ mm，$L=100$ mm：键 B$16\times100$
单圆头普通平键（C型），$b=22$ mm，$h=14$ mm，$L=100$ mm：键 C$22\times100$

续表

| 轴径 $d$ | 键 $b$ (h9) | 键 $h$ (h11) | 键 $L$ (h14) | 键槽 宽度极限偏差 正常连接 轴 H9 | 键槽 宽度极限偏差 正常连接 毂 D10 | 键槽 宽度极限偏差 紧密连接 轴 N9 | 键槽 宽度极限偏差 紧密连接 毂 JS9 | 键槽 宽度极限偏差 松连接 轴和毂 P9 | $t$ 尺寸 | $t$ 偏差 | $t_1$ 尺寸 | $t_1$ 偏差 | 半径 $r$ |
|---|---|---|---|---|---|---|---|---|---|---|---|---|---|
| >12~17 | 5 | 5 | 10~56 | +0.030 0 | +0.078 +0.030 | 0 −0.030 | ±0.015 | −0.012 −0.042 | 3.0 | +0.1 0 | 2.3 | +0.10 0 | 0.16~0.25 |
| >17~22 | 6 | 6 | 14~70 |  |  |  |  |  | 3.5 |  | 2.8 |  |  |
| >22~30 | 8 | 7 | 18~90 |  |  |  |  |  | 4.0 |  | 3.3 |  |  |
| >30~38 | 10 | 8 | 22~110 | +0.036 0 | +0.048 +0.040 | 0 −0.036 | ±0.018 | −0.015 −0.051 | 5.0 |  | 3.3 |  | 0.25~0.40 |
| >38~44 | 12 | 8 | 28~140 |  |  |  |  |  | 5.0 |  | 3.3 |  |  |
| >44~50 | 14 | 9 | 36~160 | +0.043 0 | +0.120 +0.050 | 0 −0.043 | ±0.0215 | −0.018 −0.061 | 5.5 | +0.2 0 | 3.8 | +0.20 0 |  |
| >50~58 | 16 | 10 | 45~180 |  |  |  |  |  | 6.0 |  | 4.3 |  |  |
| >58~65 | 18 | 11 | 50~200 |  |  |  |  |  | 7.0 |  | 4.4 |  |  |
| >65~75 | 20 | 12 | 56~220 | +0.052 0 | +0.149 +0.065 | 0 −0.052 | ±0.026 | −0.022 −0.074 | 7.5 |  | 4.9 |  | 0.40~0.60 |
| >75~85 | 22 | 14 | 63~250 |  |  |  |  |  | 9.0 |  | 5.4 |  |  |
| >85~95 | 25 | 14 | 70~280 |  |  |  |  |  | 9.0 |  | 5.4 |  |  |
| >95~110 | 28 | 16 | 80~320 | +0.062 0 | +0.180 +0.080 | 0 −0.062 | ±0.031 | −0.026 −0.080 | 10.0 |  | 6.4 |  |  |
| >110~130 | 32 | 18 | 90~360 |  |  |  |  |  | 11.0 |  | 7.4 |  |  |
| $L$ 系列 | 10, 12, 14, 16, 18, 20, 22, 25, 28, 32, 36, 40, 45, 50, 56, 63, 70, 80, 90, 100, 110, 125, 140, 160, 180, 200, 220, 250, 280, 320, 360 | | | | | | | | | | | | |

注：①轴径小于 12 mm 或大于 130 mm 的键尺寸可查有关手册。
②在工作图中，轴槽深用 $t$ 或 $(d-t)$ 标注，毂槽深用 $t_1$ 或 $(d+t_1)$ 标注。但 $(d-t)$ 的偏差应取负号。

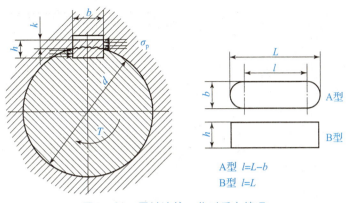

图 5-21 平键连接工作时受力情况

表 5-5 键连接的许用挤压应力 $\sigma_{pp}$ 和许用压强 $[p]$     MPa

| 许用值 | 连接工作方式 | 零件材料 | 载荷性质 | | |
|---|---|---|---|---|---|
| | | | 静 | 轻微冲击 | 冲击 |
| $\sigma_{pp}$ | 静连接 | 钢 | 125~150 | 100~120 | 60~90 |
| | | 铸铁 | 70~80 | 50~60 | 30~45 |
| $[p]$ | 动连接 | 钢 | 50 | 40 | 30 |

如果校核结果表明连接的强度不够，则可采取以下措施：

（1）适当增大键和轮毂的长度，但键长不宜超过 2.5d，否则，载荷沿键长的分布将很不均匀。

（2）两个键相隔 180° 布置，考虑到载荷在两个键上分布的不均匀性，双键连接的强度只按 1.5 个键计算。

【例 5-1】 已知：主动轴直径 $d = 65$ mm，齿轮轮毂宽度 100 mm，轴传递扭矩 $T = 620\ 750$ N·mm，齿轮和轴以平键连接，齿轮材料为锻钢，载荷有轻微冲击，试设计此平键并校核其强度。

**解** 设计计算步骤列于表 5-6。

表 5-6 平键设计计算及校核

| 步骤 | 设计计算过程 | 设计结果 |
|---|---|---|
| 1. 选择键的类型 | 为保证齿轮传动啮合良好，要求轮毂对中性好，故选 A 型键 | A 型键 |
| 2. 选择键的尺寸 | 根据轴直径 $d = 65$ mm 和轮毂宽度 100 mm，从表 5-4 查得键的截面尺寸为 $b = 18$ mm，$h = 11$ mm，$L = 90$ mm | $b = 18$ mm<br>$h = 11$ mm<br>$L = 90$ mm |

续表

| 步骤 | 设计计算过程 | 设计结果 |
| --- | --- | --- |
| 3. 强度校核 | $\sigma_p = \dfrac{2T}{dkl} \leq \sigma_{pp}$<br>$k = \dfrac{h}{2} = 5.5$ mm<br>$l = L - b = 90 - 18 = 72$（mm）<br>由已知 $T = 620\,750$ N·mm，查表 5-5 的许用应力 $\sigma_{pp} = 100 \sim 120$ MPa，<br>则<br>$\sigma_p = \dfrac{2 \times 620\,750}{65 \times 5.5 \times 72} = 48$（MPa）$< \sigma_{pp}$<br>挤压强度满足要求 | 挤压强度满足要求 |

## 🛠 练一练

1. 常用普通平键有哪几种基本类型？各用于什么场合？
2. 试述普通平键连接的工作原理及特点。
3. 平键连接有哪些失效形式？
4. 一齿轮装在轴上，采用 A 型键连接，齿轮、轴、键均用 45 钢，轴径 $d = 80$ mm，轮毂长度 150 mm，传递转矩 $T = 2\,000$ N·m，工作中有轻微冲击，试确定平键尺寸和标记，并验算连接的强度。
5. 某键连接，已知轴径 $d = 35$ mm，选择 A 型键（圆头普通平键），键的尺寸为 $b \times h \times L = 10 \times 8 \times 50$（mm × mm × mm），键连接的许用挤压应力 $\sigma_{pp} = 100$ MPa，传递转矩 $T = 200$ N·mm，试校核键的强度。

## 5.4 花键连接

### 5.4.1 花键连接的类型和特点

花键连接由具有周向均匀分布的多个键齿的花键轴［外花键（External Spline）］和具有同样键齿槽［内花键（Internal Spline）］的轮毂组成，如图 5-22 所示。工作时依靠齿侧的挤压传递转矩，因花键连接键齿多，故承载力强；因齿槽浅，故应力集中小，对轴削弱小，且对中性和导向性均较好，但需专用设备加工，成本较高。花键连接适用于载荷较大、定心精度要求较高的静连接或动连接。

花键已标准化，按其齿形不同，可分为矩形花键（Rectangle Spline）和渐开线花键（Involute Spline）两大类。花键的尺寸、公差和配合可查有关设计手册。外花键和内花键通常用强度极限不低于 600 N/mm² 的钢制造，且常经热处理（特别是在载荷作用下需频繁移动的花键连接）以获得足够的硬度和耐磨性。

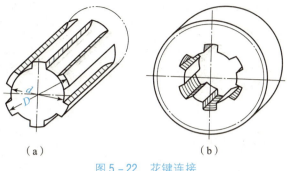

图 5 - 22 花键连接

(a) 外花键;(b) 内花键

花键连接动画

### 1. 矩形花键连接

图 5 - 23,花键的形状为矩形,易于加工,且可用磨削的方法获得较高的精度,应用最广。矩形花键按齿高尺寸不同,分为轻系列和中系列 2 种。轻系列承载能力小,适用于载荷不大的静连接;中系列承载能力较大,适用于中等载荷或零件只在空载时移动的动连接。矩形花键的定心方式为小径定心,即外花键和内花键的小径为配合面。特点是定心稳定性好、精度高,并能用磨削的方法消除热处理引起的变形。

### 2. 渐开线花键连接

渐开线花键的齿廓为压力角 $\alpha = 30°$ 或 $45°$ 的渐开线,如图 5 - 24 所示。与矩形花键相比,渐开线花键齿根较厚,齿根圆角较大,应力集中小,承载能力大,寿命长;其加工方法与齿轮加工相同,工艺性较好,易获得较高的精度和互换性。渐开线花键的定心方式为齿形定心,定心精度高,且可自动定心。因此,渐开线花键连接一般用于载荷较大、定心精度要求较高及尺寸较大的连接。

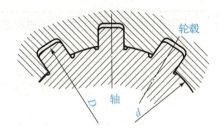

图 5 - 23 矩形花键连接及定心方式

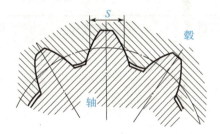

图 5 - 24 渐开线花键连接及定心方式

### 5.4.2 花键连接的选用和强度计算

花键联结的强度计算与键连接类似,一般先根据连接的结构特点、使用要求、工作条件选定花键类型和尺寸,然后进行必要的强度校核计算。花键连接的受力情况如图 5 - 25 所示。

花键连接的主要失效形式在静连接时主要是工作面被压溃,动连接时主要是工作面过度磨损。因此,静连接通常按工作面上的挤压应力进行强度计算,动连接则按工作面上的压力进行条件性的强度计算。

强度计算时,假定载荷在键的工作面上均匀分布,各齿面上压力的合力 $F$ 作用在平均

直径 $d_m$ 处,如图 5-25 所示,并用载荷分配不均系数 $\phi$ 来估计实际压力分配的不均匀性,则其挤压强度条件为

静连接:

$$\sigma_p = \frac{2T}{\phi Nhld_m} \leq \sigma_{pp} \qquad (5-5)$$

动连接:

$$p = \frac{2T}{\phi Nhld_m} \leq [p] \qquad (5-6)$$

式中 $T$——传递转矩,N·mm;

$\phi$——各键的载荷分配不均系数,一般取 $\phi = 0.7 \sim 0.8$;

$N$——花键的齿数;

$l$——花键的工作长度,mm;

$h$——花键的工作高度(矩形花键:$h = \frac{D-d}{2} - 2C$,

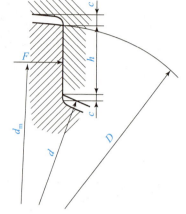

图 5-25 花键连接的受力

$D$ 为外花键的大径,$d$ 为内花键的小径,$c$ 为倒角尺寸;渐开线花键:$\alpha = 30°$,$h = m$;$\alpha = 45°$,$h = 0.8m$,$m$ 为模数,mm;

$d_m$——花键的平均直径(矩形花键:$d_m = \frac{D-d}{2}$;渐开线花键:$d_m = d_f$,$d_f$ 为分度圆直径),mm;

$\sigma_{pp}$——许用挤压应力,其值可查表 5-7,MPa;

$[p]$——许用压力,其值可查表 5-7,MPa。

表 5-7 花键连接的许用挤压应力 $\sigma_{pp}$ 和许用压强 $[p]$    MPa

| 许用值 | 连接工作方式 | 使用和制造情况 | 齿面未经热处理 | 齿面经热处理 |
|---|---|---|---|---|
| $\sigma_{pp}$ | 静连接 | 不良<br>中等<br>良好 | 35~50<br>60~100<br>80~120 | 40~70<br>100~140<br>120~200 |
| [p] | 空载下移动的动连接 | 不良<br>中等<br>良好 | 15~20<br>20~30<br>25~40 | 25~35<br>30~60<br>40~70 |
|  | 载荷作用下移动的动连接 | 不良<br>中等<br>良好 | —<br>—<br>— | 3~10<br>5~15<br>10~20 |

注:①使用和制造情况不良是指受变载、有双向冲击、振动频率高和振幅大、润滑不良(对动连接)、材料硬度不高或精度不高等。

②同一情况下,$\sigma_{pp}$ 或 $[p]$ 的较小值用于工作时间长和较重要的场合。

外花键和内花键通常用屈服极限不低于 600 MPa 的钢制造,且常经热处理(特别是在载荷作用下需频繁移动的花键连接)以获得足够的硬度和耐磨性。

> **练一练**
>
> 1. 平键和花键在工作中有什么不同?
> 2. 花键有哪几种?哪种花键应用最广?如何定心?
> 3. 矩形花键连接的主要尺寸是什么?

## 5.5 销连接

### 5.5.1 销连接的作用

销(Pin)是标准件,通常用于固定零件之间相对位置的称为定位销(Locating Pin)[图 5-26(a)],它是组合加工和装配时的重要辅助零件,同一定位面上至少需用2个定位销定位;有用于轴毂或其他零件连接的称为连接销(Coupling Pin)[图 5-26(b)],可传递不大的载荷;作为安全装置中过载剪断元件的称为安全销(Safety Pin)[图 5-26(c)]。

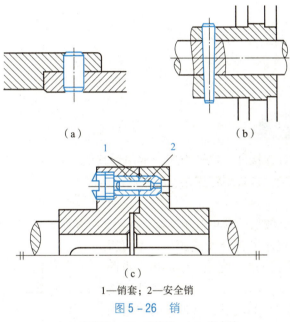

1—销套;2—安全销
图 5-26 销
(a)定位销;(b)连接销;(c)安全销

### 5.5.2 销的类型

按销形状的不同,可分为圆柱销(Cylindrical Pin)、圆锥销(Conical Pin)和开口销(Cotter Pin)等。圆柱销[图 5-26(a)]靠微量的过盈配合固定在孔中,它不易经常装拆,否则会降低定位精度和连接的紧固性。圆锥销[图 5-27(a)]具有1:50的锥度,小头直径为标准值。圆锥销安装方便,且多次装拆对定位精度的影响也不大,应用较广。开尾圆锥销[图 5-27(b)]适用于有冲击、振动的场合。端部带螺纹的圆锥销[图 5-27(c)、(d)]可用于盲孔或拆卸困难的场合。

销的材料多采用强度极限为 500~600 MPa 的碳素钢(如35钢、45钢)。

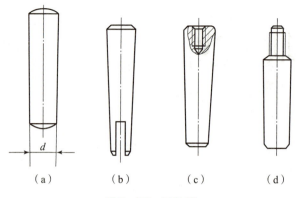

图 5-27 圆锥销

(a) 圆锥销；(b) 开尾圆锥销；(c) 内螺纹圆锥销；(d) 螺尾圆锥销

## 练一练

1. 销的类型有哪些？
2. 适用于经常拆卸场合的销是哪种？
3. 适用于冲击振动场合的销是哪种？
4. 销常用的材料是？

## 5.6 其他常用连接

除了上述介绍的几种连接外，机械中还经常用到其他一些连接，如铆接、焊接、胶接、过盈配合连接、成形连接、自攻螺钉连接、膨胀螺栓连接等。

### 1. 铆接

铆接是一种使用时间较长的简单机械连接，如图 5-28 所示。将铆钉穿入被连接件的铆钉孔中，用锤击或压力机压缩铆合而成的一种不可拆连接。铆接具有工艺设备简单、抗振、耐冲击、牢固可靠等优点，但结构笨重，被连接件（或被铆件）由于制有钉孔，强度受到较大的削弱，且铆接时有剧烈的噪声。目前除桥梁、飞机制造等工业部门采用外，应用已逐渐减少，并被焊接、胶接所代替。

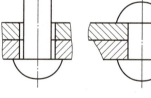

图 5-28 铆接

### 2. 焊接

焊接是利用局部加热的方法将被连接件连接成一体的不可拆连接。

在焊接时，被连接件接缝处的金属和焊条熔化、混合并填充接缝处空隙而形成焊缝。最常见的焊缝形式有正交填角焊缝、搭接焊缝、对接焊缝等多种，如图 5-29 所示。

与铆接相比，焊接具有强度高、工艺简单、质量轻、工人劳动条件好等优点，特别是单件小批量生产或形式变化较多的零部件，采用焊接结构常常可以缩短生产准备周期、减轻质量、降低成本。因此，应用日益广泛，新的焊接方法也迅速发展。

在机械工业中，常用的焊接方法有属于熔融焊的气焊（Gas Welding）和电焊（Electric

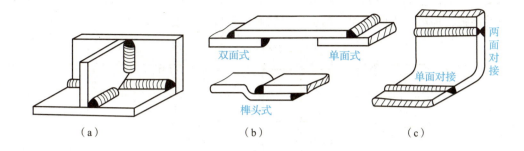

图 5-29 焊缝形式

(a) 正交填角焊缝；(b) 搭接焊缝；(c) 对接焊缝

Welding）。电焊又分为电弧焊（Arc Welding）和接触焊（Contact Welding）两大类，其中电弧焊操作简单，连接质量好，应用最广。

焊接结构件可以全部用轧制的板、型材、管材焊成，也可以用轧件、铸件、锻件拼焊而成，同一组件又可以用不同材质或按工作需要在不同部位选用不同强度和不同性能的材料拼接而成。因此，采用焊接方法，对结构件的设计提供了很大的灵活性。

3. 胶接

胶接是利用黏结剂在一定条件下把预制的元件连接在一起，并具有一定的连接强度，也称为粘接。它也是使用时间较长的一种不可拆连接，其应用实例如图 5-30 所示。

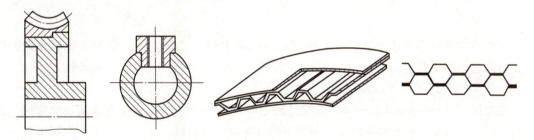

图 5-30 胶接应用实例

常用的黏结剂有酚醛-乙烯、聚氨酯、环氧树脂等。胶接的优点是：不受被连接件材料的限制，可连接金属和非金属，包括某些脆性材料；接头的应力分布较均匀，对于薄板（特别是非铁金属）结构，避免了铆、焊、螺纹连接引起的应力集中和局部翘曲；一般不需要机械紧固件，不需加工连接孔，大大减少了机械加工量和降低了整个结构的质量；胶接的密封性、绝缘性能好，且耐腐蚀；工艺过程易实现机械化和自动化。

缺点是：工作温度过高时，胶接强度将随着温度的增高而显著下降；耐老化、耐介质（酸、碱）性能较差，且不稳定；对胶接接头载荷的方向有限制且不宜承受严重的冲击载荷。

4. 过盈配合连接

过盈配合连接是利用 2 个被连接件间的过盈配合来实现的连接。图 5-31 为两光滑圆柱面的过盈配合连接，这种连接可做成可拆连接（过盈量较小），也可做成不可拆连接（过盈量较大）。装配后，由于结合处的弹性变形和过盈量，在配合表面产生很大的正压力；工作时，靠配合表面产生的摩擦力来传递载荷。这种连接结构简单、对中性好、对轴的削弱小、耐冲击性能强，但配合表面的加工精度要求较高，装配不方便。

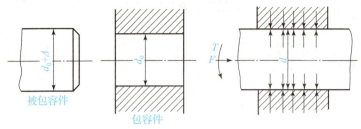

图 5-31 过盈配合连接

### 5. 成形连接

成形连接（Forming Connection）是利用非圆面的轴与相应的毂孔构成的可拆连接，如图 5-32 所示。轴和毂孔做成柱形，只能传递转矩；轴和毂孔做成锥形，既能传递转矩，又能传递轴向力。

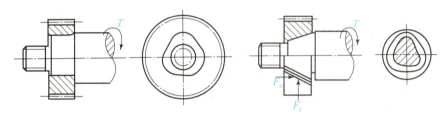

图 5-32 成形连接

这种连接没有应力集中源，定心性好，承载能力强，装拆方便，但加工比较复杂。因此，目前应用并不普遍。容易加工方形、六方形、切边圆形等的各面，但定心性差。

### 6. 自攻螺钉连接和膨胀螺栓连接

自攻螺钉（Sheetmetal Screws）连接是利用螺钉在被连接件的光孔内直接攻出螺纹。螺钉头部形状有盘头、沉头和半沉头，分别如图 5-33（a）、（b）、（c）所示，头部槽有一字槽、十字槽和开槽等形状，末端有锥端和平端两种，常用于金属薄板、轻合金或塑料零件的连接。

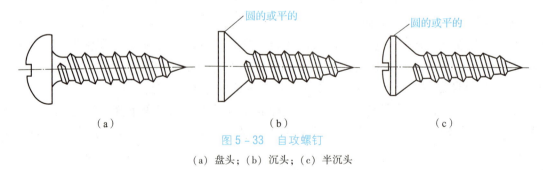

图 5-33 自攻螺钉

（a）盘头；（b）沉头；（c）半沉头

图 5-34 为膨胀螺栓（Expansion Bolt）连接，该螺栓头部为一圆锥体，杆部装一软套筒，套筒上开有轴向槽。安装时先将螺栓杆连同套筒装在被连接件孔中，拧紧末端螺母时，锥体压入套筒，靠套筒变形将螺栓固定在被连接件中，末端有平端形和钩形等。这种连接结

构简单、安装方便、应用广泛。

图 5-34　膨胀螺栓连接

## 练一练

1. 试简述铆接的特点。
2. 与铆接相比，焊接具备什么样的特点？
3. 采用过盈配合连接时一般选择什么装配方法？
4. 简述膨胀螺栓的原理。
5. 自攻螺钉能否作为经常拆卸或承受较大扭力的连接，为什么？

## 减速器输出轴的设计
### Reducer Output Shaft Design

### 1. 背景

现代机械加工行业正发生着深刻的结构性变化,工艺工装设计与改良已经成为相关企业生存和发展的必要条件。动力装置行业作为一个传统且富有活力的行业,近十几年取得了突飞猛进的发展。请根据已知的参数设计一款输出轴(Output Shaft)(图 6-1)并确定尺寸,最后绘制一张完整的轴零件图。

1—双离合模块;2—发动机的动力;3,5—连接传动半轴和前轮;4—差速器;
6—输出轴;7—输入轴;8—倒挡齿轮

图 6-1 减速器输出动力

## 2. 模型设计制作要求

### 任务描述

发动机（Engine）是汽车的心脏，它为车辆的行驶提供源源不断的动力，车辆减速器的主要作用就是改变传动比（Transmission Ratio），将合适的牵引力通过传动轴输出到车轮上以满足不同车工况的需求。可以说，一个变速箱（Transmission Case）的好坏，会对车辆动力性能产生直接的影响。近20年，汽车减速器也进入了百家争鸣的时代，市面上各式各样的减速器也让消费者的选择前所未有地丰富起来。

一般手动减速器的基本结构包括动力输入轴（Input Shaft）和输出轴两大件，再加上构成变速箱的齿轮（Gear），就是一个手动减速器最基本的组件。动力输入轴与离合器相连，从离合器传递来的动力直接通过输入轴传递给齿轮组，齿轮组是由直径不同的齿轮组成的，不同的齿轮组合则产生不同的传动比，平常驾驶中的换挡也就是指换传动比。输入轴的动力通过齿轮间的传递，由输出轴传递给车轮，这就是手动减速器的基本工作原理。

本项目要求设计一给定参数减速器输出轴，具体过程如下：
- 确定目标：确定减速器形式。
- 小组讨论：采用头脑风暴法充分发散思维，小组讨论设计出实现目标步骤的具体实施方法。
- 绘制思路：发挥逻辑思维能力，把各步骤草图画出来，并连贯起来形成模型。
- 实施设计：依据设计步骤，完成各部分结构形状的设计，并确定各部分尺寸。
- 绘制零件图：选择合适规格的绘图纸，完成输出轴零件图的绘制。
- 编撰说明书：运用计算机完成手动减速器输出轴说明书的编写，实现知识分享。

### 每人所需材料

（1）1台计算器。
（2）1张A2图纸。
（3）1套绘图工具。
（4）1套减速器结构图片。
（5）若干设计资料。

### 技术

（1）结构设计技术。
（2）轴与轴上零件的设计技术。
（3）计算机编写设计说明书。

## 学习成果

（1）学习使用给定参数设计一手动减速器输出轴，并绘制零件图。
（2）学习使用轴与轴系知识进行轴的总成设计。
（3）学习使用 Word 等编辑软件制作属于自己的说明书。
（4）学习理论并制作 1 张轴与轴系的知识心智图。

### 古代机械文明小故事

#### 指 南 车

指南车（图 6-2）是中国古代用来指示方向的一种机械装置。据《宋史·舆服志》记载，公元前 26 世纪，中国黄帝时代就发明了指南车，经过多个世纪的制造与改进，三国时期魏明帝青龙三年（235）由马钧创造了一种新的指南车。指南车车厢内有能自动离合的齿轮系，使得无论车轮转向何方，都能使木人的手臂始终指向南方。

图 6-2 指南车

## 6.1 轴

### 6.1.1 认识轴

**1. 轴的分类、特点和应用**

轴是组成机器的主要零件之一，应用很广。做回转运动的传动零件（如带轮、齿轮等）都是安装在轴上，并通过轴实现运动及动力的传递。轴的主要功用是支承回转零件并传递运动和动力。

按照轴的承载情况，可将其分为：

（1）转轴（Rotating Shaft），既承受弯矩（Bending Moment）又承受扭矩（Torque）的轴，如图 6-3 所示。这类轴在各种机器中最为常见。

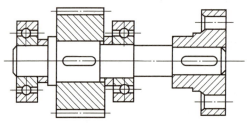

图 6-3 支承齿轮的转轴

（2）心轴（Mandrel），只承受弯矩而不承受扭矩的轴。心轴又分为转动心轴［图 6-4（a）］和固定心轴［图 6-4（b）］2种。

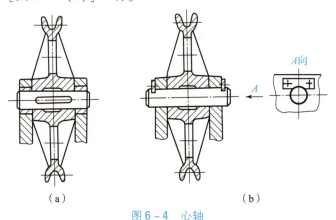

图 6-4 心轴
（a）转动心轴；（b）固定心轴

（3）传动轴（Transmission Shaft），只承受扭矩而不承受弯矩（或弯矩很小）的轴，如图 6-5 所示的汽车传动轴。

图 6-5 汽车传动轴

按照轴的结构形状，轴可分为光轴（图6-6）、阶梯轴（图6-3）和曲轴（图6-7）。光轴结构简单、加工容易、应力集中源少，主要用作传动轴。阶梯轴的各轴段截面直径不同，便于轴上零件的固定，在机器中应用最为广泛。曲轴是专用零件，主要用于内燃机中。

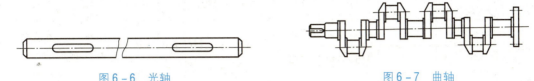

图6-6 光轴　　　　　　　　　　　图6-7 曲轴

直的轴一般都制成实心的。若因机器结构需要或者为了减轻质量，可采用空心轴。

此外，还有一种钢丝软轴，又称钢丝挠性轴。图6-8为由多组钢丝分层卷绕而成的钢丝软轴，具有良好的挠性，可以把回转运动灵活地传到任何位置（图6-9）。它能用于连续振动的场合，具有缓和冲击的作用。

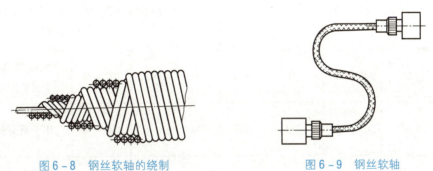

图6-8 钢丝软轴的绕制　　　　　　图6-9 钢丝软轴

### 2. 轴的材料及其选用

由于轴工作时产生的应力多为变应力，其失效一般为疲劳断裂（Fatigue Fracture），因此轴的材料应具有足够的疲劳强度、较小的应力集中敏感性。同时还必须满足刚度、耐磨性、耐腐蚀性要求，并具有良好的加工工艺性。

轴的常用材料是碳素钢（Carbon Steel）和合金钢（Alloy Steel）。尺寸较小的轴的毛坯可以用轧制圆钢车制，尺寸较大的轴应该用锻造的毛坯。铸造毛坯应用很少。

碳素钢比合金钢价廉，对应力集中的敏感性较低，并能通过热处理改善其综合力学性能，所以应用较为广泛。一般的轴多用碳含量为0.25%～0.50%的优质中碳钢制造，其中最常用的是45钢。对于轻载或不重要的轴可以用Q235和Q275。

合金钢比碳素钢具有更好的力学和热处理性能，但价格较贵。因此，常用于高温、高速、重载，以及结构要求紧凑的轴。常用的合金钢有20Cr、40Cr、35SiMn、40MnB等。合金钢和碳素钢的弹性模量相差不多，不宜采用合金钢来提高轴的刚度。

轴的常用材料及其主要力学性能见表6-1。

轴也可以采用高强度铸铁（High Strength Cast iron）和球墨铸铁（Ductile Iron），其毛坯是铸造成型的。这些材料具有价廉、良好的吸振性和耐磨性，以及对应力集中的敏感性较低等优点，可用于制造外形复杂的轴。但是铸造轴的质量不易控制，可靠性较差。

表 6-1 轴的常用材料及其主要机械性能

| 材料及热处理 | 毛坯直径/mm | 硬度 HBS | 抗拉强度极限/MPa | 屈服强度极限/MPa | 许用弯曲应力/MPa | 许用剪切应力/MPa | 常数 A | 应用说明 |
|---|---|---|---|---|---|---|---|---|
| Q235 | ≤100 | — | 400~420 | 225 | 40 | 12~20 | 160~135 | 用于不重要及受载荷不大的轴 |
|  | >100~250 | — | 375~390 | 215 |  |  |  |  |
| 35 钢正火 | ≤300 | 143~187 | 520 | 270 | 45 | 20~30 | 135~118 | 用于一般轴 |
| 45 钢正火 | ≤100 | 170~217 | 600 | 300 | 55 | 30~40 | 118~107 | 用于较重的轴，应用最广泛 |
| 45 钢调质 | ≤200 | 217~255 | 650 | 360 | 55 |  |  |  |
| 40Cr 调质 | ≤200 | 241~286 | 750 | 550 | 60 | 40~52 | 107~98 | 用于载荷较大，而无很大冲击的重要的轴 |
| 40MnB 调质 | ≤200 | 241~286 | 750 | 500 | 70 | 40~52 | 107~98 | 性能接近于 40Cr，用于重要的轴 |
| 35CrMo 调质 | ≤100 | 207~269 | 750 | 550 | 70 | 40~52 | 107~98 | 用于重载荷的轴 |
| 35SiMn 调质 | ≤100 | 229~286 | 800 | 520 | 70 | 40~52 | 107~98 | 可代替 40Cr，用于中、小型轴 |
| 42SiMn 调质 | ≤100 | 229~286 | 800 | 520 | 70 | 40~52 | 107~98 | 与 35SiMn 相同，但专供表面淬火用 |

**3. 轴的结构组成**

图 6-10 为阶梯轴（Stepped Shaft）的常见结构。轴上与轴承配合的部分称为轴颈（Axle Neck），安装轮毂的部分称为轴头（Axle Head），连接轴颈和轴头的部分称为轴身（Axle Body）。截面尺寸变化的部分称为轴肩（Shaft Shoulder）或轴环（Collar），轴肩和轴环常用于轴上零件的定位。为了固定轴上的零件，轴上开有键槽，通过键连接实现轮毂的周向定位。此外，为了便于加工和装配，轴上还有轴肩的过渡圆角、轴端的倒角等结构。

## 6.1.2 轴的结构设计

**1. 轴的强度和刚度**

轴的强度和刚度与工作应力的大小有关。因此，在选择轴的结构和形状时应注意以下几个方面。

（1）使轴的形状（Shape）接近于等强度条件，以充分利用材料的承载能力（Carrying Capacity）。对于只受转矩的传动轴，为了使各轴段剖面上的切应力大小相等，常制成光轴或

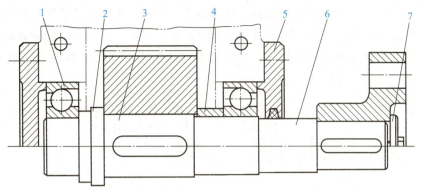

1—轴颈；2—轴环；3—轴头；4—套筒；5—轴承端盖；6—轴身；7—轴端挡圈

图 6-10 阶梯轴的结构

接近于光轴的形状；对于受交变弯曲载荷的轴应制成曲线形，如图 6-11 所示。实际生产中一般制成阶梯轴以便于安装和定位。

(2) 尽量避免各轴段尺寸突然变化以降低局部应力集中，提高轴的疲劳强度（Fatigue Strength）。

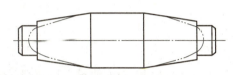

图 6-11 等强度梁

为了减小应力集中，在各轴段尺寸过渡处制成适当大的圆角，并尽量避免在轴上开孔或开槽，必要时可采用减载槽、中间环或凹切圆角等结构，如图 6-12 所示。

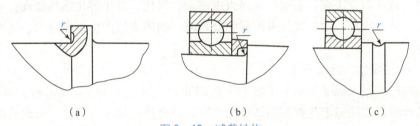

图 6-12 减载结构
(a) 凹切圆角；(b) 中间环；(c) 减载槽

(3) 改善轴上零件的布置，可以减小轴所承受的载荷。图 6-13（a）的轴，轴上作用的最大转矩为 $T_1+T_2$。如果把输入轮布置在两输出轮之间，如图 6-13（b）所示，则轴所受的最大转矩由 $T_1+T_2$ 减小为 $T_1$，从而提高了轴的强度和刚度。

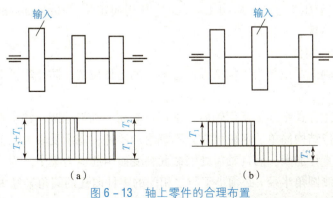

图 6-13 轴上零件的合理布置
(a) 不合理布置；(b) 合理布置

(4) 改进轴上零件的结构也可以减小轴的载荷。图 6-14 为起重机卷筒机构的 2 种不同设计方案，图 6-14（a）的方案是大齿轮和卷筒连在一起，转矩经大齿轮直接传给卷筒，这样卷筒轴只受弯矩而不受转矩作用。在起重同样载荷 $F$ 时，轴的直径可比图 6-14（b）中的轴径小。

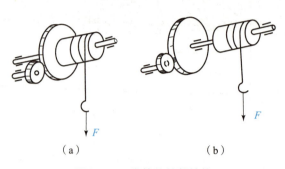

图 6-14　卷筒的轮毂结构
(a) 双连结构；(b) 分装结构

(5) 改进轴的表面质量以提高轴的疲劳强度。轴的表面粗糙度（Surface Roughness）和表面强化（Surface Strengthening）处理方法也会对轴的疲劳强度产生影响。轴的表面越粗糙，疲劳强度越低，因此，应注意轴表面粗糙度的选择。当采用对应力集中甚为敏感的高强度材料制作轴时，表面质量应十分注意。

表面强化处理的方法有：表面高频淬火、渗碳、氰化、氮化等化学热处理；碾压、喷丸等强化处理。通过碾压、喷丸进行表面强化处理时，轴的表层产生预压应力，从而提高轴的抗疲劳能力。

### 2. 拟定轴上零件的装配方案

轴的结构形式很大程度上取决于轴上零件的装配方案（Assembly Project），因此在进行轴的结构设计时，必须拟定几种不同的装配方案，以便进行比较与选择。所谓装配方案，就是预定出轴上主要零件的装配方向、顺序和相互关系。例如图 6-10 中的装配方案是：齿轮、套筒、右端轴承、轴承端盖、半联轴器依次从轴的右端向左安装，左端只安装轴承及其端盖。这样就对各轴段的粗细顺序做了初步安排。

### 3. 零件在轴上的固定方法

为了防止轴上零件受力时发生沿轴向或周向的相对运动，轴上零件除了有游动或空转的要求外，都必须进行轴向定位（Axial Location）和周向定位（Circumferential Location），以保证其准确的工作位置。

(1) 零件的轴向定位。

零件在轴上的轴向定位是为了保证零件有确定的工作位置，防止零件沿轴向移动并承受轴向力。

零件的轴向定位方式很多，常用轴肩、轴环、套筒、轴端挡圈、轴承端盖、圆螺母等。

轴肩和轴环定位结构简单、定位可靠，不需附加零件，能承受较大的轴向力。但采用轴肩就必然会使轴的直径加大，而且轴肩处因截面突变而引起应力集中。为了轴上零件紧靠定位面，轴肩处的过渡圆角半径 $r$ 必须小于与之相配的零件内孔的圆角半径 $R$ 或倒角 $C$，轴肩的高度一般取 $h=(0.07\sim 0.1)d$，$d$ 为与零件相配处轴的直径。$b\approx 1.4h$，如图 6-15 所示。

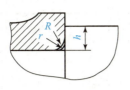 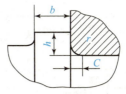

图 6-15 轴肩和轴环

套筒定位结构简单、定位可靠，轴上不需开槽、钻孔和切制螺纹，因而不影响轴的疲劳强度，一般用于轴上 2 个零件之间的定位。如果两零件的间距较大，不宜采用套筒定位。另外套筒与轴配合较松，如果轴的转速较高时，也不宜采用套筒定位。圆螺母定位可承受大的轴向力，但轴上螺纹处会产生较大的应力集中，从而降低轴的疲劳强度，因此一般用于固定轴端的零件。当轴上两零件间距较大不宜采用套筒定位时也常采用圆螺母定位，如图 6-16 所示。

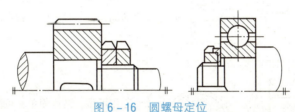

图 6-16 圆螺母定位

轴端挡圈适用于固定轴端零件，可以承受较大的轴向力，如图 6-10 所示。受载较小时可采用弹性挡圈 [图 6-17（a）]、紧定螺钉 [图 6-17（b）] 定位。

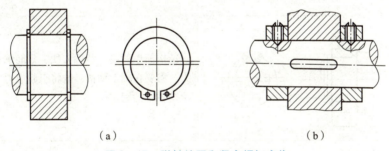

图 6-17 弹性挡圈和紧定螺钉定位

(a) 弹性挡圈；(b) 紧定螺钉

在表 6-2 中，是几种常用的轴上零件的轴向固定方式及应用。

表 6-2 轴上零件的轴向固定方式及应用

| 类型 | 图例 | 结构特点及应用 |
| --- | --- | --- |
| 圆螺母 |  | 固定可靠，装拆方便，可承受较大的轴向力，能调整轴上零件之间的间歇，为防止松脱，必须加止动垫圈或使用双螺母。由于在轴上切割了螺纹，使轴的强度降低，常用于轴上零件距离较大处及轴端零件的固定 |

续表

| 类型 | 图例 | 结构特点及应用 |
|---|---|---|
| 轴肩与轴环 | 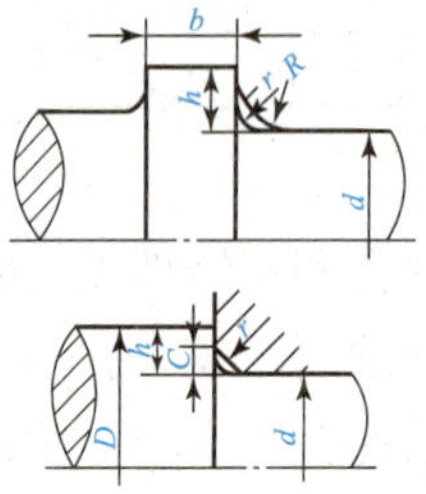 | 应使轴肩、轴环的过渡圆角半径 $r$ 小于轴上零件孔端的圆角半径 $R$ 或倒角 $C$（$r<R$ 或 $r<C$），这样才能使轴上零件的端面紧靠定位面，结构简单，定位可靠，能承受较大的轴向力，广泛应用于各种轴上零件的定位 |
| 套筒 | 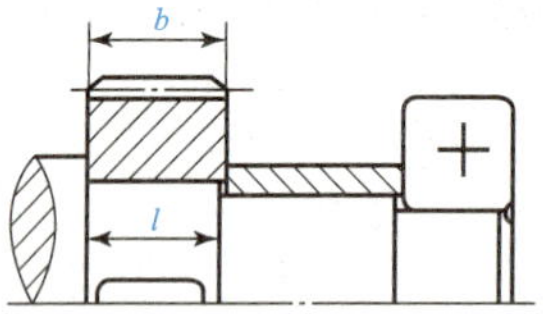 | 结构简单，定位可靠，常用于轴上零件间距离较短的场合，当轴的转速很高时不宜采用 |
| 轴端挡圈 | 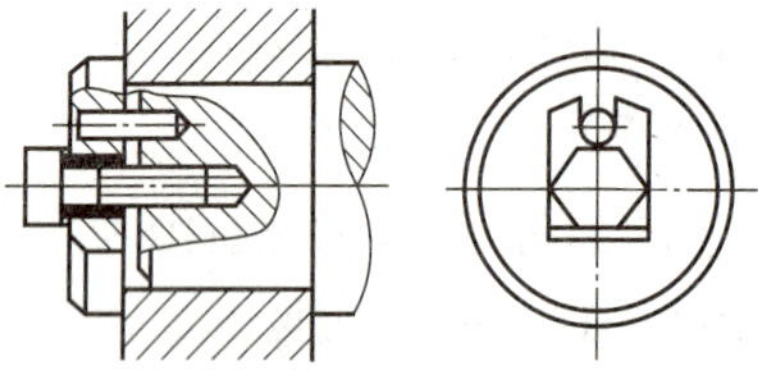 | 工作可靠，结构简单，可承受剧烈振动和冲击载荷。使用时，应采取止动垫片、防转螺钉等防松措施，应用广泛，适用于固定轴端零件 |
| 弹性挡圈 | 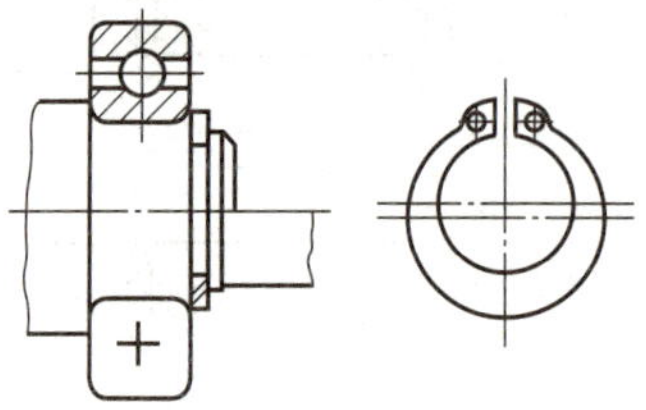 | 结构简单紧凑，装拆方便，只能承受很小的轴向力，需要在轴上切槽，这将引起应力集中，常用于滚动轴承的固定 |
| 轴端挡板 | 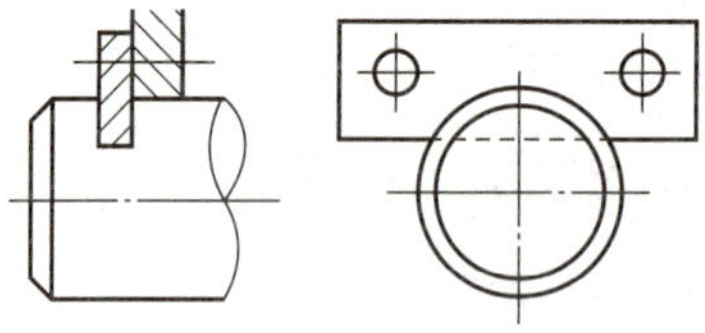 | 结构简单，适用于心轴上零件的固定和轴端固定 |
| 紧定螺钉、挡圈 | 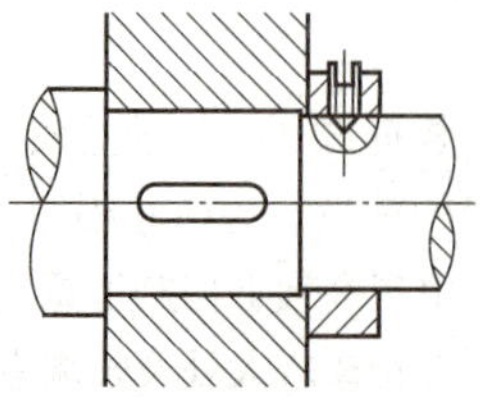 | 结构简单，同时起周向固定作用，但承载能力较低，且不适用于高速场合 |

续表

| 类型 | 图例 | 结构特点及应用 |
|---|---|---|
| 圆锥面 | 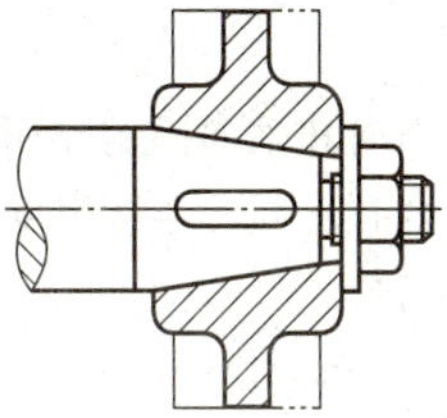  | 能消除轴与轮毂间的径向间隙,装拆方便,可兼作周向固定。常与轴端挡圈联合使用,实现零件的双向固定。适用于有冲击载荷和对中性要求较高的场合,常用于轴端零件的固定 |

（2）零件的周向定位。

轴上零件的周向定位保证轴上的传动零件与轴一起转动。常用的固定方式有键连接、过盈配合等。转矩过大可采用花键连接；转矩较小可采用销钉和紧定螺钉连接。表 6-3 中列出了几种常用的轴上零件的周向固定方法及应用。

表 6-3 轴上零件的周向固定方法及应用

| 类型 | 图例 | 结构特点及应用 |
|---|---|---|
| 平键连接 | 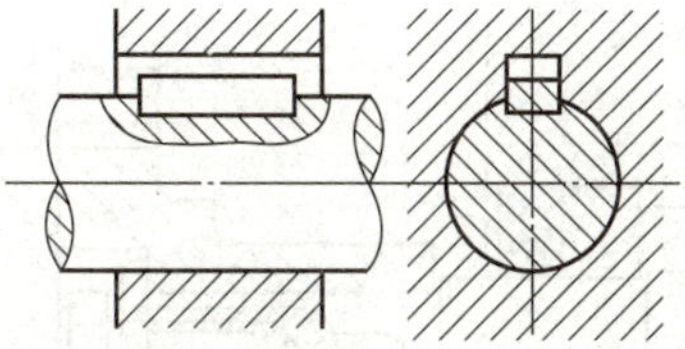  | 加工容易、装拆方便,但轴向不能固定,不能承受轴向力 |
| 花键连接 | 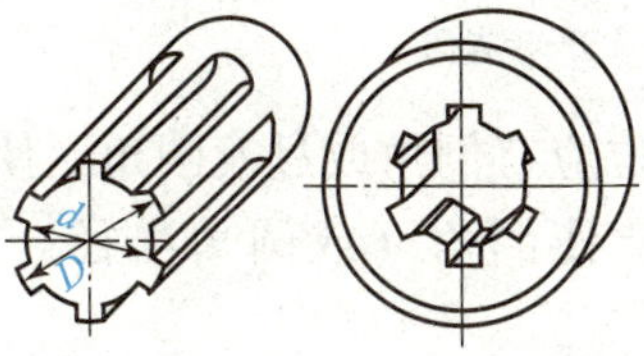  | 具有接触面积大、承载能力强、对中性和导向性好等特点,适用于载荷较大,定心要求高的静动连接。加工工艺较复杂,成本较高 |
| 销钉连接 | 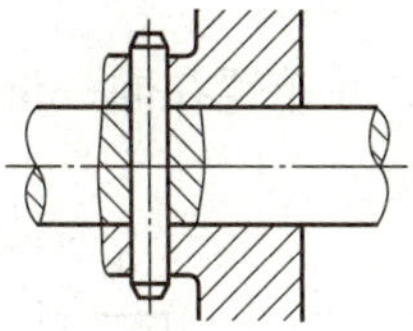  | 轴向、周向都可以固定,常用作安全装置,过载时可被剪断,防止损坏其他零件,不能承受较大载荷,对轴强度有削弱 |
| 紧定螺钉 | 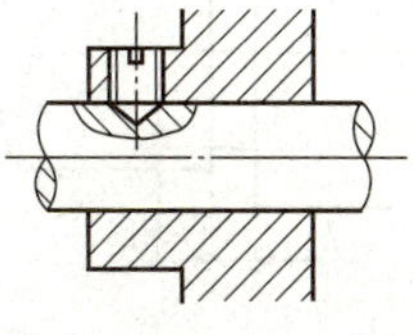  | 紧定螺钉端部拧入轴上凹坑实现固定.结构简单,不能承受较大载荷,只适用于辅助连接 |

续表

| 类型 | 图例 | 结构特点及应用 |
|---|---|---|
| 过盈配合 | ![过盈配合图] | 同时有周向和轴向固定作用，对中精度高，选择不同的配合有不同的连接强度。不适用于重载和经常装拆的场合 |

（3）轴上常见的工艺结构。

轴的结构工艺性是指轴的结构形式应便于加工、便于轴上零件的装配和使用维修，并且能提高生产率、降低成本。一般来说，轴的结构越简单，工艺性就越好。因此，在满足使用要求的前提下，轴的结构形式应尽量简化。

1）轴的结构和形状应便于加工、装配和维修。

2）阶梯轴的直径应该是中间大、两端小，以便于轴上零件的装拆（图6-18）。

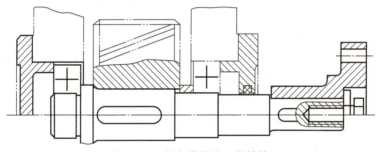

图6-18 轴上常见的工艺结构

3）轴端、轴颈与轴肩（或轴环）的过渡部位应有倒角或过渡圆角，使轴上零件装配时避免划伤配合表面，减小应力集中。应尽可能使倒角（或圆角半径）一致，以便于加工。

4）当轴上需要切制螺纹或进行磨削时，应有螺纹退刀槽，如图6-19所示，砂轮越程槽如图6-20所示。

5）当轴上有2个以上键槽时，槽宽应尽可能相同，并布置在同一母线上，以利于加工，如图6-18所示。

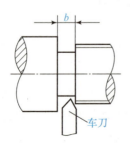

图6-19 螺纹退刀槽

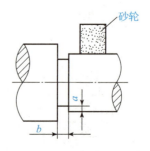

图6-20 砂轮越程槽

**【例 6-1】** 分析图 6-21 减速器转轴的结构。

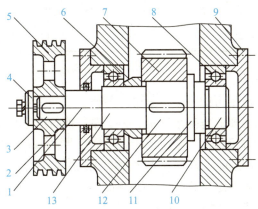

1—轴身；2—轴肩；3，12—轴头；4—轴端挡圈；5—带轮；6—套筒；7—齿轮；8—滚动轴承；
9—轴承盖；10，13—轴颈；11—轴环

图 6-21 减速器转轴结构

**解** 减速器转轴结构分析列表于 6-4。

表 6-4 减速器转轴结构分析

| 步骤 | 分析 |
| --- | --- |
| 1. 转轴上零件名称 | 轴端挡圈、带轮、套筒、齿轮、滚动轴承、轴承盖 |
| 2. 转轴上周向固定的方法 | 平键连接、过盈配合 |
| 3. 转轴上轴向固定的方法 | 轴肩与轴环、轴端挡圈、套筒、轴承盖 |
| 4. 转轴的工艺结构 | （1）轴的直径是中间大、两端小，以便于轴上零件的装拆。<br>（2）轴端、轴颈与轴肩（或轴环）的过渡部位有倒角或过渡圆角，使轴上零件装配时避免划伤配合表面，减小应力集中。<br>（3）轴上有砂轮越程槽。<br>（4）轴上有 2 个以上键槽，槽宽相同，并布置在同一母线上，利于加工 |

### 4. 轴上各个轴段的尺寸确定

（1）各轴段直径的确定。

零件在轴上的定位及装拆方案确定后，轴的形状便大体确定。各轴段所需的直径与轴上的载荷大小有关。初步确定轴的直径时，通常支反力的作用点是未知的，不能决定弯矩的大小与分布情况，因而不能按轴所受的具体载荷及其引起的应力来确定轴的直径。一般是按轴所受扭矩初步估算轴所需的直径。将初步计算出的直径作为承受扭矩的轴段的最小直径 $d_{min}$，然后按轴上零件的装配方案和定位要求，从 $d_{min}$ 处逐一确定各轴段的直径。在实际设计中，轴的直径也可凭设计者的经验选取，或参考同类机器用类比的方法确定。

有配合要求的轴段，应尽量采用标准直径，几种常用的标准直径见表 6-5，具体参数应查阅相关配合件的标准值。安装滚动轴承、联轴器、密封圈等标准件部位的轴径，应取相应的标准值及所选配合的公差；轴上螺纹直径应符合螺纹标准；轴上花键部分必须符合花键标准。

表 6-5 轴的标准直径　　　　　　　　　　　　　　　　　　　　　　　　　　　mm

| 10 | 12 | 14 | 16 | 18 | 20 | 22 | 24 | 25 | 26 | 28 | 30 | 32 | 34 | 36 |
|---|---|---|---|---|---|---|---|---|---|---|---|---|---|---|
| 38 | 40 | 42 | 45 | 48 | 50 | 53 | 56 | 60 | 63 | 67 | 71 | 75 | 80 | 85 |

(2) 各轴段长度的确定。

确定各轴段长度时，应尽可能使结构紧凑。各轴段长度主要是根据各零件与轴配合部分的轴向尺寸和相邻零件间必要的空隙来确定。为了保证轴向定位可靠，轴与齿轮、带轮及联轴器等零件配合各部分的轴段长度一般应比轮毂长度短 2~3 mm；轴颈的长度取决于滚动轴承的宽度；轴上转动零件之间或转动件与箱体内壁之间应留有适当间隙，一般取 10~15 mm，以防止运转时相碰；装有紧固件（如螺母、挡圈等）的轴段，其长度应保证零件所需的装配或调整空间，通常取 15~20 mm。

### 5. 轴的结构工艺性

轴的形状要力求简单，阶梯轴的级数应尽可能少，各轴段的键槽、圆角半径、倒角、中心孔等尺寸应尽可能统一，以减少加工时刀具、量具的数量和节约换刀时间。轴上需磨削的轴段应设计出砂轮越程槽、需车制螺纹的轴段应有退刀槽，如图 6-22 所示。

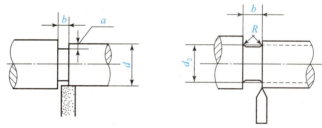

图 6-22　砂轮越程槽和螺纹退刀槽

当轴上有多处键槽时，应使各键槽位于轴的同一母线上（图 6-22）。为使轴便于装配，轴端应有倒角。对于阶梯轴常设计成两端小中间大的形状，以便于零件从两端装拆。轴的结构设计应使各零件在装配时尽量不接触其他零件的配合表面，轴肩高度不能妨碍零件的拆卸。

### 6.1.3　轴的强度计算

#### 1. 按扭转强度条件计算

对于圆截面传动轴，其抗扭强度条件为

$$\tau = \frac{T}{W_n} = \frac{9.55 \times 10^6 P}{0.2 d^3 n} \leq [\tau] \qquad (6-1)$$

式中　$T$——轴所传递转矩，N·mm；
　　　$W_n$——轴的抗扭截面系数，$mm^3$；
　　　$P$——轴所传递功率，kW；
　　　$n$——轴转速，r/min；
　　　$\tau$，$[\tau]$——轴的切应力、许用切应力，MPa；
　　　$d$——轴的估算最小直径，mm。

轴的设计计算公式为

$$d \geqslant \sqrt[3]{\frac{9.55 \times 10^6 P}{0.2[\tau]n}} = A\sqrt[3]{\frac{P}{n}} \qquad (6-2)$$

式中，$A = \sqrt[3]{9.55 \times 10^6/0.2[\tau]}$，由轴的材料和承载情况确定的常数。常用材料的 $[\tau]$、$A$ 见表 6-6。当作用在轴上的弯矩比转矩小，或轴只受扭矩时，$[\tau]$ 取较大值，$A$ 取较小值；反之，$[\tau]$ 取较小值，$A$ 取较大值。

表 6-6  常用材料的 $[\tau]$ 和 $A$

| 轴的材料 | Q235、20 钢 | 35 钢 | 45 钢 | 40Cr、35SiMn |
|---|---|---|---|---|
| $[\tau]$/MPa | 12～20 | 20～30 | 30～40 | 40～52 |
| $A$ | 135～100 | 135～118 | 118～107 | 107～98 |

对于转轴，可利用式（6-2）求出直径，作为转轴的最小直径。若在计算截面处有 1 个键槽应将直径增大 5%，有 2 个键槽可增大 10%，以补偿键槽对轴强度削弱的影响。

**2. 按弯扭合成强度条件计算**

完成轴的结构设计后，作用在轴上外载荷（转矩和弯矩）的大小、方向、作用点、载荷种类及支点反力等已确定，根据外载荷绘制出弯矩图和扭矩图，从而将弯矩和扭矩合成为当量弯矩进行计算。具体步骤如下：

（1）画出轴的空间力系图。将轴上作用力分解为水平面分力和垂直面分力，并求出水平面和垂直面上的支点反力。

（2）分别作出水平面上的弯矩（$M_H$）图和垂直面上的弯矩（$M_V$）图。

（3）计算出合成弯矩 $M = \sqrt{M_H^2 + M_V^2}$，绘制出合成弯矩图。

（4）作出扭矩（$T$）图。

（5）计算当量弯矩。$M_e = \sqrt{M^2 + (\alpha T)^2}$，式中，$\alpha$ 为考虑弯曲应力与扭转切应力循环特性的不同而引入的修正系数。通常弯曲应力为对称循环交变应力，而扭转切应力随着工作情况的变化而变化。

对正反转频繁的轴，可将转矩 $T$ 看成是对称循环变化。当不能确切知道载荷的性质时，一般轴的转矩可按脉动循环处理。

（6）校核危险截面的强度。根据合成弯矩图和扭矩图确定危险截面，进行轴的强度校核，其公式如下：

$$\sigma_e = \frac{M_e}{W} = \frac{\sqrt{M^2 + (\alpha T)^2}}{0.1d^3} \leqslant [\sigma_{-1b}] \qquad (6-3)$$

式中  $W$——轴的抗弯截面系数，mm³；

$M$——轴所受弯矩，N·mm；

$T$——轴所受扭矩，N·mm；

$M_e$——当量弯矩，N·mm；
$d$——轴的直径，mm；
$\sigma_e$——当量应力，MPa；
$[\sigma_{-1b}]$——对称循环变应力状态下材料的许用弯曲应力，MPa；
$\alpha$——根据扭矩性质而定的折合系数，查表6-7。

表6-7 轴扭矩折合系数

| 弯曲应力为对称循环变应力 | 扭转切应力 | | |
|---|---|---|---|
| | 静应力 | 脉动循环变应力 | 对称循环变应力 |
| | $\alpha \approx 0.3$ | $\alpha \approx 0.6$ | $\alpha = 1$ |

### 6.1.4 轴的设计方法

**1. 轴的设计方法概述**

轴的设计方法有类比法（Analogy Method）和设计计算法（Design Calculation method）两种。

（1）类比法。

类比法是根据轴的工作条件，选择与其相似的轴进行类比及结构设计，画出轴的零件图，用类比法设计轴一般不进行强度计算。由于完全依靠现有资料及经验进行轴的设计，通常设计结果比较可靠、稳妥，设计进程快，类比法较为常用。但有时这种方法具有一定的盲目性。

（2）设计计算法。

设计计算法的一般步骤如下：

1）根据轴的工作条件选择材料，确定许用切应力。

2）按扭转强度估算出轴的最小直径。

3）设计轴的结构，绘出轴的结构草图。根据工作要求确定轴上零件的位置和固定方式；确定各轴段的直径及长度；根据有关设计手册确定轴的结构细节，如圆角、倒角、退刀槽等的尺寸。

4）按弯扭组合进行强度校核。一般在轴上选取2、3个危险截面进行强度校核。若危险截面强度不够或强度裕度过大，则必须重新修改轴的结构。

5）修改轴的结构后再进行校核。反复交替进行校核和修改，直至设计出较为合理的轴的结构。

6）绘制轴的零件图。

**2. 轴的设计计算实例**

【例6-2】 设计带式输送机两级圆锥—圆柱齿轮减速器的输出轴，工作转矩变化很小。减速器传动简图如图6-23所示。输入轴与电动机相连，输出轴通过弹性柱销联轴器与工作机相连，该输送机为单向连续运转。已知电动机功率 $P = 10$ kW，转速 $n = 1\,450$ r/min。减速器齿轮传动的主要参数列于表6-8。

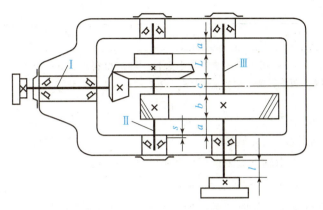

图 6-23 减速器传动简图

表 6-8 减速器齿轮传动的主要参数

| 级别 | $z_1$ | $z_2$ | $m_n$/mm | $m_t$/mm | $\beta$ | $\alpha_n$ | $h_a'$ | 齿宽/mm |
|---|---|---|---|---|---|---|---|---|
| 高速级 | 20 | 75 | — | 3.5 | — | 20° | 1 | 大锥齿轮轮毂长 $L=50$ |
| 低速级 | 23 | 95 | 4 | 4.040 4 | 8°06′34″ | | | $B_1=85$,$B_2=80$ |

**解** 表 6-9 为减速器轴设计计算。

表 6-9 减速器轴设计计算

| 步骤 | 计算过程 | 结果 |
|---|---|---|
| 1. 求输出轴上的功率 $P_3$、转速 $n_3$ 和转矩 $T$ | 若取两极齿轮传动的效率（包括轴承效率）$\eta=0.97$，则<br>$P_3 = P\eta^2 = 10 \times 0.97^2 = 9.41$（kW）<br>$n_3 = n_1 \dfrac{1}{i} = 1\ 450 \times \dfrac{20}{75} \times \dfrac{23}{95} = 93.61$（r/min）<br>于是 $T = 9\ 550 \dfrac{P_3}{n_3} = 9\ 550 \times \dfrac{9.41}{93.61} = 960\ 000$（N·mm） | $P_3 = 9.41$ kW<br>$n_3 = 93.61$ r/min<br>$T = 960\ 000$ N·mm |
| 2. 求作用在齿轮上的力 | 低速级大齿轮的分度圆直径为<br>$d_2 = m_t z_2 = 4.040\ 4 \times 95 = 383.84$（mm）<br>$F_t = \dfrac{2T}{d_2} = \dfrac{2 \times 960\ 000}{383.84} = 5\ 002$（N）<br>$F_r = F_t \dfrac{\tan\alpha_n}{\cos\beta} = 5\ 002 \times \dfrac{\tan 20°}{\cos 8°06′34″} = 1\ 839$（N）<br>$F_a = F_t \tan\beta = 5\ 002 \times \tan 8°06′34″ = 713$（N）<br>圆周力 $F_t$、径向力 $F_r$ 和轴向力 $F_a$ 的方向如图 6-24（b）所示 | $F_t = 5\ 002$ N<br>$F_r = 1\ 839$ N<br>$F_a = 713$ N |

续表

| 步骤 | 计算过程 | 结果 |
|---|---|---|
| 3. 初步确定轴的最小直径，选取联轴器 | 按式（6-2）初步估算轴的最小直径。轴的材料由表6-1选用45钢，调质处理。根据表6-6，取 $A = 107 \sim 118$，于是 $$d_{\min} = A\sqrt[3]{\frac{P}{n}} = (107 \sim 118) \times \sqrt[3]{\frac{9.41}{93.61}} = 50.29 \sim 55.46 (\text{mm})$$ 输出轴的最小直径显然是安装联轴器处的直径 $d_{\text{I}-\text{II}}$ ［图6-24（a）］。考虑轴上键槽削弱，轴径需增大3%，则 $d_{\text{I}-\text{II}} = 51.80 \sim 56.65$ mm，取 $d_{\text{I}-\text{II}} = 55$ mm。<br>选取联轴器：考虑工况，实际转矩 $T = 1.3 \times 960\,000 = 1\,248\,000$ N·mm，查相关手册，选取 HL4 型弹性柱销联轴器，半联轴器的孔径 $d_{\text{I}} = 55$ mm，取 $d_{\text{I}-\text{II}} = 55$ mm，半联轴器长度 $L = 112$ mm。半联轴器与轴配合的毂孔长度 $L_1 = 84$ mm | $d_{\text{I}-\text{II}} = 55$ mm<br>选取 HL4 型弹性柱销联轴器 |
| 4. 轴的结构设计 | （1）拟定轴上零件的装配方案。<br>轴上的大部分零件，大圆柱齿轮、套筒、左端轴承和轴承端盖及联轴器依次由左端装配，仅右端轴承和轴承端盖由右端装配。<br>（2）根据轴向定位要求确定各轴段直径和长度。<br>①为了满足半联轴器的轴向定位要求，Ⅰ—Ⅱ轴段右端需制出一轴肩，故取Ⅱ—Ⅲ段的直径 $d_{\text{II}-\text{III}} = 62$ mm，左端用轴端挡圈定位。半联轴器与轴配合的毂孔长度 $L_1 = 84$ mm，为了保证轴端挡圈只压在半联轴器上而不压在轴的端面上，故Ⅰ—Ⅱ轴段的长度应比 $L_1$ 略短一些，取 $l_{\text{I}-\text{II}} = 82$ mm。<br>②初步选择滚动轴承。<br>因轴承同时受径向力和轴向力的作用，参照工作要求并根据 $d_{\text{II}-\text{III}} = 62$ mm，故选用单列圆锥滚子轴承30313，其尺寸为 $d \times D \times T = 65$ mm $\times 140$ mm $\times 36$ mm，故 $d_{\text{III}-\text{IV}} = d_{\text{VII}-\text{VIII}} = 65$ mm，$l_{\text{VII}-\text{VIII}} = 36$ mm。<br>右端滚动轴承采用轴肩进行轴向定位。由手册查得30313型轴承的定位轴肩高度 $h = 6$ mm，因此 $d_{\text{VI}-\text{VII}} = 77$ mm。<br>③取安装齿轮处的Ⅳ—Ⅴ轴段的直径 $d_{\text{IV}-\text{V}} = 70$ mm；齿轮的左端与轴承之间采用套筒定位。已知齿轮轮毂宽度为80 mm，为了使套筒端面可靠地压紧齿轮，此轴段应略短于轮毂宽度，故取 $l_{\text{IV}-\text{V}} = 76$ mm。齿轮的右端采用轴肩定位，轴肩高度 $h > 0.07d$，取 $h = 6$ mm，则轴环处的直径 $d_{\text{V}-\text{VI}} = 82$ mm。轴环宽度 $b > 1.4h$，取 $l_{\text{V}-\text{VI}} = 12$ mm。<br>④轴承端盖的总宽度为 20 mm（由减速器及轴承端盖的结构设计而定）。根据轴承端盖的装拆及便于对轴承添加润滑脂的要求，取端盖的外端面与半联轴器右端面间的距离 $l = 30$ mm。故取 $l_{\text{II}-\text{III}} = 50$ mm | |

续表

| 步骤 | 计算过程 | 结果 |
|---|---|---|
| 4. 轴的结构设计 | ⑤取齿轮距箱体内壁之间的距离 $a=16$ mm，锥齿轮与圆柱齿轮之间的距离 $c=20$ mm。考虑箱体的铸造误差，在确定滚动轴承位置时，应距箱体内壁一段距离 $s$，取 $s=8$ mm，圆柱滚动轴承宽度 $T=36$ mm，大锥齿轮轮毂长 $L=50$ mm，则<br>$l_{Ⅲ-Ⅳ} = T+s+a+(80-76) = 36+8+16+4 = 64$ (mm)<br>$l_{Ⅳ-Ⅴ} = L+c+a+s-l_{Ⅴ-Ⅵ} = 50+20+16+8-12 = 82$ (mm)<br>至此已初步确定了轴的各段直径和长度。<br>（3）轴上零件的周向定位。<br>齿轮、半联轴器与轴的周向定位均采用平键连接。按轴径尺寸由手册查得 $d_{Ⅳ-Ⅴ}$ 处平键尺寸 $b×h = 20$ mm × 12 mm（GB/T 1095—2003），同时为了保证齿轮与轴有良好的对中性，故采用 $H_7/r_6$ 的配合；半联轴器与轴的连接，选用平键为 16 mm × 10 mm × 70 mm，半联轴器与轴的配合为 $H_7/k_6$。滚动轴承与轴的周向定位是采用过盈配合来保证的，此处选轴的轴径公差为 $m_6$。<br>（4）确定轴肩处的圆角半径的值如图 6-24（a）所示，轴端倒角取 2×45°。 | $d_{Ⅱ-Ⅲ} = 62$ mm<br>$d_{Ⅲ-Ⅳ} = d_{Ⅶ-Ⅷ} = 65$ mm；<br>$d_{Ⅴ-Ⅵ} = 82$ mm<br>$d_{Ⅳ-Ⅴ} = 70$ mm<br>$d_{Ⅴ-Ⅵ} = 82$ mm<br>$d_{Ⅵ-Ⅶ} = 77$ mm<br>$l_{Ⅰ-Ⅱ} = 82$ mm<br>$l_{Ⅱ-Ⅲ} = 50$ mm<br>$l_{Ⅲ-Ⅳ} = 64$ mm<br>$l_{Ⅳ-Ⅴ} = 82$ mm<br>$l_{Ⅴ-Ⅵ} = 12$ mm<br>$l_{Ⅶ-Ⅷ} = 36$ mm |
| 5. 求轴上的载荷 | 根据轴的结构图 [图 6-24（a）] 可确定轴承支点跨距 $L_2 = 71$ mm，悬臂 $L_1 = 120$ mm。由此作出轴的计算简图，如图 6-24（b）所示，两轴承之间的跨距 $L_2+L_3 = 71+141 = 212$ mm。根据计算简图作出轴的弯矩图和扭矩图，如图 6-24（d）、（f）、（g）、（h）所示。从轴的结构简图以及弯矩图和扭矩图中可以看出，截面 $C$ 处是轴的危险截面。现将各处的支反力、$C$ 截面处水平面和垂直截面上的弯矩值和扭矩值列于表 6-10 | |
| 6. 按弯扭合成应力校核轴的强度 | 取 $\alpha = 0.6$，由表 6-9 计算结果，截面 $C$ 处的当量弯矩：<br>$M_e = \sqrt{M_1 + (\alpha T)^2} = \sqrt{270\,938^2 + (0.6×960\,000)^2}$<br>$= 636\,540$ (N·mm)<br>由式（6-3）得<br>$\sigma_e = \dfrac{M_e}{W} = \dfrac{\sqrt{M^2+(\alpha T)^2}}{0.1d^3} = \dfrac{636\,540}{0.1×70^3} = 18.56$ (MPa)<br>由表 6-1 查得 $[\sigma_{-1b}] = 60$ MPa，$\sigma_e < [\sigma_{-1b}]$，截面 $C$ 处的强度足够 | $M_e = 636\,540$ N·mm<br>$\sigma_e = 18.56$ MPa<br>强度足够 |
| 7. 轴的工作图 | 略 | |

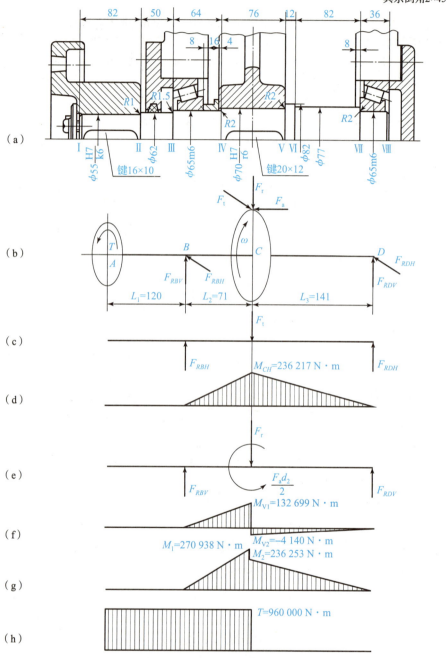

图 6-24 轴的设计实例

(a) 轴的结构图；(b) 受力图；(c) 水平受力图；(d) 水平弯矩图；(e) 垂直受力图；
(f) 垂直弯矩图；(g) 合成弯矩图；(h) 扭矩图

表 6-10　第 6 步计算结果

| 载荷 | 水平面 H | 垂直面 V |
|---|---|---|
| 支承反力 F | $F_{RBH} = 3\ 327$ N, $F_{RDH} = 1\ 675$ N | $F_{RBV} = 1\ 869$ N, $F_{RDV} = -30$ N |
| 弯矩 M | $M_{CH} = 236\ 217$ N·mm | $M_{V1} = 132\ 699$ N·mm, $M_{V2} = -4\ 140$ N·mm |
| 合成弯矩 | $M_1 = \sqrt{236\ 217^2 + 132\ 699^2} = 270\ 938$ (N·mm)　$M_2 = \sqrt{236\ 217^2 + 4\ 140^2} = 236\ 253$ (N·mm) | |
| 扭矩 T | $T = 960\ 000$ N·mm | |

# 练一练

1. 选择题。

(1) 自行车前轴是（　　）。

A. 固定心轴　　　　　　B. 转动心轴　　　　　　C. 转轴

(2) 在机床设备中，最常见的轴是（　　）。

A. 传动轴　　　　　　　B. 转轴　　　　　　　　C. 曲轴

(3) 车床的主轴是（　　）。

A. 传动轴　　　　　　　B. 心轴　　　　　　　　C. 转轴

(4) 传动齿轮轴是（　　）。

A. 转轴　　　　　　　　B. 心轴　　　　　　　　C. 传动轴

(5) 既支承回转零件，又传递动力的轴称为（　　）。

A. 心轴　　　　　　　　B. 转轴　　　　　　　　C. 传动轴

(6)（　　）具有固定可靠、装拆方便等特点，常用于轴上零件距离较大处及轴端零件的轴向固定。

A. 圆螺母　　　　　　　B. 圆锥面　　　　　　　C. 轴肩与轴环

(7) 在轴上支承传动零件的部分称为（　　）。

A. 轴颈　　　　　　　　B. 轴头　　　　　　　　C. 轴身

(8)（　　）具有机构简单、定位可靠、能承受较大的轴向力的特点，广泛应用于各种轴上零件的轴向固定。

A. 紧定螺钉　　　　　　B. 轴肩与轴环　　　　　C. 紧定螺钉与挡圈

(9)（　　）常用于轴上零件间距离较小的场合，但当轴的转速要求很高时，不宜采用轴向固定。

A. 轴肩与轴环　　　　　B. 轴端挡板　　　　　　C. 套筒

(10)（　　）接触面积大、承载能力强、对中性和导向性都好的周向固定。

A. 紧定螺钉　　　　　　B. 花键连接　　　　　　C. 平键连接

(11) （　　）是加工容易、装拆方便、应用最广泛的周向固定。

A. 平键连接　　　　　　B. 过盈配合　　　　　　C. 花键连接

(12) （　　）对轴上零件起周向固定作用。

A. 轴肩与轴环　　　　　B. 平键连接　　　　　　C. 套筒和圆螺母

(13) 为了便于加工，在车削螺纹的轴段上应有（　　），在需要磨削的轴段上应留出（　　）。

A. 砂轮越程槽　　　　　B. 键槽　　　　　　　　C. 螺纹退刀槽

(14) 轴上零件最常用的轴向固定方法是（　　）。

A. 套筒　　　　　　　　B. 轴肩与轴环　　　　　C. 平键连接

(15) 与轴配合的轴段是（　　）。

A. 轴头　　　　　　　　B. 轴颈　　　　　　　　C. 轴身

(16) （　　）只承受弯矩而不受扭矩。

A. 心轴　　　　　　　　B. 传动轴　　　　　　　C. 转轴

(17) 对轴进行强度校核时，应选定危险截面，通常危险截面为（　　）。

A. 受集中载荷最大的截面　　　　　　　　　　　B. 截面积最小的截面

C. 受载荷大、面积小、应力集中的截面

(18) 适当增加轴肩或轴环处圆角半径的目的在于（　　）。

A. 降低应力集中，提高轴的疲劳强度　　　　　　B. 便于轴的加工

C. 便于实现轴向定位

(19) 按扭转强度估算转轴轴径时，需求出（　　）。

A. 装轴承处的直径　　　　　　　　　　　　　　B. 轴的最小直径

C. 轴上危险截面处的直径

(20) 某转轴在高温、高速和重载条件下工作，宜选用（　　）。

A. 45钢正火　　　　　　B. 45钢调质　　　　　　C. 35SiMn

2. 判断题。

(1) 按轴的外部形状不同，可分为心轴、传动轴和转轴3种。　　　　　（　　）

(2) 根据心轴是否转动，可分为固定心轴和转动心轴两种。　　　　　（　　）

(3) 心轴在工作时只承受弯曲载荷作用。　　　　　　　　　　　　　（　　）

(4) 传动轴在工作时只传递转矩而不承受或仅承受很小弯曲载荷的作用。（　　）

(5) 转轴在工作时既承受弯曲载荷又传递转矩，但轴的本身并不转动。（　　）

(6) 阶梯轴上安装传动零件的轴段称为轴颈。　　　　　　　　　　　（　　）

(7) 轴肩或轴环能对轴上零件起准确定位作用。　　　　　　　　　　（　　）

(8) 阶梯轴上各截面变化处都应当有越程槽。　　　　　　　　　　　（　　）

(9) 轴上零件的轴向固定是为了防止在轴向力作用下零件沿轴线移动。（　　）

(10) 阶梯轴有便于轴上零件安装和拆卸的优点。　　　　　　　　　　（　　）

(11) 一般机械中的轴多采用阶梯轴，以便于零件的装拆、定位。　　　（　　）

(12) 自行车的前、后轮轴都是心轴。　　　　　　　　　　　　　　　（　　）

(13) 轴设计中应考虑的主要问题是振动稳定性和磨损问题。　　　　　（　　）

(14) 同一轴上各键槽、退刀槽、圆角半径、倒角、中心孔等,重复出现时,尺寸应尽量相同。（　　）

(15) 轴的各段长度取决于轴上零件的轴向尺寸。为防止零件的窜动,一般轴头长度应稍大于轮毂的长度。（　　）

(16) 为了使滚动轴承内圈轴向定位可靠,轴肩高度应大于轴承内圈高度。（　　）

3. 填空题。

(1) 轴的主要功用是支承_____并传递_____和_____。

(2) 轴一般应具有足够的_____合理的_____和良好的_____。

(3) 根据轴承载情况的不同,可将其分为_____、_____和_____3类。

(4) 轴是机器中_____、_____零件之一。

(5) 自行车前轴工作时只承受_____起_____作用。

(6) 轴上零件的轴向方式常用_____、_____、_____、_____和_____等。

(7) 轴的工艺结构应满足三个方面的要求:轴上零件应有可靠的_____轴便于_____和尽量避免或减小_____轴上零件便于_____。

(8) 轴上零件轴向固定的目的是为了保证零件在轴上有_____防止零件作_____并能承受_____。

(9) 轴上零件周向固定的目的是为了保证轴能可靠地传递_____,防止轴上零件与轴产生_____。

(10) 轴上零件的周向定位与固定的方法主要有_____、_____、_____和_____等。

(11) 在采用圆螺母作轴向固定时,轴上必须切制出_____。

(12) 轴常设计成阶梯性,其主要目的是便于轴上零件的_____和_____。

## 6.2　滑动轴承

### 6.2.1　滑动轴承的特点、应用及分类

轴承（Bearing）是机器中主要用来支撑轴的部件,用以保证轴的旋转精度,并减少轴与支承物间的摩擦和磨损。

**1. 滑动轴承的概念及特点**

滑动轴承（Sliding Bearing）依靠元件间的滑动接触来承受载荷。

滑动轴承具有工作平稳、噪声小、耐冲击能力和承载能力大等优点,但是启动摩擦阻力大、维护比较复杂。

一分钟了解滑动轴承

**2. 滑动轴承的应用**

滑动轴承适用于要求不高或有特殊要求的场合,例如转速特高、承载特重、回转精度特高、承受巨大冲击和振动、轴承结构需要剖分、要求径向尺寸特别小、特殊工作条件等场合。

### 3. 滑动轴承的分类

滑动轴承按所受载荷的方向分为：主要承受径向载荷 $F_r$ 的径向滑动轴承（Journal Bearing），如图 6-25（a）所示；主要承受轴向载荷 $F_a$ 的推力滑动轴承（Thrust Sliding Bearing），如图 6-25（b）所示。

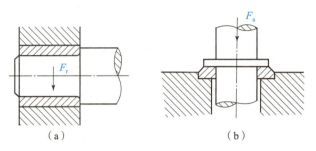

图 6-25 滑动轴承
(a) 径向滑动轴承；(b) 推力滑动轴承

根据轴组件及轴承装拆的需要，滑动轴承可分为整体式和剖分式两类。常用滑动轴承的结构特点见表 6-11。

表 6-11 常用滑动轴承的结构特点

| 类型 | | 图例 | 特点 |
| --- | --- | --- | --- |
| 径向滑动轴承 | 整体式 | 1—轴承座 | 结构简单、价格低廉，但轴的装拆不方便，磨损后轴承的径向间隙无法调整。适用于轻载、低速或间歇工作的场合 |
| | 剖分式 | 1—轴承座；2—下轴瓦；3—轴承盖；4—上轴瓦；5—双头螺柱 | 装拆方便，磨损后轴承的径向间隙可以调整，应用较广 |

续表

| 类型 | 图例 | 特点 |
|---|---|---|
| 推力滑动轴承 | ![图] 1—轴承座；2—衬套；3—轴套；4—止推垫圈；5—销钉 | 靠轴的端面或轴肩、轴环的端面向推力支承面传递轴向载荷 |

根据轴颈和轴瓦间的摩擦状态，滑动轴承可分为液体摩擦滑动轴承和非液体摩擦滑动轴承两类。

### 6.2.2 滑动轴承的典型结构

#### 1. 向心滑动轴承

工作时只承受径向载荷的滑动轴承称为向心滑动轴承（Radial Sliding Bearing），这类轴承结构形式又分为整体式、剖分式和调心式3种。

（1）整体式滑动轴承。

图 6-26 为整体式滑动轴承（Integral Sliding Bearing），其结构由轴承座（Bearing Block）和整体轴瓦（Bearing Bush）等组成，轴瓦上开有油孔和油沟，轴承座用螺栓与机座连接，顶部设有装油杯的螺纹孔。整体式滑动轴承结构简单、造价低廉，但在轴瓦磨损后无法调整间隙，且轴颈只能从端部装入，使装拆不便。因此，整体式滑动轴承常用于低速轻载、间歇工作且不需要经常装拆的场合。

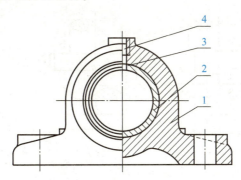

1—轴承座；2—整体轴瓦；3—油孔；4—螺纹孔
图 6-26 整体式滑动轴承

（2）剖分式滑动轴承。

图 6-27 为剖分式滑动轴承（Split Plain Bearing），它由轴承座、轴承盖、剖分式轴瓦及双头螺柱等组成。轴承盖（Bearing Cap）上有注油孔，可保证轴承的润滑。轴承盖和轴承

座的结合面做成阶梯形定位止口,便于装配时对中和防止其横向移动。该轴承的轴瓦为对开式,可以通过放置于轴承盖和轴承座之间的垫片以调整磨损后轴颈和轴瓦之间的间隙。剖分式轴承在拆装轴时,轴颈不需要轴向移动,故装拆方便,应用较广。

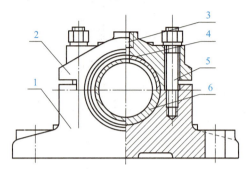

1—轴承座;2—轴承盖;3—螺纹孔;4—油孔;5—双头螺柱;6—剖分式轴瓦
图 6-27 剖分式滑动轴承

(3) 调心式滑动轴承。

当轴承的宽度 $B$ 较大(宽径比 $B/d > 1.5 \sim 1.75$)时,受载后由于轴的变形或加工及装配误差,引起轴颈局部与轴瓦两端边缘接触,导致轴瓦两端急剧磨损,此时应采用调心式滑动轴承(图 6-28)。调心式滑动轴承(Aligning Sliding Bearing)的轴瓦可绕球中心转动而自动调整位置,保证轴瓦和轴颈均匀接触。调心式滑动轴承须成对使用。

### 2. 推力滑动轴承

推力滑动轴承(Thrust Sliding Bearing)用于承受轴向载荷,又称作止推轴承。主要由轴承座、轴瓦和推力轴瓦组成,轴承座上设有油孔。

按推力轴颈支承面类型不同,可分为实心、空心、单环、多环等类型。图 6-29 为常用的 4 种推力滑动轴承。

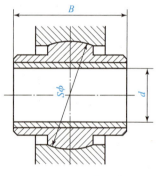

图 6-28 调心式滑动轴承

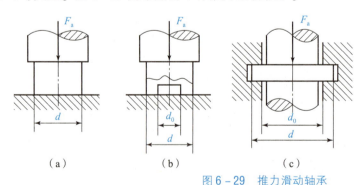

图 6-29 推力滑动轴承
(a) 实心端面止推轴颈;(b) 空心端面止推轴颈;(c) 单环轴颈;(d) 多环轴颈

### 6.2.3 轴瓦的结构和滑动轴承的材料

#### 1. 轴瓦的结构

轴瓦(Bearing Bush)是滑动轴承中直接与轴颈接触的重要零件,轴瓦有整体式轴瓦和剖分式轴瓦两种，整体式轴瓦［图6-30（a）］用于整体式滑动轴承，剖分式轴瓦［图6-30（b）］用于剖分式滑动轴承。

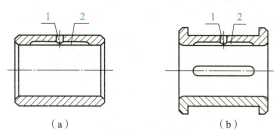

1—油孔；2—油沟

图6-30 轴瓦的结构

(a) 整体式轴瓦；(b) 剖分式轴瓦

为了使润滑油均匀分布于轴瓦工作表面，轴瓦上应开油孔和油沟。油沟的形式有纵向、环向、斜向等，如图6-31所示。油孔和油沟应开在非承载区，以免降低油膜的承载能力，油沟不得与轴瓦端面开通，其轴向长度通常为轴瓦宽度的80%，以减少端部润滑油的流失。油室的作用是储存和稳定供应润滑油，使润滑油沿轴向均匀分布，主要用于液体动压滑动轴承。

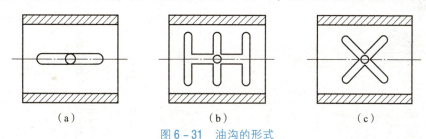

图6-31 油沟的形式

(a) 纵向；(b) 环向；(c) 斜向

### 2. 滑动轴承材料

轴承材料是指与轴颈直接接触的轴瓦或轴承衬的材料。轴承座和轴承盖一般不与轴颈接触，常用灰铸铁（Gray Cast Iron）制造。因滑动轴承常见的失效形式是轴瓦磨损和胶合，所以选择材料应具有较小的摩擦系数、高的耐磨性和抗胶合性，还要有足够的强度和良好的塑性。常用材料的性能及应用范围见表6-12，可归纳为以下几种。

(1) 轴承合金。

轴承合金（Bearing Alloy）有锡锑轴承合金和铅锑轴承合金两大类。锡锑轴承合金的摩擦系数小，抗胶合性能良好，对油的吸附性强，耐蚀性好，易跑合，是优良的轴承材料，常用于高速、重载的轴承。但是，它的价格较贵且机械强度较差，因此只能作为轴承衬材料。铅锑轴承合金的各方面性能与锡锑轴承合金相近，但这种材料较脆，不宜承受较大的冲击载荷。它一般用于中速、中载的轴承。

(2) 青铜。

青铜（Bronze）的强度高，承载能力大，耐磨性与导热性都优于轴承合金。但是，它的可塑性差，不易跑合，与之相配的轴颈必须淬硬。锡青铜和铅青铜有较好的减摩性和耐磨性，又有足够的强度，但跑合性差，适用于重载、中速的机械。铝青铜的强度和硬度较高，但抗胶合能力差，适用于重载、低速或不重要的场合。

表 6-12 常用轴承材料的性能

| 材料类别 | 牌号（名称） | 最大许用值[1] | | | | 最高工作温度/℃ | 轴颈硬度/HBS | 性能比较[2] | | | | 备注 |
|---|---|---|---|---|---|---|---|---|---|---|---|---|
| | | $[p]$/MPa | $[v]$/(m·s$^{-1}$) | | $[pv]$/[MPa·(m·s$^{-1}$)] | | | 抗咬黏性 | 顺应性 | 嵌入性 | 耐蚀性 | 疲劳强度 | |
| | | | 平稳载荷 | 冲击载荷 | | | | | | | | | |
| 锡基轴承合金 | ZSnSb11C6 | 25 | 80 | | 20 | 150 | 150 | 1 | 1 | 1 | 1 | 5 | 用于高速、重载下工作的重要轴承，不易于疲劳，价贵 |
| | ZSnSb8Cu4 | 20 | 60 | | 15 | | | | | | | | |
| 铅基轴承合金 | ZPbSb16Sn16Cu2 | 15 | 12 | | 10 | 150 | 150 | 1 | 1 | 1 | 3 | 5 | 用于中速、中等载荷的轴承，不易受显著冲击。可作为锡锑轴承合金的代替品 |
| | ZPbSb15Sn5Cu3Cd2 | 5 | 8 | | 5 | | | | | | | | |
| 锡青铜 | ZCuSn10P1（10-1锡青铜） | 15 | 10 | | 15 | 280 | 300~400 | 3 | 5 | 5 | 1 | 1 | 用于中速、重载及受变载荷的轴承 |
| | ZCuSn5Pb5Zn5（5-5-5锡青铜） | 8 | 3 | | 15 | | | | | | | | 用于中速、中载的轴承 |
| 铅青铜 | ZCuPb30（30铅青铜） | 25 | 12 | | 30 | 280 | 300 | 3 | 4 | 4 | 4 | 2 | 用于高速、重载轴承，能承受变载荷冲击 |

232

续表

| 材料类别 | 牌号（名称） | 最大许用值[①] | | | 最高工作温度/℃ | 轴颈硬度/HBS | 性能比较[②] | | | | 备注 |
|---|---|---|---|---|---|---|---|---|---|---|---|
| | | [p]/MPa | [v]/(m·s⁻¹) | [pv]/[MPa·(m·s⁻¹)] | | | 抗咬黏性 | 顺应性 | 嵌入性 | 耐蚀性 | 疲劳强度 | |
| 铝青铜 | ZCuAl10Fe3（10-3铝青铜） | 15 | 4 | 12 | 280 | 300 | 5 | | 5 | 5 | 2 | 最宜用于润滑充分的低速重载轴承 |
| 黄铜 | ZCuZn16Si4（16-4硅黄铜） | 12 | 2 | 10 | 200 | 200 | 5 | | 5 | 1 | 1 | 用于低速、中载轴承 |
| | ZCuZn40Mn2（40-2锰黄铜） | 10 | 1 | 10 | 200 | 200 | 5 | | 5 | 1 | 1 | 用于高速、中载轴承，是较新的轴承材料，表面性能好。强度高，耐腐蚀，可用于增强压强化柴油机轴承 |
| 铝基轴承合金 | 2%铝锡合金 | 28~35 | 14 | — | 140 | 300 | 4 | | 3 | 1 | 2 | |
| 三元电镀合金 | 铝-硅-镉镀层 | 14~35 | — | — | 170 | 200~300 | 1 | | 2 | 2 | 2 | 镀铝锡青铜作中间层，再镀10~30 μm三元减摩层，疲劳强度高，嵌入性好 |

续表

| 材料类别 | 牌号（名称） | 最大许用值 [p]/MPa | 最大许用值 [v]/(m·s⁻¹) | 最大许用值 [pv]/[MPa·(m·s⁻¹)] | 最高工作温度/℃ | 轴颈硬度/HBS | 性能比较② 抗咬黏性 | 性能比较② 顺应性 | 性能比较② 嵌入性 | 性能比较② 耐蚀性 | 性能比较② 疲劳强度 | 备注 |
|---|---|---|---|---|---|---|---|---|---|---|---|---|
| 银 | 镀层 | 28~35 | — | — | 180 | 300~400 | 2 | | 3 | 1 | 1 | 镀银，上附薄层铅，再镀铜。常用于飞机发动机、柴油机轴承 |
| 耐磨铸铁 | HT300 | 0.1~6 | 3~0.75 | 0.3~4.5 | 150 | <150 | 4 | | 5 | 1 | 1 | 宜用于低速、轻载的不重要轴承 |
| 灰铸铁 | HT150~HT250 | 1~4 | 2~0.5 | — | — | — | 4 | | 5 | 1 | 1 | 不重要轴承，价廉 |

注：① [pv] 为不完全液体润滑下的许用值。
② 性能比较：1~5 依次由佳到差。

234

(3) 铸铁。

常用的铸铁（Cast Iron）有灰铸铁和球墨铸铁。由于铸铁塑性差、跑合性差，但其价格低廉，常用于轻载、低速或不重要的场合。

(4) 非金属材料。

在高温场合，当传统的润滑方式不能使用时，纯碳轴承可达到满意的效果。聚四氟乙烯是一种非常普通的塑料，由它做成的轴承具有极低的摩擦系数，并且用于无油润滑的场合，它可以在低速或间隙摆动且重载的工况下工作。

#### 6.2.4 非液体摩擦滑动轴承的计算

非液体摩擦滑动轴承只适用于工作要求不高、转速较低、维护条件较差的场合。非液体摩擦滑动轴承一般是验算轴承压强 $p$ 和 $pv$ 值。限制轴承压强 $p$，以保证润滑油不致被过大的压力挤出，间接保证轴瓦不致过度磨损；限制 $pv$ 值，以保证轴承不致发热过高，防止吸附在金属表面的油膜发生破裂。

**1. 验算轴承压强 $p$**

限制轴承压强 $p$，以保证润滑油不被过大的压力挤出，从而避免轴瓦产生过度的磨损。即

$$p = \frac{F}{Bd} \leq [p] \tag{6-4}$$

式中　$F$——轴承承受径向载荷，N；

　　　$B$——轴瓦宽度（根据宽径比 $B/d$ 来确定 $B$，一般情况取 $B/d = 0.5 \sim 1.5$），mm；

　　　$d$——轴颈直径，mm；

　　　$[p]$——轴瓦材料的许用压强，MPa，见表 6-12。

**2. 验算轴承的 $pv$**

$pv$ 值越高，轴承温升越高，容易引起边界油膜的破裂。$pv$ 的验算式为

$$pv = \frac{F}{dB} \frac{\pi d n}{60 \times 1\,000} \leq [pv] \tag{6-5}$$

式中　$n$——轴转速，r/min；

　　　$[pv]$——轴瓦材料的许用值，MPa·m/s，见表 6-12。

**3. 验算轴承的滑动速度 $v$ 值**

对于 $p$ 和 $pv$ 验算均合格的轴承，由于滑动速度过高，也会加速磨损而使轴承报废，因为 $p$ 和 $pv$ 都是平均值，所以还要验算 $v$。

$$v = \frac{\pi d n}{60 \times 1\,000} \leq [v] \tag{6-6}$$

式中　$[v]$——轴承材料的许用滑动速度，m/s，见表 6-12。

如果以上 3 项计算不满足要求，可改选材料，或改变几何参数。

对于推力滑动轴承的计算可参阅有关资料。

### 练一练

1. 判断题。

(1) 推力滑动轴承主要承受径向载荷。　　　　　　　　　　　　　　　　　　　　　　（　　）

(2) 剖分式径向滑动轴承磨损后，可以调整轴承的间隙。　　　　　　　　(　　)
(3) 滑动轴承工作时噪声小、工作平稳。　　　　　　　　　　　　　　　(　　)

2. 选择题。

(1) 整体式滑动轴承(　　)。
A. 结构简单、制造成本低　　　　　　　B. 装拆方便
C. 磨损后可调整　　　　　　　　　　　D. 比剖分式应用广泛

(2) 用于重要、高速、重载机械中的滑动轴承，润滑方法宜采用(　　)。
A. 芯捻式油杯　　B. 油环润滑　　C. 针阀式油杯　　D. 压力润滑

(3) 滑动轴承(　　)。
A. 承载能力小，抗冲击能力强　　　　　B. 运转平稳可靠，径向尺寸大
C. 不能在恶劣的条件下工作　　　　　　D. 适用于低速、重载的场合

3. 填空题。

(1) 根据受载荷的方向不同，滑动轴承有_____滑动轴承和_____滑动轴承两种形式。
(2) 常用径向滑动轴承的结构形式有_____和_____两种。
(3) 常用的轴瓦有_____和_____两种形式。
(4) 常用的轴承材料有_____、_____和_____3种。
(5) 润滑剂分为_____、_____和_____3种。
(6) 滑动轴承常用的连续供油润滑方法有_____、_____和_____3种。

## 6.3　滚动轴承

### 6.3.1　滚动轴承的结构和类型

滚动轴承（Rolling Bearing）是依靠主要元件间的滚动接触来支承转动零件的。它具有摩擦阻力小、功率消耗少、效率高、易于启动、润滑方便、互换性好等优点。但其抗冲击能力差，高速时噪声大。

**1. 滚动轴承的结构**

滚动轴承的基本结构如图 6-32 所示，由内圈（Inner Ring）1、外圈（Outer Ring）2、滚动体 3 和保持架 4 四部分组成。内圈用来和轴颈装配，外圈用来和轴承座装配。工作时通常内圈和轴一起转动，外圈固定不动，但有时也可以外圈转动而内圈不动，或内外圈同时转动。滚动体（Rolling Body）是滚动轴承中不可缺少的重要元件，常用的滚动体如图 6-33 所示，有球、圆柱滚子、滚针、圆锥滚子、球面滚子等几种。保持架（Cage）的作用是均匀分布滚动体，避免滚动体相互接触，以减少摩擦和磨损。

**2. 滚动轴承的参数**

(1) 偏位角。

由于安装误差或轴的变形等引起滚动轴承内、外圈中心线发生相对偏斜，其倾斜角 $\theta$ 称为偏位角（Deviation Angle），如图 6-34 所示。各类轴承的偏位角必须符合规定。

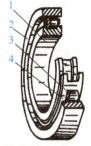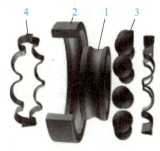

1—内圈；2—外圈；3—滚动体；4—保持架

图 6-32 滚动轴承的基本结构

滚动轴承

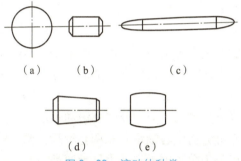

图 6-33 滚动体种类

（a）球；（b）圆柱滚子；（c）滚针；（d）圆锥滚子；（e）球面滚子

（2）公称接触角。

图 6-35 中，滚动体与套圈滚道接触处的法线方向与轴承的径向平面（垂直于轴承轴心线的平面）之间的夹角 α，称为公称接触角（Nominal Contact Angle）。它表明了轴承承受轴向载荷和径向载荷的能力分配关系。

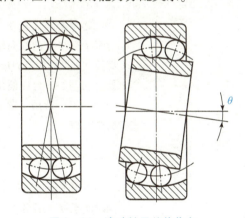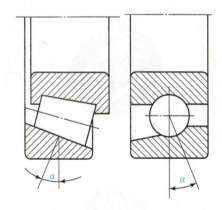

图 6-34 滚动轴承的偏位角　　　　图 6-35 滚动轴承的公称接触角

（3）极限转速。

滚动轴承在一定载荷与润滑条件下，允许的最高转速称为极限转速（Limit Speed）。滚动轴承转速过高会使摩擦面间产生高温，使润滑失效，从而导致轴承失效。

（4）游隙。

游隙（Clearance）是指滚动体与内、外圈滚道之间的最大间隙。图 6-36 中，将一套圈固定，另一套圈沿径向的最大移动量称为径向游隙，沿轴向的最大移动量称为轴向游隙。

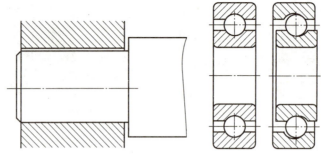

图 6-36 滚动轴承的游隙

### 3. 滚动轴承的分类

（1）按滚动体的形状可分为球轴承和滚子轴承两大类。图 6-32，球轴承（Ball Bearing）的滚动体是球形，承载能力和承受冲击能力小。在同样外形尺寸下，滚子轴承（Roller Bearing）的承载能力为球轴承的 1.5~3 倍。因此，在载荷较大时应选用滚子轴承。

（2）按滚动体的列数可分为单列、双列及多列滚动轴承。

（3）按工作时能否调心可分为调心轴承和非调心轴承，调心轴承允许的偏位角大。

（4）按承受载荷方向可分为向心轴承和推力轴承两类。

### 4. 滚动轴承的主要类型及特性

常用滚动轴承的类型和特性见表 6-13。

表 6-13 常用滚动轴承的类型和特性

| 名称 | 结构图 | 简图承载方向 | 类型代号 | 基本特性 |
|---|---|---|---|---|
| 调心球轴承 | | | 1 | 主要承受径向载荷，同时可承受少量的双向轴向载荷。外圈内滚道为球面，能自动调心，允许偏位角为 2°~3°，适用于弯曲刚度小的轴 |
| 调心滚子轴承 | | | 2 | 主要用于承受径向载荷，同时能承受少量的双向轴向载荷。其承载能力比调心球轴承大，具有自动调心性能，允许偏位角为 1°~2.5°，适用于重载和冲击载荷的场合 |

续表

| 名称 | | 结构图 | 简图承载方向 | 类型代号 | 基本特性 |
|---|---|---|---|---|---|
| 圆锥滚子轴承 | | | | 3 | 能同时承受较大径向载荷和单向轴向载荷。内、外圈可分离,通常成对使用,对称布置安装 |
| 双列深沟球轴承 | | | | 4 | 主要承受径向载荷,也能承受一定的双向轴向载荷。它比深沟球轴承的承载能力大 |
| 推力球轴承 | 单向 |  | 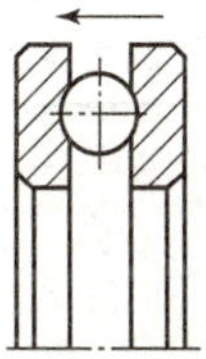 | 5(5100) | 只能承受单向轴向载荷,适用于轴向载荷大而转速不高的场合 |
| | 双向 | | | 5(5200) | 可承受双向轴向载荷,用于轴向载荷大、转速不高的场合 |
| 深沟球轴承 | | | | 6 | 主要承受径向载荷,也可同时承受少量双向轴向载荷。摩擦阻力小,极限转速高,结构简单,价格便宜,应用最广泛 |
| 角接触球轴承 | | | | 7 | 能同时承受径向载荷和轴向载荷,公称接触角有15°、25°、40°三种。接触角越大,承受轴向载荷的能力越大,适用于转速较高、同时承受径向和轴向载荷的场合 |

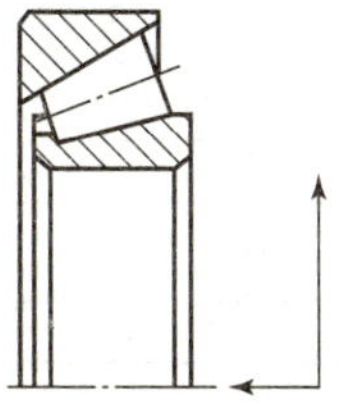

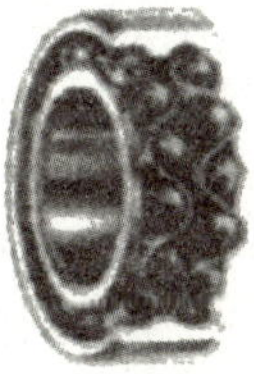

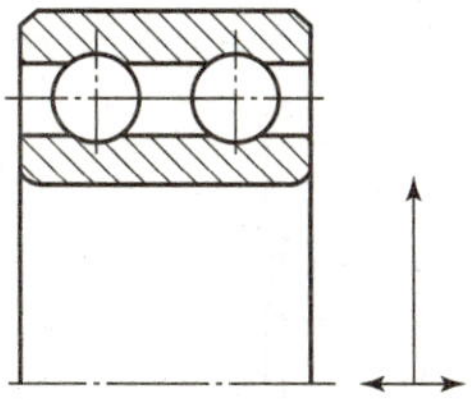

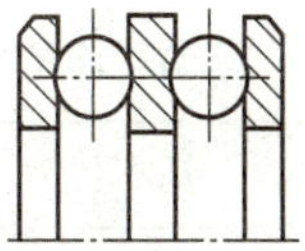

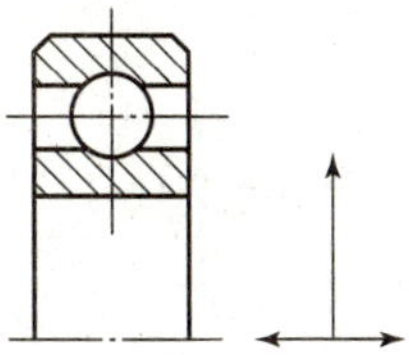

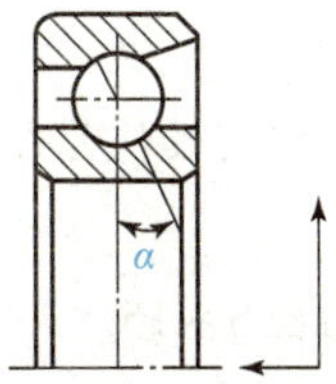

续表

| 名称 | 结构图 | 简图承载方向 | 类型代号 | 基本特性 |
|---|---|---|---|---|
| 推力圆柱滚子轴承 |  | 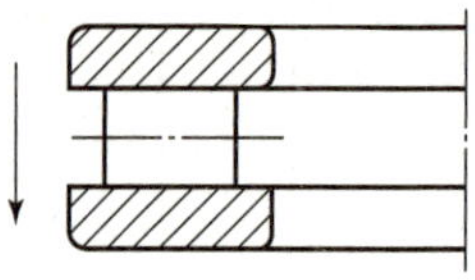 | 8 | 能承受很大的单向轴向载荷。承载能力比推力球轴承大得多，不允许有角偏差 |
| 圆柱滚子轴承 |  | 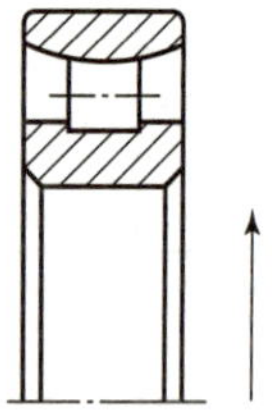 | N | 外圈无挡边，只能承受纯径向载荷。与球轴承相比，承受载荷的能力较大，尤其是承受冲击载荷，但极限转速较低 |

### 6.3.2 滚动轴承的代号

滚动轴承的代号由基本代号、前置代号和后置代号组成，用字母和数字表示，见表6-14。

表 6-14 滚动轴承的代号

| 前置代号 | 基本代号 | | | | 后置代号 |
|---|---|---|---|---|---|
| | 五 | 四 | 三 | 二 一 | |
| 轴承分部件代号 | 类型代号 | 尺寸系列代号 | | 内径代号 | 轴承在结构、形状、尺寸、公差及技术要求等的补充代号 |

**1. 基本代号**

基本代号由类型代号、尺寸系列代号和内径代号组成。

（1）类型代号。

类型代号用数字或英文字母表示，见表6-15。

（2）尺寸系列代号。

尺寸系列代号包括直径系列代号和宽度（推力轴承为高度）系列代号。

表 6-15 轴承的类型代号

| 类型代号 | 轴承类型 | 类型代号 | 轴承类型 |
|---|---|---|---|
| 0 | 双列角接触球轴承 | 6 | 深沟球轴承 |
| 1 | 调心球轴承 | 7 | 角接触球轴承 |
| 2 | 调心滚子轴承和推力滚子轴承 | 8 | 推力圆柱滚子轴承 |
| 3 | 圆锥滚子轴承 | N | 圆柱滚子轴承 |
| 4 | 双列深沟球轴承 | U | 外球面球轴承 |
| 5 | 推力球轴承 | QJ | 四点接触球轴承 |

宽度系列是指径向轴承或向心推力轴承的结构、内径和直径都相同，而宽度为一系列不同尺寸，依 8、0、1、…、6 次序递增（推力轴承的高度依 7、9、1、2 顺序递增）。当宽度系列为 0 系列时，多数轴承在代号中可以不予标出（但对调心轴承需要标出）。

直径系列表示同一类型、相同内径的轴承在外径和宽度上的变化系列，用基本代号右起第三位数字表示（滚动体尺寸随之增大），即按 7、8、9、0、1、…、5 顺序外径尺寸增大，如图 6-37 所示。

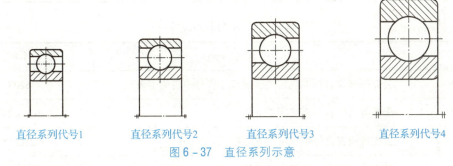

直径系列代号1　　直径系列代号2　　直径系列代号3　　直径系列代号4

图 6-37　直径系列示意

（3）内径代号。

基本代号右起第一、二位数字为内径代号，表示轴承内径的方法，见表 6-16。

表 6-16　轴承内径代号

| 内径代号（两位数） | 00 | 01 | 02 | 03 | 04~96 |
|---|---|---|---|---|---|
| 轴承内径/mm | 10 | 12 | 15 | 17 | 代号数×5 |

2. 前置代号和后置代号

（1）前置代号。

前置代号是添加在基本代号前的补充代号，用字母表示，用以说明成套轴承部件的特点。如 L 表示可分离内外圈的轴承，K 表示滚子和保持架组件。具体表示方法可查轴承手册。当轴承无须作说明时，无前置代号。

（2）后置代号。

轴承的后置代号是用字母和数字等表示轴承的结构、公差及材料的特殊要求等。后置代号有 8 种，见表 6-17；表 6-18 为内部结构代号，表 6-19 为公差等级代号。

表 6-17 轴承后置代号

| 后置代号（组） | 1 | 2 | 3 | 4 | 5 | 6 | 7 | 8 |
|---|---|---|---|---|---|---|---|---|
| 含义 | 内部结构 | 密封与防尘、套圈变形 | 保持架及其材料 | 轴承材料 | 公差等级 | 游隙 | 配置 | 其他 |

表 6-18 内部结构代号

| 代号 | 含义及示例 | | |
|---|---|---|---|
| C | 角接触球轴承<br>调心滚子轴承 | 公称接触角<br>C 型 | $\alpha = 15°$ |
| AC | 角接触球轴承 | 公称接触角 | $\alpha = 25°$ |
| B | 角接触球轴承<br>圆锥滚子轴承 | 公称接触角<br>接触角加大 | $\alpha = 45°$　7210B<br>32310B |
| E | 加强型（内部结构设计改进，增大轴承承载能力）N207E | | |

表 6-19 公差等级代号

| 代号 | 含义 | 示例 |
|---|---|---|
| /PN | 公差等级符合标准规定的普通级，代号中省略不表示 | 6203 |
| /P6 | 公差等级符合标准规定的 6 级 | 6203/P6 |
| /P6X | 公差等级符合标准规定的 6X 级 | 30210/P6X |
| /P5 | 公差等级符合标准规定的 5 级 | 6203/P5 |
| /P4 | 公差等级符合标准规定的 4 级 | 6203/P4 |
| /P2 | 公差等级符合标准规定的 2 级 | 6203/P2 |
| /SP | 尺寸精度相当于 5 级，旋转精度相当于 4 级 | 234420/SP |
| /UP | 尺寸精度相当于 4 级，旋转精度高于 4 级 | 234730/UP |

### 6.3.3 滚动轴承的选择

**1. 类型的选择**

（1）轴承的载荷。

轴承所受载荷的大小、方向和性质，是选择轴承类型的主要依据。

1）根据载荷大小选择轴承类型。由于滚子轴承主要元件间是线接触，宜用于承受较大的载荷，且承载后的变形也较小；球轴承中主要为点接触，适合承受较轻或中等载荷。

2）根据载荷方向选择轴承类型。若只承受纯径向载荷，一般选用径向接触轴承，如深沟球轴承或圆柱滚子轴承；若只受纯轴向载荷，宜选用轴向接触球轴承，如较小的纯轴向载荷可选用推力球轴承，较大的纯轴向载荷可选用推力滚子轴承；若同时承受径向载荷和轴向载荷时，可选用深沟球轴承、角接触球轴承、圆锥滚子轴承，或选用径向接触轴承和轴向接触轴承的组合结构。

（2）轴承的转速。

1）在轴承手册中列出了各类轴承的极限转速 $n_{\lim}$（Limit Speed），必须使轴承在低于极限转速下工作。球轴承和滚子轴承相比较，有较高的极限转速，因此转速高时应优先选用球轴承。

2）在内径相同的条件下，外径越小，则滚动体就越轻巧，运转时滚动体加在滚道上的离心惯性力就越小，因而更适用于在更高的转速下工作。故在高速时，应选用超轻、特轻及轻系列的轴承。重及特重系列的轴承，只用于低速重载的场合。

3）可以通过提高轴承的精度等级，选用循环润滑，采取加强循环油的冷却等措施来改善轴承的高速性能。

（3）轴承的调心性能。

当轴的中心线与轴承座中心线不重合或因轴受力而弯曲时，会导致轴承的内外圈轴线发生偏斜，这时应采用有一定调心性能的调心球轴承。

（4）轴承的安装和拆卸。

为便于轴承的装拆和调整可选用内圈、外圈可分离的轴承。

### 2. 公差等级的选择

对于相同型号的轴承，其精度越高价格也越高，故应根据工作需要选用合适的轴承公差等级，一般机械传动中可选用普通级（$P_0$）精度的轴承。

### 3. 尺寸选择

当轴承的类型选定后，先求出轴承的当量动载荷（或当量静载荷），再求出基本额定动载荷 $C$，然后根据轴承手册确定轴承的尺寸。

#### 6.3.4 滚动轴承的组合设计

### 1. 轴承的固定

轴在正常工作时，应使轴承在轴或机座上相对固定，为了防止轴向窜动，同时考虑热胀冷缩，应当允许轴承有一定的轴向移动，因此应采用适当的套圈固定形式及相应的支承结构。

（1）轴承内圈轴向固定的常用方法。

1）轴肩固定［图6-38（a）］，主要用于承受单方向轴向力或全固式支承结构。

2）轴肩和弹性挡圈双向固定［图6-38（b）］，该法结构简单，轴向尺寸小，挡圈只能承受较小的轴向载荷，一般用于游动支承处。

3）轴端挡板和轴肩固定［图6-38（c）］，挡板能承受中等的轴向力，用于直径较大、轴端切削螺纹有困难的场合。

4）锁紧螺母与轴肩固定［图6-38（d）］，利用轴肩和圆螺母、止动垫圈作双向固定，装拆方便，适用于轴向载荷较大的场合。

5) 开口圆锥紧定套和锁紧螺母在光轴上固定锥孔内圈 [图6-38 (e)],此法装拆方便,适用于轴向载荷不大、转速不高的场合。

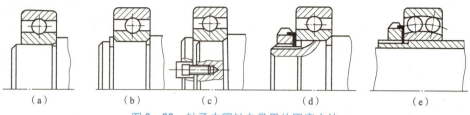

图6-38 轴承内圈轴向常用的固定方法

(a) 轴肩固定;(b) 轴肩和弹性挡圈双向固定;(c) 轴端挡板和轴肩固定;
(d) 锁紧螺母与轴肩固定;(e) 开口圆锥紧定套和锁紧螺母固定

(2) 轴承外圈轴向固定的常用方法。

1) 轴承端盖固定 [图6-39 (a)],用于两端固定式支承结构或承受单向轴向载荷。

2) 孔内凸肩和孔用弹性挡圈固定 [图6-39 (b)],用于轴向载荷不大的场合。

3) 用止动环嵌入轴承外圈的止动槽内 [图6-39 (c)],用于机座不便制作凸台且外圈带有止动槽的深沟球轴承。

4) 轴承端盖和孔内凸肩固定 [图6-39 (d)],适用于高速并承受很大轴向载荷的场合。

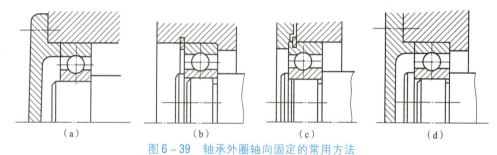

图6-39 轴承外圈轴向固定的常用方法

(a) 轴承端盖固定;(b) 孔内凸肩和孔用弹性挡圈固定;(c) 止动环固定;(d) 轴承端盖和孔内凸肩固定

### 2. 轴系的轴向固定

(1) 两端单向固定。

使轴的两个支点中每一个支点都能限制轴的单向移动,两个支点合起来就限制了轴的双向移动,这种固定方式称为两端固定。图6-40中,两端轴承的内、外圈分别只作单向固定的结构形式,内圈以轴肩单向固定,外圈以轴承盖单向固定。这种结构适用于工作温度变化不大的短轴,即两支点距离≤350 mm,装配时应在轴承盖与轴承外圈留出 $c = 0.25 \sim 0.4$ mm 的间隙,使轴工作时受热膨胀有一定的伸缩余地。

(2) 一端固定、一端游动。

这种固定方式是在两个支点中使一个支点双向固定以承受轴向力,另一个支点则可做轴向游动,如图6-41所示,可做轴向游动的支点称为游动支点,显然它不能承受轴向载荷 [图6-41 (a) 的深沟球轴承作游动支承]。当支承跨距较大(两支点距离>350 mm)、工作温度较高时,轴受热伸长量较大,必须给轴系以热膨胀的余地 [图6-41 (b) 的圆柱滚子轴承作游动支承],以免轴承被卡死,同时又要保证轴系相对固定以实现其正确的工作位置,应采用一端双向固定,另一支点游动的配置形式。

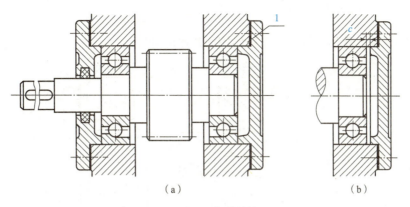

1—垫片；c—间隙补偿

图 6-40 两端单向固定的轴系

（a）端盖顶住外圈实现轴向定位；（b）一段留有间隙补偿

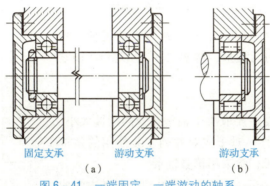

固定支承　　游动支承　　　　游动支承

（a）　　　　　　　　　（b）

图 6-41 一端固定、一端游动的轴系

（a）深沟球轴承作游动支承；（b）圆柱滚子轴承作游动支承

(3) 两端游动。

对于一对人字齿轮轴，由于人字齿轮本身的相互轴向限位作用，它们的轴承内外圈的轴向紧固应设计成只保证其中一根轴相对机座有固定的轴向位置，而另一根轴上的两个轴承都必须是游动的，以防止齿轮卡死或人字齿的两侧受力不均匀。图 6-42 中，其左右两端都采用圆柱滚子轴承。

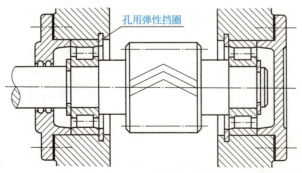

图 6-42 两端游动的轴系

## 3. 轴承组合的调整

为了使轴能够正常工作，需保证滚动轴承留有适当的轴向间隙，常用的调整轴承间隙的方法如下：

（1）调整垫片。靠加减轴承盖与机座间垫片厚度进行调整，如图 6-43 所示。

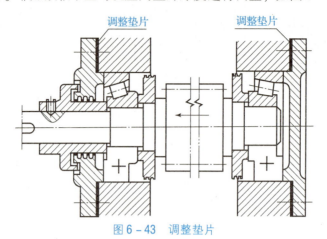

图 6-43　调整垫片

（2）可调压盖。图 6-44 中，利用螺钉 1 通过轴承外圈压盖 3 移动外圈位置进行调整，调整之后，用螺母 2 锁紧防松。

#### 4. 轴承的预紧

滚动轴承的旋转精度主要取决于轴承装置的刚性大小。为了提高轴承装置的刚性，对于成对并列安装使用的角接触球轴承和圆锥滚子轴承，常采用预紧轴承。

所谓预紧（Pre tightening），是指在安装时用某种方法使轴承中产生并保持一个相当大的轴向力，以消除轴承的轴向游隙，并使滚动体与内、外圈接触处产生初始预变形。预紧方法可在一对轴承内圈或外圈之间加金属垫片 [图 6-45（a）]，以及磨窄套圈 [图 6-45（b）]。

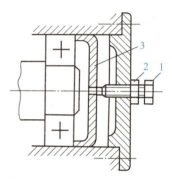

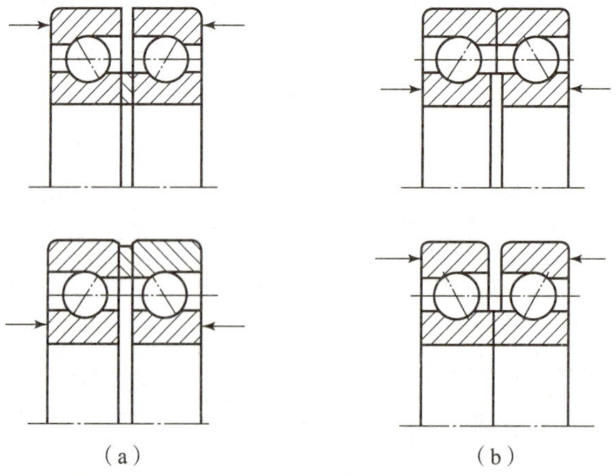

1—螺钉；2—螺母；3—轴承外圈压盖

图 6-44　可调压盖

（a）　　　　　　　　（b）

图 6-45　预紧方法

（a）加金属垫片预紧；（b）磨窄套圈预紧

预紧的目的是提高支承刚性、减少振动和噪声、提高旋转精度。预紧力（Preload）可以利用金属垫片、磨窄套圈、用螺纹端盖推压轴承外圈（用于圆锥滚子轴承）或利用弹簧推压外圈等方法获得。

### 5. 滚动轴承的配合与装拆

（1）滚动轴承的配合。

轴承配合选择的一般原则如下：

1）载荷方向不变时，对于内圈回转而外圈固定不动的轴承，轴承内孔与轴颈之间必须选过盈配合，如 k6、m6、n6；外径与轴承座孔之间可选间隙配合，如 G7、H7、J7 等。

2）外圈与内圈同步旋转时，轴承内孔与轴颈之间可选间隙配合，而外圈与座孔之间必须选过盈配合。

3）转速越高、载荷越大、冲击振动越严重、工作温度越高时，应选越紧一些的配合。

4）剖分式箱体，轴承外圈与座孔间应选用较松的配合。

5）游动支承的轴承，外圈与座孔应选用间隙配合。

（2）滚动轴承的装拆。

轴承内圈与轴颈的配合通常较紧，可以采用压力机在内圈上施加压力将轴承压套在轴颈上。有时为了便于安装，尤其是大尺寸轴承，可用热油（不超过 80 ℃）加热轴承，或用干冰冷却轴颈。中小型轴承可以使用软锤直接敲入或用另一段管子压住内圈敲入，如图 6 - 46 所示。

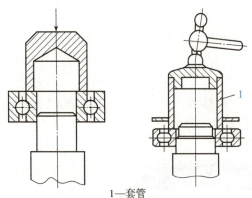

1—套管

图 6 - 46 轴承安装

在拆卸时要考虑便于使用拆卸工具，以免在拆卸的过程中损坏轴承和其他零件，如图 6 - 47 所示。

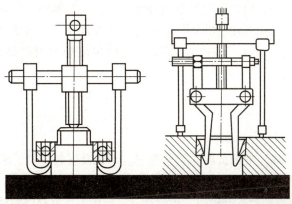

图 6 - 47 轴承拆卸装置

## 练一练

1. 填空题。

(1) 滚动轴承主要由_____、_____、_____和_____组成。

(2) 滚动轴承代号由_____代号、_____代号和_____代号构成。其中基本代号由_____代号、_____代号和_____代号构成。

(3) 滚动轴承的润滑剂有_____和_____两种。常用的密封装置有_____和_____两类。

2. 简答题。

(1) 在选择滚动轴承时,要考虑哪几个方面的因素?

(2) 滚动轴承的润滑和密封的目的是什么?

(3) 轴上零件在轴上的定位方式及其与轴的配合方式有哪些?

(4) 油沟的种类有哪些及作用有什么不同?

(5) 轴承端盖的形式与结构有哪些?与轴承的润滑方式有什么关系?

(6) 密封方式有哪些?

(7) 试分析螺栓连接、通气器、定位销、起盖螺钉、油标、放油螺塞的作用。

3. 说明下列滚动轴承基本代号的含义。

(1) N210

(2) 51213

(3) 30312

4. 有一对型号 6310 深沟球轴承,所受当量动载荷 $P = 2\,200\text{ N}$,轴承转速 $n = 970\text{ r/min}$,中等冲击,常温下工作求轴承的工作寿命。

## 6.4 联轴器、离合器和制动器

联轴器(Coupling),用来连接两根回转轴并传递转矩和运动的部件。离合器(Clutch)与联轴器的作用相同,都是用来连接两轴,使其一同旋转并传递转矩的部件。二者都主要用来连接两轴(有时也可连接轴与其他回转零件),使其一同转动并传递运动和动力。两者区别:两轴用联轴器连接,机器运转时不能分离,只有在机器停车并将连接拆开后,两轴才能分离;用离合器连接,则可在机械运转中随时分离或接合。制动器(Brake),使机器在很短时间内停止运转并闸住不动的装置,制动器也可在短期内用来降低或调整机器的运转速度。

### 6.4.1 联轴器

**1. 联轴器的类型、特点和应用**

联轴器所连接的两轴,由于机器的结构要求、制造及安装误差、承载后变形、温度变化和轴承磨损等原因,不能保证严格对中,使两轴线之间出现相对位移,如图 6-48 所示。因此,除了要求联轴器能传递所需的转矩,还应在一定程度上具有补偿两轴间相对位移的能力。

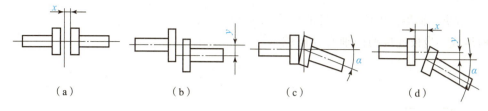

图 6-48 轴线的相对位移

(a) 轴向位移；(b) 位向位移；(c) 偏角位移；(d) 综合位移

(1) 刚性联轴器 (Rigid Coupling)。

刚性联轴器是由刚性连接元件组成，元件之间相对不能运动，因而不具有补偿两轴间相对位移和缓冲减振的能力，只能用于被连接两轴在安装时能严格对中和工作中不会发生相对位移的场合。刚性联轴器主要有凸缘式、套筒式和夹壳式等，其中凸缘联轴器的应用最广泛。

图 6-49 (a) 中，两半联轴器用铰制孔用螺栓对中并实现连接。此种联轴器装拆较方便，且能传递较大转矩。

图 6-49 (b) 为对中榫的凸缘联轴器，靠一个半联轴器的凸肩与另一个半联轴器上的凹槽相配合而对中，用普通螺栓实现连接，依靠接合面间的摩擦力传递转矩，对中精度高。装拆时，轴必须做轴向移动。常用材料为灰铸铁、中碳钢及铸钢。

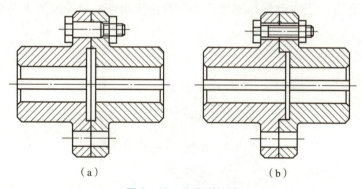

图 6-49 凸缘联轴器

(a) 螺栓对中；(b) 对中榫对中

凸缘联轴器结构简单、价格低廉，能传递较大的转矩，但不能补偿两轴线的相对位移，也不能缓冲减振，故只适用于连接的两轴能严格对中、载荷平稳的场合。

(2) 挠性联轴器 (Flexible Coupling)。

挠性联轴器可分为无弹性元件联轴器、有弹性元件联轴器。

滑块联轴器 (Slipper Coupling)、十字轴万向联轴器 (Cross Shaft Universal Coupling) 为无弹性元件联轴器，这类联轴器具有挠性，可补偿两轴的相对位移，但又因无弹性元件，故不能缓冲减振。

常用的有弹性元件联轴器有弹性套柱销联轴器 (Bushed Pin Type Coupling)、弹性柱销联轴器 (Elastic Pin Coupling)、簧片联轴器、蛇形弹簧联轴器等，这类联轴器具有挠性，可以补偿两轴的相对位移，且能缓冲减振，本书仅介绍弹性套柱销联轴器和弹性柱销联轴器两种。

1) 滑块联轴器。由两个在端面上开有凹槽的半联轴器 1、3 和 1 个两面带有凸榫的中间盘 2 所组成。当被连接的两轴有径向偏移时,凸榫将在联轴器的凹槽中滑动,如图 6-50 所示。

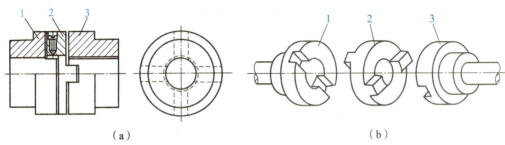

1,3—半联轴器;2—中间盘

图 6-50 滑块联轴器

(a) 组合图;(b) 拆分图

常用材料为中碳钢,需进行表面淬火处理,这种联轴器结构简单、径向尺寸小,主要用于两轴径向位移较大、无冲击及低速场合。

2) 十字轴万向联轴器。图 6-51 为十字轴万向联轴器,联轴器的两轴线能成任意角度 $\alpha$,而且在机器运转时,夹角发生改变仍可正常传动。但 $\alpha$ 越大,传动效率越低,一般 $\alpha$ 最大为 35°~45°。但是,当主动轴角速度为常数时,从动轴的角速度并不是常数,而是在一定范围内变化。

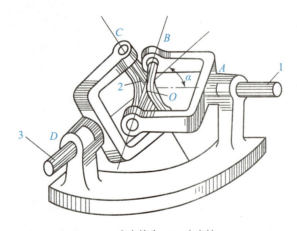

1,3—方向接头;2—十字轴

图 6-51 十字轴万向联轴器

图 6-52 为双十字轴万向联轴器(Double Universal Joints)。使用双十字轴万向联轴器时,应使主、从动轴和中间轴位于同一平面内,两个叉形接头也位于同一平面内,而且使主、从动轴与连接轴所成夹角 $\alpha$ 相等,这样才能使主、从动轴同步转动,避免动载荷的产生。

十字轴万向联轴器结构紧凑、维护方便,广泛应用于汽车、拖拉机、组合机床等机械的传动系统中。小型十字轴万向联轴器已标准化,设计时可按标准选用。

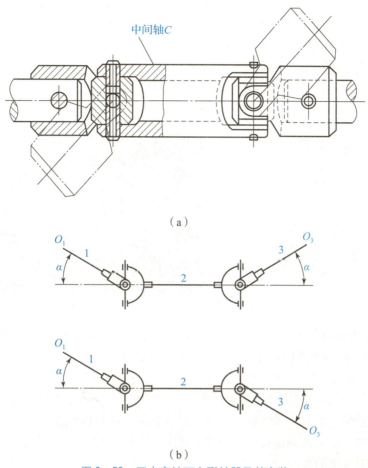

图 6-52 双十字轴万向联轴器及其安装

(a) 双十字轴万向联轴器；(b) 双十字轴万向联轴器的安装

3) 弹性套柱销联轴器。图 6-53 弹性套柱销联轴器结构上与凸缘联轴器相似，只是用带弹性套的柱销代替连接螺栓。此类联轴器结构简单、安装方便、更换容易、尺寸小、质量轻，但其寿命较短，因此适用于冲击载荷不大、需正反转或启动频繁、由电动机驱动的各种中小功率传动轴系。

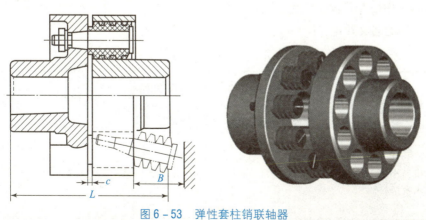

图 6-53 弹性套柱销联轴器

材料一般为天然橡胶或合成橡胶，这种联轴器的工作温度须在-20~70℃。

4）弹性柱销联轴器。图6-54弹性柱销联轴器与弹性套柱销联轴器结构相似，只是柱销材料为尼龙。由于柱销与柱销孔为间隙配合，且柱销富有弹性，具有补偿两轴相对位移和缓冲的性能。为了改善柱销与柱销孔的接触条件和补偿性能，柱销的一端制成鼓形，且柱销两端装有挡板，以防止柱销脱落。另外，由于尼龙柱销对温度较敏感，故这种联轴器的工作温度也须在-20~70℃。

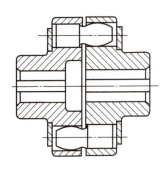 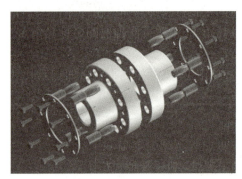

图6-54 弹性柱销联轴器

与弹性套柱销联轴器相比，弹性柱销联轴器结构更为简单，便于制造维修，耐久性好。适用于连接启动及换向频繁的传递转矩较大的中、低速轴系中。

2. 联轴器的选择

(1) 联轴器的类型选择应考虑以下因素。

1）所需传递转矩的大小和性质，以及对缓冲和减振方面的要求。

2）联轴器的工作转速高低和引起的离心力大小。

3）两轴相对位移的大小。

此外还应考虑联轴器的可靠性、使用寿命和工作环境，以及联轴器的制造、安装、维护、成本等因素。

(2) 联轴器的型号选择。按式（6-7）计算其计算转矩。

$$T_c = KT \tag{6-7}$$

式中 $T_c$——轴的计算转矩，N·m；

$K$——工作情况系数，见表6-20；

$T$——轴的名义转矩，N·m。

表6-20 工作情况系数 $K$

| 分类 | 工作情况及举例 | 电动机、汽轮机 | 四缸和四缸以上内燃机 | 双缸内燃机 | 单缸内燃机 |
|---|---|---|---|---|---|
| I | 转矩变化很小，如发电机、小型通风机、小型离心泵 | 1.3 | 1.5 | 1.8 | 2.2 |

续表

| 分类 | 工作情况及举例 | 电动机、汽轮机 | 四缸和四缸以上内燃机 | 双缸内燃机 | 单缸内燃机 |
|---|---|---|---|---|---|
| Ⅱ | 转矩变化小，如透平压缩机、木工机床、运输机 | 1.5 | 1.7 | 2.0 | 2.4 |
| Ⅲ | 转矩变化中等，如搅拌机、增压泵、有飞轮的压缩机、冲床 | 1.7 | 1.9 | 2.2 | 2.6 |
| Ⅳ | 转矩变化和冲击载荷中等，如织布机、水泥搅拌机、拖拉机 | 1.9 | 2.1 | 2.4 | 2.8 |
| Ⅴ | 转矩变化和冲击载荷大，如造纸机、挖掘机、起重机、碎石机 | 2.3 | 2.5 | 2.8 | 3.2 |
| Ⅵ | 转矩变化大并有极强烈冲击载荷，如压延机、无飞轮的活塞泵、重型初轧机 | 3.1 | 3.3 | 3.6 | 4.0 |

根据计算转矩 $T_c$、轴的转速 $n$ 和轴端直径 $d$ 查阅有关手册，选择适当型号的联轴器。选择时应满足：

1）计算转矩 $T_c$ 不超过联轴器的公称转矩 $T_n$，即 $T_c \leqslant T_n$。
2）转速 $n$ 不超过联轴器的许用转速 $[n]$，即 $n \leqslant [n]$。
3）轴端直径不超过联轴器的孔径范围。

**3. 联轴器的安装与维护**

总的原则：严格按照图纸要求进行装配。

### 6.4.2 离合器

**1. 离合器的类型、特点和应用**

根据工作原理不同，又可将离合器分为牙嵌式离合器和摩擦式离合器。

（1）牙嵌式离合器（Jaw Clutch）。

图 6-55 牙嵌式离合器由两个端面带牙的半离合器 1、2 组成。其中 1 固定在主动轴上，2 用导向键 3 或花键与从动轴连接，由滑环 4 操纵沿轴向移动实现离合器的接合和分离。在半离合器 1 上还固定有对中环 5 保证两轴对中。

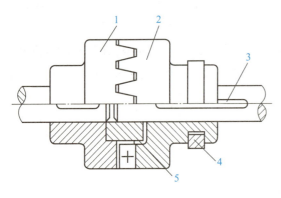

1,2—半离合器；3—导向键；4—滑环；5—对中环

图 6-55 牙嵌式离合器

牙嵌式离合器常用的牙形有三角形、梯形、矩形和锯齿形。梯形牙应用较广，其强度高、传递转矩大，能自动补偿牙面磨损所产生的间隙，同时由于嵌合牙间有轴向分力，故便于分离；三角形牙只能传递中、小转矩；矩形牙不便于离合，且磨损后无法补偿；锯齿形牙只能传递单向转矩。牙嵌式离合器的主要失效形式为牙面磨损和牙根折断。材料常用低碳钢渗碳淬火或中碳钢表面淬火处理，硬度应分别为 52~62 HRC 和 48~52 HRC。不重要的和在静止时接合的离合器可用铸铁。

（2）圆盘摩擦片离合器（Disc Friction Plate Clutch）。

图 6-56 单片式摩擦片离合器是靠一定压力下主动片 1 和从动片 2 接合面上的摩擦力传递转矩，操纵滑环 4 使从动片 2 做轴向移动以实现接合和分离。单片式摩擦片离合器结构简单，但径向尺寸较大，只能传递不大的转矩。

图 6-57 为多片式摩擦片离合器，主要由外摩擦片组和内摩擦片组组成。外摩擦片组与壳体连接，并同主动轴转动。内摩擦片组与套筒连接，并与从动轴一起转动。内、外摩擦片相间地叠合，当滑环由操纵机构控制向左移动时，杠杆绕支点顺时针转动，通过压板将两组摩擦片压紧，实现接合；滑环向右移动，则实现分离。多片式摩擦式离合器摩擦片的数目越多、传递的转矩越大，但片数过多会降低分离动作的灵活性。一般限制内、外摩擦片总数不超过 30。

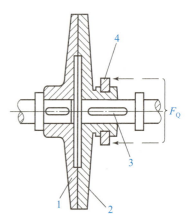

1—主动片；2—从动片；
3—键；4—操纵滑环

图 6-56 单片式圆盘摩擦片离合器

（3）超越离合器（Overrunning Clutch）。

常用的有棘轮超越离合器和滚柱式超越离合器。棘轮超越离合器（图 6-58），当其星轮 1 顺时针转动时，滚柱 3 受摩擦力作用被楔紧在星轮 1 与外圈 2 之间，从而带动外圈 2 一起转动，此时为接合状态；当星轮 1 逆时针转动时，滚柱 3 处在槽中较宽的部分，离合器为分离状态，因而它只能传递单向的转矩。若外圈和星轮同时顺时针回转，当外圈转速大于星轮转速时，离合器为分离状态，即套筒可超越星轮转动，故又称其为超越离合器。

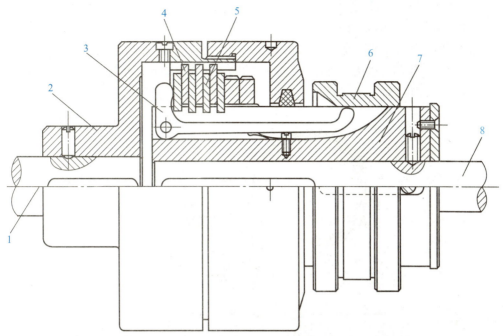

1—主动轴；2—外毂轮；3—曲臂压杆；4—外摩擦片组；5—内摩擦片组；
6—滑环；7—套筒；8—从动轴

图 6-57　多片式摩擦片离合器

棘轮超越离合器结构简单，对制造精度要求低，在速度较低的传动中应用广泛。

### 2. 离合器的使用与维护

离合器的正确使用要点是分离迅速彻底，接合柔和平稳。要做到这些要求，必须注意：

（1）离合器接合要缓慢，但当要全面接合时，动作又要迅速。

（2）分离离合器时动作要迅速，做到快而彻底地分离。

（3）不应采用半分离状态来降低机车的速度。

（4）离合器分离时间不宜过长，若需较长时间停车，则换成空挡。

（5）离合器在使用一段时间后，必须对其分离间隙进行调整。另外还要经常清洗离合器的油污，以保证离合器正常的工作。

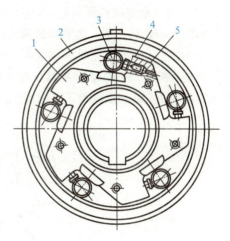

1—星轮；2—外圈；3—滚柱；
4—弹簧；5—顶销

图 6-58　棘轮超越离合器

### 6.4.3　制动器

#### 1. 制动器的类型

制动器用于机构或机器减速或停止的装置，有时也可用于调节或限制机构或机器的运动速度。

### 2. 常用制动器的性能比较

(1) 带式制动器 (Band Brake)。

带式制动器的结构简单、紧凑，包角大，制动力矩也大，但因制动带磨损不均匀，易断裂，且对轴的横向作用力也大，如图 6-59 的结构。这种制动器适于用在转矩较大而要求紧凑的制动场合，如用于移动式起重机中。

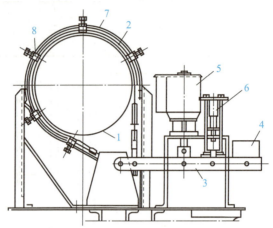

1—制动轮；2—制动钢带；3—制动杠杆；4—重锤；5—电磁铁；6—缓冲器；
7—挡板；8—调节螺钉

图 6-59 带式制动器

(2) 短行程电磁铁制动器 (Short Stroke Electromagnet Brake)。

在图 6-60 状态中，电磁铁线圈 3 断电，弹簧 6 回复将左、右两制动臂 2 接近，两个瓦块一同闸紧制动轮 7，此时为制动状态。当电磁铁线圈通电时，电磁铁 4 绕点 $O$ 逆时针转动，迫使推杆 5 向右移动，弹簧 6 被压缩，左、右两制动臂 2 的上端距离较大，两瓦块一同离开制动轮 7，制动器则处于开启状态。

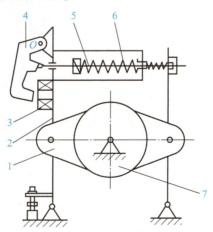

1—瓦块；2—制动臂；3—电磁铁线圈；4—电磁铁；5—推杆；6—弹簧；7—制动轮

图 6-60 短行程电磁铁制动器

这种制动器简单可靠、散热好、外形尺寸大、杠杆系统复杂。在起重运输机械中应用较广，适用于工作频繁及空间较大的场合。

(3) 内张蹄式制动器 (Internal Shoe Brake)。

内张蹄式制动器种类很多，图 6-61 为领从蹄式双蹄制动器。两个固定支承销 4 将制动蹄 1 和 3 的下端铰接安装。制动分泵 2 是双向作用的。制动时，分泵压力 $F$ 使制动蹄 1 和 3 压紧制动鼓，从而产生制动转矩。

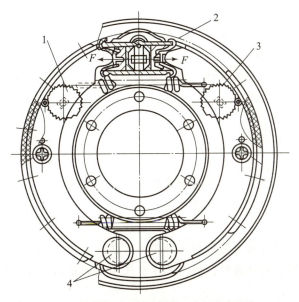

1，3—制动蹄；2—制动分泵；4—固定支承销

图 6-61 领从蹄式双蹄制动器

内张蹄式制动器结构紧凑、散热性好、密封容易，多用于安装空间受限制的场合，广泛用于轮式起重机及各种车辆，如汽车、拖拉机等的车轮中。

### 3. 制动器的类型选择

制动器的类型选择应根据使用要求和工作条件来选定。选择时应考虑以下几点。

(1) 选择常开制动器或常闭制动器时主要依据制动转矩的大小、工作性质和工作条件。

(2) 依据制动器的工作要求选择制动器，如支持物品用的制动器的制动转矩必须有足够的裕度，即应保证一定的安全系数。

(3) 考虑使用制动器的场所空间大小。

## 练一练

1. 单项选择题。

(1) 对低速、刚性大的短轴，常选用的联轴器为（    ）。

A. 刚性固定式联轴器　　B. 刚性可移式联轴器　　C. 弹性联轴器　　D. 安全联轴器

(2) 在载荷具有冲击、振动，且轴的转速较高、刚度较小时，一般选用（    ）。

A. 刚性固定式联轴器　　B. 刚性可移式联轴器　　C. 弹性联轴器　　D. 安全联轴器

(3) 联轴器与离合器的主要作用是（    ）。

A. 缓冲、减振　　　　　　　　　　　　B. 传递运动和转矩

C. 防止机器发生过载　　　　　　　　　D. 补偿两轴的不同心或热膨胀

（4）金属弹性元件挠性联轴器中的弹性元件都具有（　　）的功能。

A. 对中　　　　　　B. 减磨　　　　　　C. 缓冲和减振　　D. 装配很方便

（5）（　　）式离合器接合最不平稳。

A. 牙嵌　　　　　　B. 摩擦　　　　　　C. 安全　　　　　　D. 离心

2. 填空题。

（1）在确定联轴器类型的基础上，可根据_____、_____、_____、_____来确定联轴器的型号和结构。

（2）按工作原理，操纵式离合器主要分为_____、_____和_____三类。

（3）联轴器和离合器是用来_____的部件；制动器是用来_____的装置。

（4）用联轴器连接的两轴_____分开；而用离合器连接的两轴在机器工作时_____。

（5）挠性联轴器按其组成中是否具有弹性元件，可分为_____联轴器和_____联轴器两大类。

3. 问答题。

（1）联轴器和离合器的功用有何相同点和不同点？

（2）在选择联轴器、离合器时，引入工作情况系数的目的是什么？$K$与哪些因素有关？如何选取？

（3）联轴器所连接两轴的偏移形式有哪些？综合位移指哪种位移形式？

（4）制动器应满足哪些基本要求？

（5）牙嵌式离合器的主要失效形式是什么？

# 项目七 机械创新设计

## 仿生机器人设计与制作
## Bionic Robot Design and Production

### 1. 背景

在此对一种基于单片机控制的多关节仿生机器人——六足机器人（图7-1）（Six-legged Robot）进行研究。其地形适应能力强，具有冗余肢体，可以在失去若干肢体的情况下继续执行一定的工作，适合担当野外侦查、水下搜寻及太空探测等对自主性、可靠性要求比较高的工作。设计一款属于你的仿生机器人，以展示你想要带给人们带来的感受。在制作过程中，可以利用各种工具和材料来搭建仿生机器人。最后，制作一个PPT，展示设计作品的创意、原理、材料、特点及附加功能等。

图7-1 仿生机器人

## 2. 模型设计制作要求

### 任务描述

随着人类探索自然界步伐的不断加速，各应用领域对具有复杂环境自主移动能力机器人的需求日趋广泛而深入。理论上，足式机器人具有比轮式机器人更加卓越的应对复杂地形的能力，因而被给予了巨大的关注，但到目前为止，由于自适应步行控制算法匮乏等原因，足式移动方式在许多实际应用中还无法付诸实践。另外，作为地球上最成功的运动生物，多足昆虫则以其复杂精妙的肢体结构和简易灵巧的运动控制策略，轻易地穿越了各种复杂的自然地形，甚至能在光滑的表面上倒立行走。因此，将多足昆虫的行为学研究成果融入步行机器人的结构设计与控制，开发具有卓越移动能力的仿生机器人，对于足式移动机器人技术的研究与应用具有重要的理论和现实意义。

本项目要求设计与制作一款仿生机器人，具体过程如下：
- 确定目标：确定仿生机器人驱动方式和结构造型等。
- 小组讨论：采用头脑风暴法充分发散思维，小组讨论设计出实现目标步骤的具体实施方法。
- 绘制思路：发挥逻辑思维能力，把各步骤草图画出来，并连贯起来形成模型。
- 实施制作：选择手边现有的材料实施制作，要求以最常见的生活材料为主，尽量运用本学期所学知识进行设计。
- 调试验证：运用制作实物验证绘制模型的可行性，采取挫折教育，在失败中修正设计错误和误差，最终实现预计的功能。
- 制作 PPT：运用文档编辑知识制作一个 PPT，实现知识分享。

### 每人所需材料

(1) 1 包雪糕棍或多孔塑料。
(2) 1 套塑料齿轮以设计减速机。
(3) 1 个电动机。
(4) 1 个电源盒与电池。
(5) 1 个控制器，很多线材。
(6) 1 台 3D 打印机。
(7) 1 台激光雕刻机。

### 技术

(1) 激光切割技术。
(2) 3D 打印技术。
(3) 资料检索技术。
(4) 计算机制作 PPT 并上传。
(5) 手机拍摄图片。

## 学习成果

(1) 学习使用各种材料设计并制作一款仿生机器人。
(2) 学习使用本学期的知识制作小设备。
(3) 学习使用文档编辑软件制作属于自己的 PPT。
(4) 学习理论并制作 1 张机械创新设计的知识心智图。

### 古代机械文明小故事

#### 灌溉机械——龙骨水车

龙骨水车是很重要的灌溉机械,也是古代的机械设计杰出成果。龙骨水车发明于东汉,据《后汉书》记载,在中平三年(公元 186 年)时,当时的掖庭令毕岚为使百姓更省力,发明了龙骨水车(图 7-2),"用洒南北郊路,以省百姓洒道之费"。与原有的各种提水机械(如辘轳、滑轮、绞车等)相比,它可以连续提升水,有明显的优越性,效率高了很多。龙骨水车在东汉时问世,迄今已近 2 000 年,是我国应用最广泛、效果最好、影响也最大的排灌机械,在南方水田地区及所有水较多的地方,尤为重要。

图 7-2 龙骨水车

由于这种水车应用广泛,故名称也很多,它也被叫作水龙、水蜈蚣、翻车等,龙骨水车可由人手动、脚动,或由畜力、风力、水力驱动。除驱动、传动部分各不相同外,龙骨水车的基本结构并无不同。

## 7.1 创新设计思维

### 7.1.1 创新与创新设计

创新（Innovation）是人类文明进步的原动力，创新是技术和经济发展的源泉，创新更是一个国家国民经济可持续发展的基石，"创新是一个民族进步的灵魂，是国家兴旺发达的不竭动力。一个没有创新能力的民族，难于屹立于世界民族之林"。创造发明和创新人才问题早已引起世界各国的高度重视。

**1. 创新的概念**

发现（Discover）是指原本早已存在的事物，经过人们不断努力和探索后被人们认知的具体结果。

创造（Create）是指人们提出或完成原本不存在的、经过人们不断努力和探索后提出的或完成的具体结果。

创新（Innovation）是指提出或完成具有独特性、新颖性和实用性的理论或产品的过程。

创新与创造没有本质差别，创新是创造的具体实现，但创新更强调创造成果的新颖性、独特性和实用性。一般把创新分为知识创新、技术创新和应用创新。

创新方式包括由无到有的创新和由有到新的创新。

**2. 创新设计的概念**

设计（Design）是指根据社会或市场的需要，利用已有的知识和经验，依靠人们的思维和劳动，借助各种平台（数学方法、实验设备、计算机等）进行反复判断、决策、量化，最终实现把人、物、信息，资源转化为产品的过程。

创新设计（Innovative Design）是指在设计领域中，提出新的设计理念、新的设计理论或设计方法，从而得到具有独特性和新颖性的产品。

**3. 创造性思维活动**

创造性思维（Innovative Thinking）活动是创新设计的主体，创造性思维活动过程如下：

（1）创造性思维与潜在创造力。

创造性思维是逻辑思维和灵感思维的综合，包括渐变和突变的复杂思维过程相互融合、补充和促进，使设计人员的创造性思维得到更加全面的开发。

知识就是潜在的创造力。人的知识来源于教育和社会实践，受教育的程度和社会实践经验的不同，导致了人们知识结构的差异，凡是具有知识的人都具有潜在创造力，只不过因为知识结构的差异，其潜在创造力的大小不同而已。知识的积累过程就是潜在创造力（Latent Creativity）的培养过程，知识越丰富，潜在创造力就越强。

创造性思维和潜在创造力是创新的源泉和基础。

（2）创新涌动力。

存在于人类自身的潜在创造力，只有在一定压力和一定条件下才会释放出能量，这种压力来源于社会因素和自身因素。社会因素主要指周边环境的内外压力，自身因素主要指强烈的事业心，社会因素和自身因素的有机结合，才能构成创新的涌动力。没有创新涌动力就没有创新成果的出现。

创新的过程一般可归纳为

知识(潜在创造力) + 创新涌动力 + 灵感思维 ➡ 创新成果

### 7.1.2 常规设计、现代设计与创新设计

机械设计方法对机械产品的性能有决定作用，一般来说，可把设计方法分为正向设计和反向设计，反向设计也称反求设计。图7-3为机械设计方法框架。正向设计的过程是首先明确设计目标，然后拟订设计方案，进行产品设计、样机制造和实验，最后投产的全过程。正向设计可分为常规设计（Conventional Design）（又称传统设计）、现代设计（Modern Design）和创新设计（Innovative Design）。它们之间有区别，也有共性。反向设计的过程是首先引进待设计的产品，以此为基础，进行仿造设计（Imitation Design）、改进设计（Improved Design）或创新设计的过程。

图7-3 机械设计方法框架

脑洞大开的创新设计

#### 1. 常规设计

常规设计是依据力学和数学建立的理论公式和经验公式，以实践经验为基础，运用图表和手册等技术资料，进行设计计算、绘图和编写设计说明的过程。该方法强调以成熟的技术为基础，目前常规设计仍然是机械工程中的主要设计方法。各高等工科学校的机械设计教科书主要讲授这种方法。

例如，轴的结构设计过程中，按功率计算出轴的最小直径：

$$d \geq c \sqrt[3]{\frac{P}{n}}$$

根据轴上零件的周向固定和轴向固定情况，查阅设计手册，再进行结构设计。图7-4为轴系结构的常规设计过程的图形表达结果。常规设计是机械设计不可替代的方法。

在常规设计过程中，也包含了设计人员的大量创造性成果，例如在方案设计阶段和结构设计阶段，都含有设计人员的许多创造性设计过程。

#### 2. 现代设计

相对于常规设计，现代设计则是一种新型设计方法，其在机械设计过程中的优越性日渐突出，应用日益广泛。现代设计方法强调以计算机为工具，以工程软件为基础，运用现代设计理念进行的机械设计。

现代设计从不同角度深化了机械设计方法，提高了产品的设计质量，也降低了产品的成本。可靠性设计（Reliability Design）、优化设计（Optimal Design）、有限元设计（Finite Element Design）、计算机辅助设计（Computer Aided Design）、虚拟设计（Virtual Design）等

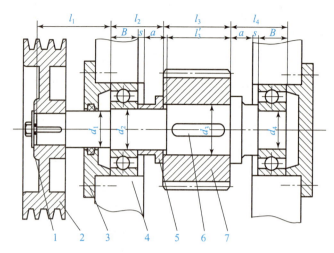

1—螺钉及垫圈；2—带轮；3—端盖；4—箱体；5—套筒；6—键；7—齿轮；8—轴承

图 7-4　轴系结构的常规设计

都是常用的现代设计方法。现代设计在强调运用计算机、工程设计与分析软件和现代设计理念的同时，其基本的设计内容仍是建立在常规设计的基础上。在强调现代设计方法时，不可忽视常规设计方法的重要性。

### 3. 创新设计

创新设计方法是指充分发挥设计者的创造力，利用人类已有的相关科学技术知识，进行创新构思，设计出具有新颖性、创造性及实用性机械产品的一种实践活动。创新设计强调发挥创造性，提出新方案，提供新颖的而且成果独特的设计。其特点是运用创造性思维，强调产品的创新性和新颖性。无论设计方法如何，常规设计仍然是最基本的设计方法，是机械设计课程的根本内容。有关常规设计的基本理论、基本方法与基本技能不应减少。

### 4. 不同设计方法的设计实例分析

常规设计和现代设计是最为常用的工程设计方法，创新设计是近来最为提倡的设计方法。不同的设计方法对设计结果影响很大。下面以典型的设计实例说明不同设计方法带来的不同结果。

设计实例一：薯条加工机的设计（Design of Potato Processing Machine）

（1）常规设计。

第一道工序：清洗→设计清洗机。

第二道工序：削皮→设计削皮机。红薯固定，刀旋转，完成削皮的任务。

第三道工序：切片后再切条。

需要设计清洗、削皮、切条 3 套设备，由于红薯形状和大小差异很大，控制削皮的厚度较难，导致浪费严重，生产率也低。图 7-5 为薯条去皮加工过程示意图。

（2）现代设计。

在设计思想没有改变时，通过计算机仿真、优化设计等，可减少削皮的损失，提高生产率，但仍然不理想。

（3）创新设计。

用创新的理念和思维设计的薯条加工机和上述结果有很大不同。图 7-6 为采用创新设计方法设计的薯条加工机流程图。

第一道工序：清洗→设计清洗机。

第二道工序：粉碎、过滤去皮、沉淀制浆、通过型板压制成条状。

清洗→粉碎→过滤去皮→挤压成型→油炸成产品

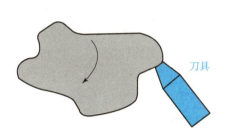

图7-5 薯条去皮加工过程

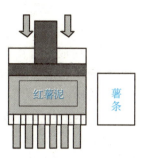

图7-6 创新设计方法设计的薯条加工机流程

【例7-1】 椰肉加工机的设计。

（1）常规设计（图7-7）。

第一道工序：去椰皮，劈两半。

第二道工序：设计削肉机；椰壳固定，刀旋转，完成切肉的任务。

第三道工序：粉碎制汁。

椰子剖开→旋转→刀具切削

缺点是需要削皮、分开、去肉、制汁4套设备，而且由于椰壳形状和大小差异很大，控制切肉的厚度较难，导致浪费严重，生产率也低。

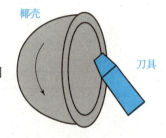

图7-7 椰肉加工机

（2）现代设计。

在设计思想没有改变时，通过计算机仿真、优化设计等，可减少椰肉的损失、提高生产率，但结果仍然不理想。

（3）创新设计。

用创新的理念和思维设计的椰肉加工机和上述结果有很大不同。

第一道工序：去皮。

第二道工序：注射一种溶剂，溶解椰肉成液体，加水即成椰汁。

提高了生产率，减少了消耗，降低了机械成本。很明显，采用创新设计得到的产品性能最佳。

## 7.2 机构的演化变异与创新

### 7.2.1 机构的组合与实例分析

机构的组合原理是指将几个基本机构按一定的原则或规律组合成一个复杂的机构。这个复杂的机构一般有两种形式，一种是几种基本机构融合成性能更加完善、运动形式更加多样化的新机构,被称为组合机构;另一种则是几种基本机构组合在一起,组合成的各基本机构还保持各自特征,但需要各个机构的运动和运作协调配合,以实现组合的目的,这种形式被称作机构的组合。

### 1. 机构的串联组合 (Series Combination of Mechanism)

常用于改善输出构件的运动和动力特性,并可以实现增力、增程和各种特殊的运动规律。图7-8为牛头刨床组合机构,由转动导杆机构 $ADB$、摆动导杆机构 $BEC$、摇杆滑块机构 $CFG$ 3部分组合而成,前置机构 $ADB$ 中,曲柄1为主动件,绕轴 $A$ 匀速转动,从动件2输出非匀速转动。后置机构 $BEC$ 中,输入构件为 $BE$,输出构件为 $CF$。机构 $CFE$ 为摇杆滑块机构,输入构件为 $CF$,输出构件为滑块。当曲柄1匀速转动时,经过3个基本机构的串联,中和了后继机构的转速变化,滑块4在某区段内实现近似匀速往复移动。

### 2. 机构的并联组合 (Parallel Combination of Mechanism)

两个或多个基本机构并列布置,称为机构的并联式组合。相当于运动的合成,其主要功能是对输出构件运动形式的补充、加强和改善,或者改善输出构件的运动状态和运动轨迹,还可以改善机构的受力状态,使机构获得自身的动平衡。

图7-9为缝纫机针杆传动机构,由摆动导杆机构、曲柄滑块机构并联组合而成,原动件曲柄1和6输入运动,通过构件2、5和4,带动针杆3做上下往复移动和摆动运动。

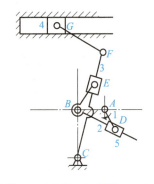

1—曲柄;2—从动件;3—滑杆;4,5—滑块

图7-8 牛头刨床组合机构

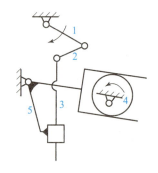

1,6—曲柄;2,4,5—构件;3—针杆

图7-9 缝纫机针杆传动机构

### 3. 机构的复合组合 (Compound Combination of Mechanism)

机构的复合组合是指以两自由度的机构为基础机构,单自由度的机构为附加机构,再将两个机构中某些构件并接在一起,组成一个单自由度的组合机构。一般是不同类型基本机构的组合,并且各种基本机构融为一体,成为一种新机构,主要功能是实现比较特殊的运动规律,如停歇、逆转、加速、减速、前进、倒退,以及增力、增程等。是一种比较复杂的组合形式,基础机构的两个输入运动,一个来自机构的主动构件,另一个则来自附加机构。

在复合组合机构中,基础机构一般为二自由度机构,如差动齿轮机构、五连杆机构;附加机构为各种基本机构,如单自由度的连杆机构、凸轮机构、齿轮机构等。

图7-10为凸轮—连杆机构,基础机构为五连杆机构,附加机构为凸轮机构,凸轮机构中的摆杆 $BC$ 和连杆机构中的连杆 $CD$ 并接,输入运动由基础机构的曲柄 $AB$ 和附加机构的摆杆 $BC$ 提供,这种组合使得输出构件滑块 $D$ 的行程比单一凸轮机构推杆行程增大几倍。

### 4. 机构的叠加组合（Superposition Combination of Mechanisms）

将一个机构安装在另一个机构的某个运动构件上的组合形式为叠加组合机构，其输出的运动是若干个机构输出运动的合成。这种组合的运动关系有两种情况：运动独立式，各机构的运动关系是相互独立的，常见于各种机械手；运动相关式，各机构之间的运动有一定的影响。

机构的叠加组合主要功能是实现特定的输出，完成复杂的工艺动作。

图 7-11 为电动玩具马机构，由曲柄摇块机构 ABC 安装在两杆机构的转动构件 4 上组合而成。机构工作时，由转动构件 4 和曲柄 1 分别输入动力，机构工作分别由转动构件 4 和曲柄 1 输入转动，使马的运动轨迹是旋转运动和平面运动的叠加。

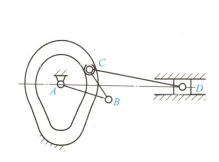

图 7-10 凸轮—连杆机构

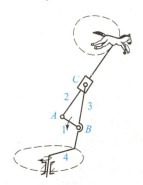

图 7-11 电动玩具马

机构的叠加组合的关键问题是选定附加机构与基础机构，确定附加机构与基础机构之间的连接方法，或者确定附加机构的输出构件与基础机构的哪一个构件连接。

### 7.2.2 机构的演化

以某一基本机构为原始机构，对其机架、运动副和构件尺寸等进行变换，从而设计出具有不同功用的新机构的过程，称为机构的演化。一般归纳为以下 3 种演化。

（1）改变机构中的机架（以不同的构件作为机架）。

（2）改变机构中运动副的性质（高副与低副的演化）。

（3）改变机构中构件的尺寸。

四杆机构种类繁多，但是都可看作由铰链四杆通过机架变换、运动副变换和尺寸变换演化而出的。

### 7.2.3 机械系统方案的创新设计

#### 1. 机械系统

由若干机械装置组成的一个特定系统称为机械系统（Mechanical System）。机械系统可能是一台机器，如机床、塑料挤出机、纺织机等，系统中主要包含有能量的转化、运动形式的转换等；也可能是一台设备，如化工容器、反应塔、变压器等，系统中主要包含有能量、物料形态与性质的转变等；还可能是一台仪器，如应变仪、流量计、振动试验台等，主要包含了信息与信号的变换。不管系统以什么形式体现，它都不是一个空泛的概念，而是一个实体，是以产品形式体现的。

(1) 机械系统的组成。现代机械种类繁多，结构也越来越复杂，但从实现系统功能的角度出发，一般机械系统由动力部分、传动部分、执行部分和控制部分组成。

(2) 机械系统的相关性。每个系统一般都由若干个子系统组成，子系统又由各种元件与操作构成。系统中的各子系统之间相互影响，相互关联，同时各子系统也影响着系统，而系统又受超系统的制约。超系统可以理解为系统的环境，系统得以存在的条件。这种各子系统之间、系统与子系统之间，以及系统与超系统之间相互关联的性质称为系统的相关性。进行创新设计时要考虑这种相关性的问题，合理地利用关系，使得设计方向有利于系统的发展，而不会造成更大的制约。

(3) 机械系统的进化性。在进行产品研发决策时，要分析当前产品的技术水平，预测进化方向，确定产品发展的阶段。

### 2. 机械系统的设计内容

机械系统的设计不论是在 S 形曲线的各拐点位置，还是处于开发下一代产品交替的位置，以及开发一种全新的产品，一般都须经历以下 4 个阶段。

(1) 产品规划阶段。
(2) 方案设计阶段。
(3) 技术设计阶段。
(4) 施工设计阶段。

### 3. 方案设计的创新

方案设计的主要工作有功能综合、原理综合和构形综合。功能、原理、构形综合都没有统一的规律可遵循，其方案解是发散的。

例如，洗衣机的主要功能可以抽象地描述为分离，即污物与衣物的分离。探索实现这一功能解的过程就是明确效应，确定其工作原理。一旦确定了工作原理，就要按照工作原理寻求相应的工艺动作。其中每一步骤都存在多个解，每个解都是创新的产物。方案设计的过程是发散—收敛的过程，是创新的过程，设计框图如 7-12 所示。

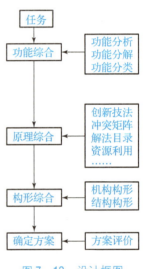

图 7-12 设计框图

## 7.3 仿生原理与创新设计

在长期的进化过程中，受到自然条件的严峻选择，为了生存和发展，自然界形形色色的生物各自练就了一套独特的本领。例如，有利用天文导航的候鸟，有建筑巧妙的蜂窝，有能探测势源的响尾蛇；海洋中水母能预报风暴；老鼠能事先躲避矿井崩塌或有害气体；蝙蝠能感受到超声波；鹰眼能从 3 000 m 高空敏锐地发现地面上运动着的小动物；蛙眼能迅速判断目标的位置、运动方向和速度，并能选择最好的攻击姿势和时间。图 7-13 为从鸟的形态发展而来的飞机。

### 7.3.1 仿生学与仿生机械学概述

人们在技术上遇到的许多问题、许多困难找不到正确解决的方法和途径，生物界早在千

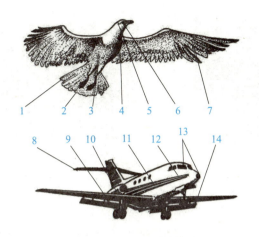

1—尾羽；2—鸟爪；3—肌肉；4—鸟体；5—脑；6—眼；7—翼展开以减速；8—水平尾翼；9—起落架；10—发动机；11—机身；12—控制仪表；13—透明玻璃和雷达；14—襟翼制动

图 7-13 鸟与飞机

百万年前就曾出现，而且在进化过程中就已得到了很好的解决，人类应从生物界得到有益的启示。

相传在公元前 3 000 多年，人们的祖先有巢氏模仿鸟类在树上营巢，以防御猛兽的伤害。4 000 多年前，人们的祖先"见飞蓬转而知为车"，即见到随风旋转的飞蓬草而发明轮子，做成装有轮子的车。我国战国时期墨子仿鸟而制造了"竹鹊"，三国时期诸葛亮设计了"木牛流马"；春秋战国时期的鲁班，从锯齿形的草叶中"悟"到了锯的原理。

中国古代劳动人民对水生动物——鱼类的仿生也卓有成效。鱼儿在水中有自由来去的本领，古人伐木凿船，用木材做成鱼形的船体，人们就模仿鱼类的形体造船。相传早在大禹时期，我国古代劳动人民观察鱼在水中用尾巴的摇摆而游动、转弯，他们就在船尾上架置木桨。通过反复的观察、模仿和实践，逐渐改成橹和舵，增加了船的动力，掌握了使船转弯的手段。人们还仿照鱼的胸鳍制成双桨，由此取得水上运输的自由。后来随制作水平提高而出现的龙船，多少受到了不少动物外形的影响。

### 1. 仿生学（Bionics）

研究生物系统的结构和特征，并以此为工程技术提供新的设计思想、工作原理和系统构成的科学，称为仿生学。仿生学的研究内容主要有以下几种。

（1）机械仿生（Biomimetics）。

研究动物体的运动机理，模仿动物的地面走、跑，地下的行进，墙面上的行进，空中的飞，水中的游等运动；运用机械设计方法研制模仿各种生物的运动装置。图 7-14 为仿生机械手弹奏钢琴。

（2）力学仿生（Mechanical bionics）。

研究并模仿生物体总体结构与精细结构的静力学性质，以及生物体各组成部分在体内相对运动和生物体在环境中运动的动力学性质。

图 7-15 为国家大剧院，模仿贝壳修造的大跨度薄壳建筑，模仿股骨结构建造的立柱，既消除应力特别集中的区域，又可用最少的建材承受最大的载荷。

图 7-14 仿生机械手

图 7-15 国家大剧院的力学仿生

(3) 电子仿生（Electronic Bionics）。

模仿动物的脑和神经系统的高级中枢的智能活动、生物体中的信息处理过程、感觉器官、细胞之间的通信、动物之间通信等，研制人工神经元电子模型和神经网络、高级智能机器人、电子蛙眼、鸽眼雷达系统，以及模仿苍蝇嗅觉系统的高级灵敏小型气体分析仪等。

(4) 化学仿生（Chemical Bionics）。

模仿光合作用、生物合成、生物发电、生物发光等。例如，利用研究生物体中酶的催化作用，生物膜的选择性、通透性，生物大分子或其类似物的分析和合成，研制了一种类似有机化合物，在田间捕虫笼中用 1/1 000 μg，便可诱杀一种雄蛾虫。

(5) 信息与控制仿生（Information and Control Bionics）。

模仿动物体内的稳态调控、肢体运动控制、定向与导航等。例如，研究蝙蝠和海豚的超声波回声定位系统、蜜蜂的"天然罗盘"、鸟类和海龟等动物的星象导航、电磁导航和重力导航，可为无人驾驶的机械装置在运动过程中指明方向。

### 2. 仿生机械学

仿生机械（Bio-simulation Machinery）是模仿生物的形态、结构、运动和控制，功能更集中、效率更高并具有生物特征的机械。

仿生机械学研究内容主要有功能仿生、结构仿生、材料仿生及控制仿生等几个方面。

### 3. 仿生机械学中的注意事项

(1) 了解仿生对象的具体结构和运动特性。

仿生机械是建立在对模仿生物体的解剖基础上，了解其具体结构，用高速影像系统记录与分析其运动情况，然后运用机械学的设计与分析方法，完成仿生机械的设计过程，是多学科知识的交叉与运用。

(2) 避免机械式仿生。

生物的结构与运动特性，只是人们开展仿生创新活动的启示，不能采取照搬式的机械仿生。飞机的发明史经历了从机械仿生到科学仿生的过程。照搬式的机械仿生是研究仿生学的大忌之一。

(3) 注重功能目标，力求结构简单。

生物体的功能与实现这些功能的结构是经过千万年的进化逐渐形成的，有时追求结构仿生的完全一致性是不必要的。

例如，人的每只手有 14 个关节，20 个自由度，如果完全仿人手结构，会造成结构复杂、控制也困难的局面。因此，仿二指和三指的机械手在工程上应用较多。

（4）仿生的结果具有多值性。

要选择结构简单、工作可靠、成本低廉、使用寿命长、制造维护方便的仿生机构方案。

（5）仿生设计的过程也是创新的过程。

要注意形象思维与抽象思维的结合，注意打破定势思维并运用发散思维解决问题的能力。

### 7.3.2 仿生机械手

仿生机械手（Bionic Manipulator）一般由手掌和手指组成。为了使它具有触觉，在手掌和手指上都装有多种传感器。如果要知冷暖，还可以装上热敏传感器。当触及物体时，传感器发出接触信号，否则就不发出信号。各指节的连接轴上装有精巧的电位器，它能把手指的弯曲角度转换成"外形弯曲信息"，把外形弯曲信息和各指节产生的"接触信息"一起送入计算机，通过计算机就能迅速判断机械手所抓物体的形状和大小。图 7-16 为仿生机械手示意。

图 7-16 仿生机械手示意

**1. 仿生机械手机构的组成**

仿生机械手机构一般为开链机构，由若干构件组成。仿生机械手机构的自由度：

$$F = 6n - \sum_{k=1}^{5} kp_k$$

式中　$n$——构件数；

　　　$k$——运动副数；

　　　$p_k$——运动副约束数。

【例 7-2】　图 7-17 为人的手臂结构与机械简图，肱骨 2 与肩关节、以球面副相连；尺骨、桡骨 4 通过一个Ⅱ级副（球槽副）$SG$ 彼此相连，并分别用转动副和球面副与肱骨 2 相连，形成肘关节；手掌简化为一个构件，它与尺骨、桡骨 4 和 5 个手指骨均用能做 2 个相对运动的Ⅳ级副（球销副）相连；各手指指骨间均用转动副彼此相连接。从工程的观点看，把人的手臂视作一个机构，或认为它是一种由许多构件组成的空间开式运动链。求解手臂机构的自由度。

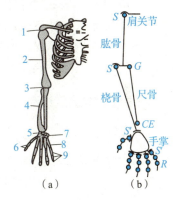

1—肩关节；2—肱骨；3—肘关节；
4—尺骨、桡骨；5—腕关节；
6—拇指骨；7—腕骨；
8—掌骨；9—指骨

图 7-17　人的手臂结构与
　　　　　机械简图

（a）人体上肢骨骼；
（b）人体上肢骨骼机构图

解　$F = 6n - \sum_{k=1}^{5} kp_k$

$p_\text{I} = 0,\ p_\text{II} = 1,\ p_\text{III} = 2,\ p_\text{IV} = 6,\ p_\text{V} = 11$

$F = 6 \times 19 - (2 \times 1 + 3 \times 2 + 4 \times 6 + 5 \times 11) = 27$

同理可求得手指部分的自由度为

$$F = 6 \times 15 - (4 \times 5 + 5 \times 10) = 20$$

由计算得知，人体的手臂是自由度很大的一种开式运动链，适应能力很强。仿生机械手要模仿人的手臂非常复杂（包含 32 块骨骼，50 多条肌肉驱动），需要由肩关节、肘关节、腕关节和手部构成 27 个空间自由度，同时肩和肘关节构成 7 个自由度，以确定手的自由度，腕关节有 2 个自由度，以确定手心的姿态。手由肩、肘、腕确定位置和姿态后，为了掌握物体做各种精巧、复杂的动作，还要考虑多关节的五指和柔软的手掌；手指由 26 块骨骼构成 20 个自由度，因此手指可以做各种精巧操作。

#### 2. 仿生机械手的实例

人类与动物相比，除了拥有理性的思维能力、准确的语言表达能力外，拥有一双灵巧的手也是人类的骄傲。正因如此，让机器人也拥有一双灵巧的手成了科研人员的工作目标。如今，机器人的手具有了灵巧的指、腕、肘和肩胛关节，能灵活自如地伸缩摆动，手腕也会转动弯曲，通过手指上的传感器还能感觉出抓握物体的质量，可以说已经具备了人手的许多功能。

图 7-18 为机械手抓取球体，每个手指有 3 个关节，3 个正在抓取的手指共 9 个自由度，由计算机、电动机控制其运动，各关节装有关节角度传感器，指端配有三维传感器，采用两级分布式计算机实时控制。该机械手配置在机器人手臂上充当灵巧末端执行器，扩大了机器人的作业范围，可以完成复杂的装配、搬运等操作，如可以用来抓取鸡蛋，既不会使鸡蛋掉下来，又不会捏碎鸡蛋。

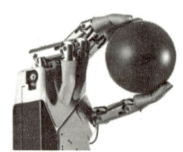

图 7-18 机械手抓取球体

在实际应用中，许多时候并不一定需要复杂的多节人工指，而只需要能从各种不同的角度触及并搬动物体的钳形指。1966 年，美国海军就是用装有钳形指的机器人"科沃"把因飞机失事掉入西班牙近海的一颗氢气弹从 750 m 深的海底捞上来。

### 7.3.3 步行与仿生机构的设计

运动是生物的最主要特性，而且往往表现着"最优"的状态。据调查，地球上近一半的地面不适合传统的轮式或履带式车辆行驶，而很多足式动物却可以在这些地面上行走自如。这给人们一个启示：有足运动具有其他运动方式所不具备的独特优越性能。

#### 1. 有足动物腿部结构分析

首先，有足运动具有较好的机动性（Mobility），其立足点是离散的，对不平地面有较强的适应能力，可以在可能到达的地面上最优地选择支撑点，有足运动方式可以通过松软地面（如沼泽、沙漠等）及跨越较大的障碍（如沟、坎和台阶等）。其次，有足运动可以主动隔振（Active Suspension），即允许机身运动轨迹与足运动轨迹解耦。尽管地面高低不平，机身运动仍可以做到相当平稳。最后，有足运动在不平地面和松软地面上的运动速度较高，而能耗较少。

在研究有足动物时，观察与分析腿的结构与步态非常重要，如人的膝关节运动时，小腿相对大腿是向后弯曲的；而鸟类的腿部运动则与人类相反，小腿相对大腿是向前弯曲的；这是在长期进化过程中，为满足各自的运动要求逐渐进化形成的。图 7-19 为人类与鸟的两足步行状态示意。

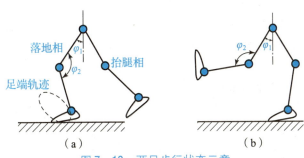

图 7-19 两足步行状态示意

(a) 人类的步行状态；(b) 鸟类的步行状态

四足动物的前腿运动是小腿相对大腿向后弯曲，而后腿则是小腿相对大腿向前弯曲，图 7-20 为四足动物的腿部结构示意，如马、牛、羊、犬类等许多动物都按此规律运动；四足动物在行走时一般三足着地，跑动时则三足着地、二足着地和单足着地交替进行，处于瞬态的平衡状态。

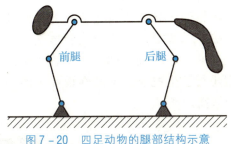

图 7-20 四足动物的腿部结构示意

两足动物和四足动物的腿部结构大多采用简单的开链结构，多足动物的腿部结构可以采用开链结构，也可以采用闭链结构。图 7-21（a）为多足动物的仿生腿，图 7-21（b）为仿四足动物的机器人机构。

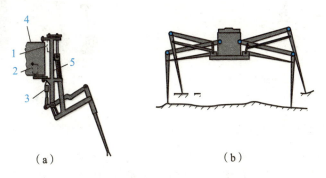

1，2，3—电动机；4—机体；5—腿安装架

图 7-21 多足动物的仿生腿结构

(a) 多足动物的仿生腿；(b) 仿四足动物的机器人结构

### 2. 拟人型步行仿生机器人

有足运动仿生可分为两足步行运动仿生和多足步行运动仿生，其中两足步行运动仿生具有更好的适应性，也最接近人类，故也称为拟人型步行仿生机器人（Humanoid Walking

Robot）。拟人型步行仿生机器人具有类似于人类的基本外貌特征和步行运动功能，其灵活性高，可在一定环境中自主运动，并与人进行一定程度的交流，更适合协同人类的生活和工作，与其他方式的机器人相比，拟人型步行仿生机器人在机器人研究中占有特殊地位。

（1）拟人型步行仿生机器人的仿生机构。

拟人型步行仿生机器人是一种空间开链机构，实现拟人行走使得这个结构变得更加复杂，需要各个关节之间的配合和协调。因此，各关节自由度分配上的选择就显得尤其重要。从仿生学的角度来看，关节转矩最小条件下的两足步行结构的自由度配置认为髋部和踝部各需要 2 个自由度，可以使机器人在不平的平面上站立，髋部再增加 1 个扭转自由度，可以改变行走的方向，踝关节处增加 1 个旋转自由度可以使脚板在不规则的表面着地，膝关节上的 1 个旋转自由度可以方便地上下台阶。从功能上考虑，一个比较完善的腿部自由度配置是每条腿上应该具备 7 个自由度。图 7 - 22 为腿部的 7 个自由度的分配情况。

从国内外研究的较为成熟的拟人型步行仿生机器人来看，几乎所有的拟人型步行仿生机器人腿部都选择了 6 个自由度的方式，如图 7 - 23 所示。由于踝关节缺少了 1 个旋转自由度，当机器人行走中进行转弯时，只能依靠大腿与上身连接处的旋转来实现，需要先决定转过的角度，并且需要更多的步数来完成行走转弯这个动作。但是这样的设计可以降低踝关节的设计复杂程度，有利于踝关节的机构布置，从而减小机构的空间体积，减轻下肢的质量。这是拟人型步行仿生机器人下肢在设计中的一个矛盾，它将影响机器人行走的灵活性和腿部结构的繁简。

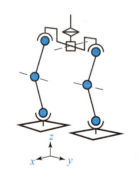

图 7 - 22　拟人型步行仿生机器人腿部的 7 个自由度的分配况

图 7 - 23　拟人型步行仿生机器人腿部的 6 个自由度

（2）拟人型步行仿生机器人实例。

相比于其他足式机器人，拟人型步行仿生机器人具有很高的灵活性，具有自身独特的优势，无疑更适合为人类生活和工作服务，同时不需要对环境进行大规模的改造，与其他方式的机器人相比具有更为广阔的应用前景。

我国在拟人型步行仿生机器人方面也做了大量研究工作，国防科技大学研制成功我国第一台拟人型步行仿生机器人——"先行者"（图 7 - 24），实现了机器人技术的重大突破。"先行者"有人一样的身躯、头颅、眼睛、双臂和双足，有一定的语言功能，可以动态步行。图 7 - 25 为最新研制的一些拟人型步行仿生机器人。

图 7-24 "先行者"拟人型步行仿生机器人

图 7-25 拟人型步行仿生机器人

拟人型机器人是多门基础学科、多项高科技技术的集成，代表了机器人的尖端技术。因此，拟人型机器人是当代科技的研究热点之一。拟人型机器人不仅是一个国家高科技综合水平的重要标志，也在人类生产、生活中有着广泛的用途。

### 3. 多足步行仿生机器人

（1）多足步行仿生机器人的机构。

多足步行仿生机器人一般是指四足、六足、八足的步行仿生机器人机构，常用的是四足和六足步行仿生机器人。四足步行仿生机器人在行走时，一般要保证三足着地，且其重心水平投影必须在三足着地点形成的三角形平面内部才能使机体稳定，故行走速度较慢，在对速度要求不高的场合才会应用，如海底行走的钻井平台的四足行走机构。多足步行仿生就是指模仿具有四足以上的动物运动情况。多足步行仿生机器人的机构设计是系统设计的基础。在进行多足步行仿生机器人机构设计之前，对生物原型的观察与测量是设计的基础环节和必要环节。例如，通过对昆虫的运动进行观察与分析实验，一方面了解昆虫躯体的组成、各部分的结构形式，以及腿部关节的结构参数；另一方面研究昆虫站立、行走姿态，确定昆虫在不同地形的步态、位姿，以及位姿不同时的受力状况。图 7-26（a）为研究弓背蚁运动状况的观察实验图片，图 7-26（b）为仿生机械蚁。

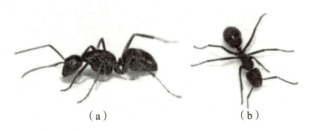

（a） （b）

图 7-26 弓背蚁与仿生机械蚁

（a）弓背蚁；（b）仿生机械蚁

通过对步行机器人足数与性能定性评价，同时也考虑到机械结构和控制系统简单性，以及对蚂蚁、蟑螂等昆虫的观察分析，发现昆虫具有出色的行走能力和负载能力，因此六足步行仿生机器人得到了广泛的应用，可以保证高速稳定行走的能力和较大的负载能力。步行仿生机器人腿的配置采用正向对称分布。四足步行仿生机器人如图 7-27（a）所示，六足步行仿蟹机器人如图 7-27（b）所示。

 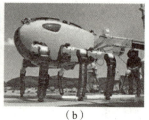

(a)　　　　　　　　　　　(b)

图 7-27　多足仿生步行机器人

(a) 四足步行仿生机器人；(b) 六足步行仿蟹机器人

六足步行仿生机器人的行走方式，从机构学角度看就是 3 分支并联机构、6 分支并联机构及串联开链机构之间不断变化的复合型机构。同时也说明，无论该步行机器人采取的步态及地面状况如何，躯体在一定范围内均可灵活地实现任意的位置和姿态。

（2）多足步行仿生机器人实例。

自 20 世纪 80 年代麻省理工学院研制出第一批可以像动物一样跑和跳的机器人开始，各国都积极进行多足步行仿生机器人的研究，模仿对象有蜘蛛、蟋蟀、蟹、蟑螂、蚂蚁等。目前，多足步行仿生机器人已应用于多个领域，特别是在军事侦察领域得到广泛应用。

多足步行仿生机器人在设计过程中，除去腿结构的设计之外，步态相位的设计也很重要。也就是说，动物在运动过程中，哪条腿先动，哪条腿后动，哪条腿最后动，要把腿的运动次序和步幅大小弄清楚，当然还要弄清楚其重心随腿运动的摆动情况，这样的观察对仿生设计是非常必要的。

近年来，仿生科技正在快速发展，尤其是在机器人行业，从蜘蛛到鸟类，从章鱼到蟑螂，各种生物为技术进步提供了源源不断的灵感，仿生科技也成为机器人技术发展最快的领域之一。

现代仿生科技发展

# 参 考 文 献

[1] 罗红专，易传佩. 机械设计基础 [M]. 2 版. 北京：机械工业出版社，2012.
[2] 唐林. 机械设计基础 [M]. 2 版. 北京：清华大学出版社，2013.
[3] 郭仁生. 机械设计基础 [M]. 4 版. 北京：清华大学出版社，2014.
[4] 于靖军. 机械原理 [M]. 北京：机械工业出版社，2013.
[5] 雷晓燕，刘芳，燕晓红. 机械设计应用（信息化教材）[M]. 北京：化学工业出版社，2019.
[6] 成大生. 机械设计手册 [M]. 6 版. 北京：化学工业出版社，2016.
[7] 金莹，程联社. 机械设计基础项目教程 [M]. 西安：西安电子科技大学出版社，2011.
[8] 乔生红. 机械设计基础 [M]. 北京：北京大学出版社，2014.
[9] 王昆. 机械设计 [M]. 8 版. 北京：高等教育出版社，1996.
[10] 周李洪，颜志勇. 汽车机械基础 [M]. 长春：东北师范大学出版社，2015.
[11] 孟玲琴，王志伟. 机械设计基础 [M]. 3 版. 北京：北京理工大学出版社，2015.

# 机械设计基础（第 2 版）
## （活页工单）

主　编　颜志勇　刘笑笑
副主编　刘　彤　张　坤　魏　华　陈　云
　　　　严国陶　吴云峰　郝　江

北京理工大学出版社
BEIJING INSTITUTE OF TECHNOLOGY PRESS

# 目 录

## 项目一 塔吊模型设计与制作 ............................................ 1
 一、力学原理应用知识心智图 ............................................ 3
 二、塔吊模型设计与制作案例 ............................................ 4
 三、塔吊模型设计与制作学习工单 ...................................... 12
 四、学习心得 .......................................................... 15

## 项目二 汽车前窗雨刮器机构设计与制作 ................................ 16
 一、常用机构的知识心智图 .............................................. 18
 二、汽车前窗雨刮器机构设计与制作案例 .............................. 19
 三、汽车前窗雨刮器机构设计与制作学习工单 ........................ 22
 四、学习心得 .......................................................... 25

## 项目三 创意小车设计与制作 ............................................ 26
 一、齿轮传动与齿轮系的知识心智图 .................................... 28
 二、创意小车设计与制作案例 ............................................ 29
 三、创意小车设计与制作学习工单 ...................................... 34
 四、学习心得 .......................................................... 37

## 项目四 创意自行车设计与制作 .......................................... 38
 一、挠性传动的知识心智图 .............................................. 40
 二、创意自行车设计与制作案例 ........................................ 41
 三、创意自行车设计与制作学习工单 .................................... 45
 四、学习心得 .......................................................... 48

## 项目五 鲁比高堡机器设计与制作 ........................................ 49
 一、机械连接的知识心智图 .............................................. 51
 二、鲁比高堡机器设计与制作案例 ...................................... 52
 三、鲁比高堡机器设计与制作学习工单 .................................. 56
 四、学习心得 .......................................................... 59

## 项目六 减速器输出轴的设计 ............................................ 60
 一、轴与轴系的知识心智图 .............................................. 62
 二、减速器输出轴的设计案例 ............................................ 63
 三、减速器输出轴的设计学习工单 ...................................... 69
 四、学习心得 .......................................................... 73

## 项目七 仿生机器人设计与制作 .......................................... 74
 一、机械创新设计的知识心智图 ........................................ 76
 二、仿生机器人设计与制作案例 ........................................ 77
 三、仿生机器人设计与制作学习工单 .................................... 82
 四、学习心得 .......................................................... 85

# 项目一 塔吊模型设计与制作

## 摘要

塔吊（图1-1）是起重机的俗称，起重机是起重机械的一种，是一种做循环、间歇运动的机械。如固定式回转起重机，塔式起重机，汽车起重机，轮胎、履带起重机等。用你能找到的材料设计并制作一款塔吊模型，可以利用各种工具和机器，最后制作一个完整的项目PPT，介绍你的团队、已完成的工作，尽量体现力学平衡的原理。

图1-1 塔吊实物图

## 任务描述

塔吊在现代的社会生产中有着广泛的应用，它实现了笨重货物较大的水平和垂直位移，而且可重复性强、效率高，对社会经济的发展起到了很好的促进作用。塔吊其实在现实生活中随处可见，尤其在建筑施工基地和大型的装载、卸载基地，它可谓是必备的工业设备，是基地整个物料调运的核心装置。因此，一个塔吊的承载能力、安全性及运动的灵敏性就显得非常重要。

本项目要求设计与制作一款塔吊模型，具体过程如下：

- 确定目标：确定塔吊实现的功能和预计的起吊质量。
- 小组讨论：采用头脑风暴法充分发散思维，小组讨论设计出实现目标步骤的具体实施方法。
- 绘制思路：发挥逻辑思维能力，把各步骤草图画出来，并连贯起来形成模型。
- 实施制作：选择手边现有的材料实施制作，要求以最常见的生活材料为主，尽量运用本章的力学知识进行搭建。
- 调试验证：运用制作实物验证绘制模型的可行性，采取挫折教育，在失败中修正设计错误和摆放误差，最终实现预计的功能。
- 拍摄视频：运用手机和计算机拍摄并制作塔吊的视频，实现知识分享。

### 每人所需材料

（1）1块绘图板做底板。
（2）1个容量为5 L的水瓶。
（3）1把胶枪。
（4）1卷卡发丝线。
（5）很多搭建材料。

### 技术

（1）剪裁技术。
（2）承载能力的计算技术。
（3）连接与搭建技术。
（4）计算机剪辑并上传视频。
（5）手机拍摄视频。

### 学习成果

（1）学习使用各种工具设计并制作一个塔吊模型，能运输重达5 kg的物品。
（2）学习使用力学知识制作小设备。
（3）学习使用PPT制作展示文稿。
（4）学习理论并制作1张力学原理应用知识心智图。

# 一、力学原理应用知识心智图

| 班级 | | 姓名 | |

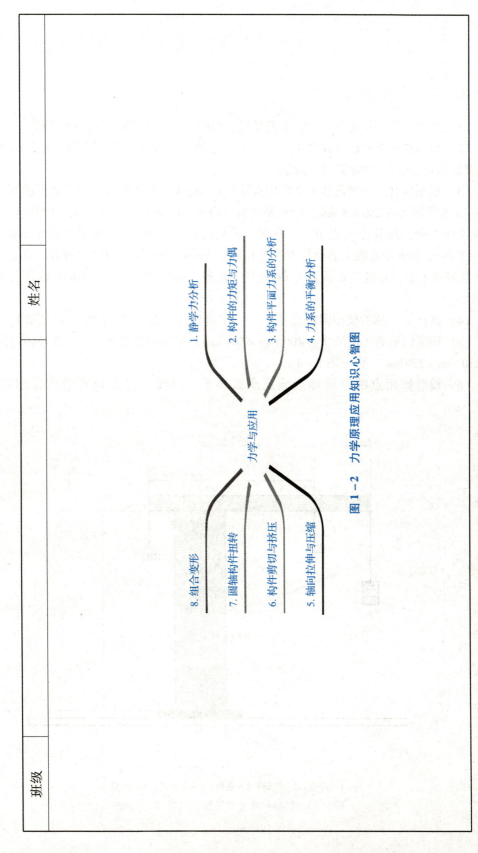

图1-2 力学原理应用知识心智图

注：此知识心智图请同学们完成后拆卸扫描成图片上传至学习平台。

## 二、塔吊模型设计与制作案例

### 1. 模型设计制作要求

（1）模型制作材料为牛皮纸、卡发丝线、白胶，固定模型的底板为木工板。

（2）模型结构形式和总高度不限，模型的主要受力构件应合理布置，整体结构应体现"新颖、轻巧、美观、实用"的原则。

（3）模型悬臂上分别设置3个作用点——$A$、$B$、$C$，其中配重作用点$A$距模型底板中心线$x$—$x$水平距离为$250 \pm 5$ mm，距模型底板上表面高度为$1\,000 \pm 5$ mm，并要求设置竖向力的拉线环1个；加载作用点$B$、$C$分别距模型底板中心线$x$—$x$水平距离为$600 \pm 5$ mm、$900 \pm 5$ mm，距模型底板上表面高度都为$1\,000 \pm 5$ mm，要求在点$B$、$C$设置可以施加竖向力的拉线环各1个，并过点$C$垂直于$BC$连线上设置可以施加前后水平力的拉线环各1个，详见图1-3。

（4）在点$B$一侧的模型固定边界以外、$BC$连线以下必须保持净空，详见图1-3。

（5）固定模型的底板尺寸为$400$ mm$\times 400$ mm。模型制作材料固定在底板的范围不得超出$250$ mm$\times 250$ mm，详见图1-4。

（6）模型作用点的拉线环须满足承载要求，拉线环受力拉直后离作用点的距离为$50$ mm。

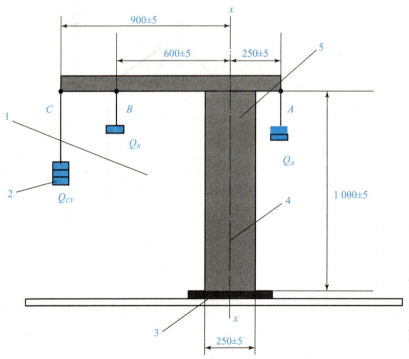

1—净空；2—砝码；3—底板；4—中心线；5—模型

图1-3 塔吊尺寸要求及加载示意（竖直面）

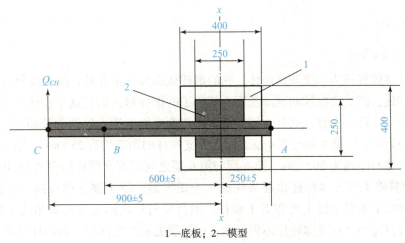

1—底板；2—模型

**图 1-4　塔吊尺寸要求及加载示意（水平面）**

## 2. 模型受力分析

受力分析时将横梁和支撑柱简化成直杆件，并且假定结点 $O_1$ 和 $O_2$ 为刚性连接，如图 1-5 所示。由于此塔吊为一复杂的受力系统，故将其分解成横梁和支撑柱，并从水平面和竖直面两个平面中进行分析。

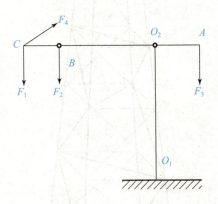

**图 1-5　塔吊受力示意**

在水平面内，横梁 $CO_2$ 段受到由水平力 $F_4$ 产生的弯矩，大小随着与点 $C$ 的距离增加而线性增加，$O_2A$ 段不受力，同时点 $C$ 和点 $O_2$ 受到剪力。在竖直面内（指与纸面平行的竖直面），横梁 $CB$ 段受到由竖直力 $F_1$ 产生的弯矩，$BO_2$ 段受到由竖直力 $F_1$ 和 $F_2$ 共同作用产生的弯矩，$O_2A$ 段受到由竖直力 $F_3$ 产生的弯矩，但方向与 $CO_2$ 段相反，点 $C$、$B$、$O_2$、$A$ 处也受到相应的剪力作用。

支撑柱在水平面内受到一扭矩作用，它是由水平力 $F_4$ 产生的。在竖直面内（包括与纸面平行和垂直的两个竖直面），受到两个弯矩，其一的方向是与纸面平行的竖直面内水平向左，由水平力 $F_4$ 产生，其二的方向是垂直纸面指向外，由横梁为了保持平衡而对支撑柱的反作用产生。

## 3. 模型结构设计

### 3.1 支撑柱结构设计

支撑柱的整体特征为一变截面柱体，它的底部截面为一正方形，随着截面的升高，正方形各边均匀缩短，因此支撑柱的顶部截面为变小了的正方形，沿着这个柱体的4条棱布置4根竖杆，作为支撑杆。支撑柱共分6层，第1层即为底面，第6层即为顶面。第1层与第2层、第2层与第3层、第3层与第4层之间沿着支撑杆的距离均为250 mm，第4层与第5层之间沿着支撑杆的距离为202 mm，第5层与第6层之间沿着支撑杆的距离为240 mm。每层面上，4根横杆将4根支撑杆连接起来构成一个正方形，使4根支撑杆固定并提高抗弯能力。该正方形的1条对角线上再布置1根杆，而且层与层之间正方形对角线上的杆交错布置，以增强抗扭能力。在支撑柱柱体侧面内，层与层的横杆之间用一根斜杆支撑，同一层之间4个侧面内的4根斜杆旋向一致，相邻层的旋向则相反，可提高支撑柱的抗扭、抗弯能力。支撑柱结构如图1-6所示，支撑柱结构为正四棱台，4个侧面均为梯形，底面与顶面均为四边形。四棱台内部，每隔一定距离设置一层支撑面，每个正方形支撑面的对角线上安装1根杆。

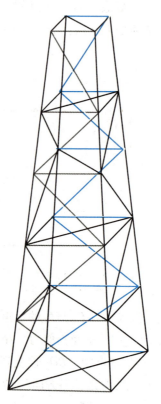

图1-6 支撑柱结构示意

### 3.2 横梁结构设计

根据受力分析，横梁主要承受弯矩，而且值较大，因此将它设计成为截面为等边三角形的柱体。3根长杆布置在柱体的3条棱处，作为主要受力件。结合模型受力点的布置要求，两根长杆用9根等长短杆连接起来,构成一登梯形结构。每个梯格的对角线处再布置1根杆件,且相邻梯格内的杆件不平行,因此提高了横梁抗水平面内弯矩的能力。另外1根长杆用5个垂直于登梯形结构的正三角形架固定在其正上方。再有4根等长杆斜接在顶上的长杆和下面的两根长杆之间,使每两个正三角形架之间形成一个锥体,其顶点与顶上的长杆相连,其底边为正下方登梯形结构两个梯格的外圈结构。横梁结构如图1-7所示,横梁结构为1个正三棱柱,前后两面为正三角形,3个侧面为矩形。横梁长杆上各结点间尺寸如图1-8所示。

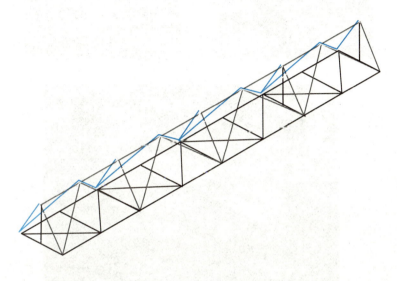

图1-7 横梁结构

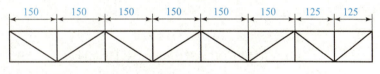

图1-8 长杆上各结点间尺寸

### 3.3 支撑柱和横梁的连接结构设计

由于支撑柱和横梁是分开设计的,两者的连接主要靠绳绑和白胶的黏合来实现。根据模型设计制作的尺寸要求,将横梁正确放置在支撑柱第5层正方形面上。因为与横梁直接接触的那两根正方形横杆将会受到很大的正压力,所以额外的4根短杆添加在了那两根横杆下方,且各自紧贴支撑柱相应的支撑杆。在横梁的上方偏点A处,设计了1个三脚架结构将其压住,可减缓该端上翘或下弯的趋势。三脚架的顶点与支撑柱顶层一横杆相连,往下引出的1根竖杆和两根斜杆都顶在横梁的顶部长杆上。结构可参见图1-9。

## 4. 模型制作

### 4.1 杆件制作

通过材料力学的学习得知,薄壁管形的杆件综合力学性能良好,而且节约材料,质量

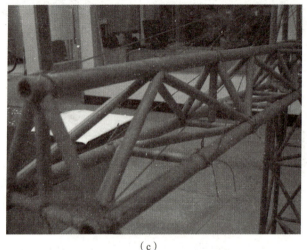

图 1-9 塔吊模型结构
(a) 整体结构；(b) 支撑柱结构；(c) 横梁结构

轻，因此该塔吊模型的所有杆件均制成管形。管形杆件的制作方法为以某圆钢管（或其他刚度较大的类似物）为转轴，将按设计尺寸裁好的牛皮纸紧密地卷在圆钢管上，一边卷一边将要卷进去的牛皮纸的内侧均匀涂上白胶。牛皮纸卷完后，等待白胶基本结固，然后抽出圆钢管，一跟纸管就做好了。如果牛皮纸卷得紧密，白胶完全干后的纸管壁材质类似于木材。在该塔吊模型中杆件分为粗杆和细杆两类。粗杆用直径为 12 mm 的钢管卷制，牛皮纸尺寸为 1 200 mm × 240 mm，其中 1 200 mm 为粗杆长度。粗杆用作横梁的长杆和支撑柱的主撑杆，共需 7 根，其余的杆件均为细杆。细杆用大径为 6 mm 的螺纹杆卷制，其各项参数较为复杂，具体见表 1-1 和表 1-2。表 1-1 和表 1-2 中的尺寸为杆件制作出来的初始尺寸，比结构设计时计算的理论尺寸放长约 30 mm 或 10 mm。其主要原因是杆件连接时还要加工出各种形状的接头，使两者接触良好，减少应力集中等因素，提高各杆件连接处的强度。次要原因是制作过程中肯定会存在各种误差，使实际尺寸值偏离理论计算值，为了避免制作出来的杆件不够长，从而特意放长了杆件实际制作时的尺寸。

表 1-1　支撑柱各细杆参数

| 层数 | | 杆长×纸宽/(mm×mm) | 数量 |
|---|---|---|---|
| 第1层（底层） | 水平横杆 | 223×150 | 4 |
| | 水平斜杆 | 310×150 | 1 |
| | 侧面斜杆 | 320×150 | 4 |
| 第2层 | 水平横杆 | 202×150 | 4 |
| | 水平斜杆 | 268×150 | 1 |
| | 侧面斜杆 | 307×150 | 4 |
| 第3层 | 水平横杆 | 181×150 | 4 |
| | 水平斜杆 | 238×150 | 1 |
| | 侧面斜杆 | 296×150 | 4 |
| 第4层 | 水平横杆 | 160×150 | 4 |
| | 水平斜杆 | 208×150 | 1 |
| | 侧面斜杆 | 258×150 | 4 |
| 第5层 | 水平横杆 | 143×150 | 4 |
| | 水平斜杆 | 184×150 | 1 |
| | 侧面斜杆 | 281×150 | 2 |
| 第6层（顶层） | 水平横杆 | 123×150 | 4 |
| | 水平斜杆 | 155×150 | 1 |

表 1-2　横梁各细杆参数

| 类型 | 杆长×纸宽/(mm×mm) | 数量 |
|---|---|---|
| 横接杆 | 109×150 | 20 |
| 斜接杆（长型） | 178×150 | 18 |
| 斜接杆（短型） | 158×150 | 6 |

然而上述两张表中，没有列出在连接横梁和支撑柱过程中额外增加的杆件，包括支撑柱4层和5层之间的4根短撑杆，以及顶住横梁三脚架结构所用杆件。这些杆件的尺寸等参数是根据模型制作过程的实际情况灵活确定的。

## 4.2　杆件连接

杆件连接过程中，首先用电钻、钢锯、各式锉刀等工具将杆件接头加工成相适应的接头几何形状，使各杆件连接处基本为面接触，杆件的尺寸也正确合理。然后每根空心杆件内部都穿过两股卡发丝线，各端紧扎在被连接的杆件上，并且在绳扎紧前各接触面上均匀涂上白胶。这种连接方法，使连接后的局部结构即抗拉又抗压，其中纸管杆件主要承受压力，管腔内的线主要承受拉力。我们在杆件各集中的扎绳处事先额外地包裹并粘上了两层牛皮纸，防止由局部集中扎绳引起的应力集中对杆件造成破坏。在整个模型制作过程中，杆件连接的顺序是按照"由下而上，先横杆再斜杆"的基本原则进行的。

### 4.3 绳拉索布置

现实中有着很多的拉索结构，实践已经证明拉索结构对提高悬臂梁等结构的承载能力有巨大的作用，而且拉索结构的质量相对于悬臂梁的质量往往可以忽略不计，因此它不增加结构本身的质量。鉴于此，在塔吊横梁的合适位置上也布置了若干卡发丝线，斜向上压住并绕过支撑柱的顶面，连接在横梁的另一端或支撑柱的支撑杆上。同时，支撑柱的顶面上固定有3根特制的细纸管，所有绳拉索均从合适的1根管中穿过，这样就能固定每根绳，确保没有因绳拉索产生横向位移而失去拉索功能的现象发生。

### 4.4 模型固定

根据要求，模型是需要固定在指定的绘图板上的。采用两步处理的方法。第一步，支撑梁4根支撑杆的底端包裹并粘上长宽尺寸合适的一圈牛皮纸，并且留有一定长度的出头，然后将其伸出部分的牛皮纸剪开，沿支撑杆底端折到水平位置，多余剪出的牛皮纸粘到木板上。第二步，处在底面内的各个杆件，用合适的矩形牛皮纸，一面均匀涂上白胶，将杆件的顶面和侧面尽可能多地包裹并粘住，然后将杆两侧多出来的纸平整地粘到绘图板上，等白胶干后，将超出接触界限的纸用小刀去除。如此的面接触，确保了承载时模型和底板不会撕开。

最终制成的塔吊模型结构如图1-9所示。

## 5. 模型最大载荷估计

估计模型最大载荷时做如下假设。

(1) 整个塔吊结构简化为支撑柱4根支撑杆、横杆3根及长杆吊索组成的系统。

(2) 杆件材质均匀连续。

(3) 各个连接点为刚性连接。

牛皮纸力学性能参数见表1-3，卡发丝线的强度要大于蜡线，因此在计算中卡发丝线的极限应力用蜡线极限应力（表1-4）替代是偏安全的。

表1-3 牛皮纸力学性能参数　　　　　　　　　　MPa

| 弹性模量 | 拉应力 |
| --- | --- |
| 3 000 | 40 |

表1-4 蜡线极限应力

| 蜡线股数 | 1 | 2 | 3 | 4 | 5 | 6 |
| --- | --- | --- | --- | --- | --- | --- |
| 极限应力/N | 48 | 110 | 168 | 207 | 225 | 232 |

取粗杆杆件外径为 $D$，内径为 $d$。横梁受力计算如下：

(1) 假设受重力为 $G$，横梁受压力 $N_1$，绳子受拉力 $N_2$。

$$N_1 = G\cot 15° = 4.17G \qquad N_2 = G/\sin 15° = 4.28G$$

(2) 横梁受压正应力：

$$a = \frac{N_1}{3S} = \frac{4.17G}{3\pi(D^2 - d^2)}$$

(3) 横梁受纵向力产生弯矩：

$$M = Gx$$

(4) 挠度：

$$w_{最大} = \frac{Gl^3}{3EI}$$

(5) 支撑柱 4 根支撑杆受力计算。

受压正应力：

$$u = \frac{(G_1 + G_2)}{4S}$$

$G_1$、$G_2$ 产生弯矩分析计算：

$$M_e = M_1 - M_2 = 0.9G_1 - 0.25G_2$$

挠度：

$$w_{最大} = \frac{M_e x^2}{8EI}$$

对于横向力主要考虑其在结点处造成的弯矩 $(0.06 \sim 0.9)G$。

将所测及查表所得数据代入公式可得所需考虑数据中，估算出所加载的质量最大为 6 kg。这是基于简化为主轴系统的估算，而实际模型由于存在多根小支撑杆，增大了其抗变形能力。最终，经过加载实验可知，该模型的承重能力良好，但是支撑柱的抗扭能力还有待进一步加强。

## 三、塔吊模型设计与制作学习工单

| 塔吊模型设计与制作 | | |
|---|---|---|
| _____队基本信息： | | |
| 队名： | | 主要成员： |
| 目标起重 | 塔吊目标起重 $G_0 = $ _____ kN | |
| 分解塔吊 | 1. 模型准备材料：_____ | |
| | 2. 塔吊结构形式：_____（塔吊的总高度：_____） | |
| | 3. 塔吊的受力类型：_____ | |
| | 4. 塔吊受力分析： | |
| | 5. 塔吊尺寸：$i = $_____（取用范围：_____） | |

续表

| | | |
|---|---|---|
| 设计塔吊 | 1. 确定塔吊的底板尺寸 | 底板尺寸：_____ |
| | 2. 设计塔吊中的结构 | 支撑柱结构设计简图 |
| | | 横梁结构设计简图 |
| | | 支撑柱和横梁的连接结构设计 |

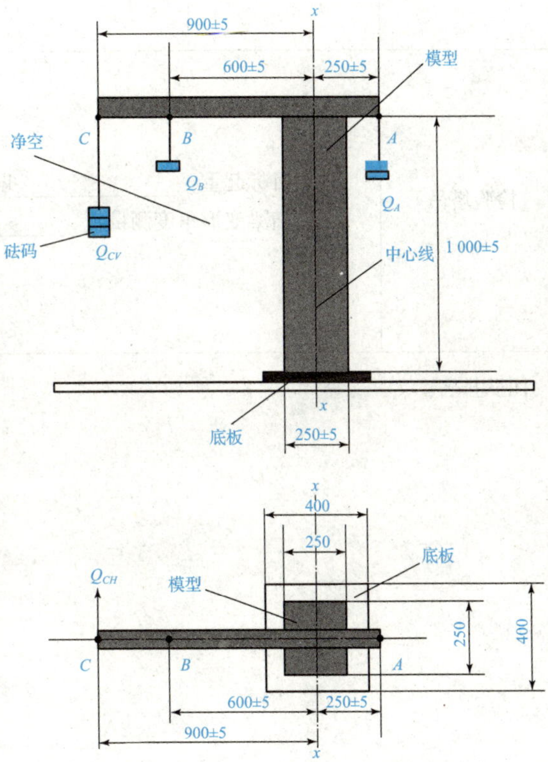

续表

| | | | |
|---|---|---|---|
| 制作塔吊 | 1. 材料准备 | 材料 | |
| | | 工具 | |
| | 2. 制作过程 | | |
| 检验塔吊 | （1）目标起重：_____kN。<br>（2）横梁变形角度测量：_____°。 | | |

团队排名：

裁判团队签字确认：

检验员：

完成日期：

注：此工单请同学们完成后拆卸扫描成图片上传至学习平台。

## 四、学习心得

| 塔吊模型设计与制作 ||
|---|---|
| 班级： | 姓名： |
|  ||

注：此学习心得请同学们完成后拆卸扫描成图片上传至学习平台。

# 项目二　汽车前窗雨刮器机构设计与制作

## ◆ 摘要

雨刷又称为刮水器、水拨或雨刮器（图2-1），是用来刷刮附着于车辆挡风玻璃上的雨点及灰尘的设备，以改善驾驶人的能见度，保证行车安全。用你能找到的材料设计并制作一个汽车前窗雨刮器机构，可以利用各种工具和机器，最后制作一个完整的项目PPT，介绍你的团队、已完成的工作，尽量体现常用机构的原理。

## ◆ 任务描述

雨刮器总成含有电动机、减速器、四连杆机构、刮水臂心轴、刮水片总成等。当司机按下雨刮器的开关时，电动机

图2-1　汽车前窗雨刮器

启动，电动机的转速经过蜗轮蜗杆的减速增扭作用驱动摆臂，摆臂带动四连杆机构，四连杆机构带动安装在前围板上的转轴左右摆动，最后由转轴带动雨刮片刮扫挡风玻璃。

本项目要求设计与制作1个汽车前窗雨刮器模型，具体过程如下：
- 确定目标：确定雨刮器实现的功能和预计的工作角度。
- 小组讨论：采用头脑风暴法充分发散思维，小组讨论设计实现目标步骤的具体实施方法。
- 绘制思路：发挥逻辑思维能力，把各步骤草图画出来，并连贯起来形成模型。
- 实施制作：选择手边现有的材料实施制作，要求以最常见的生活材料为主，尽量运用本章的常用机构进行搭建。
- 调试验证：运用制作实物验证绘制模型的可行性，采取挫折教育，在失败中修正设计错误和摆放误差，最终实现预计的功能。
- 制作PPT：运用文档编辑知识制作一个PPT，实现知识分享。

## ◆ 每人所需材料

（1）1块多孔密度板做机座。
（2）1个小电机。
（3）1块亚克力板用来切割连杆。
（4）若干M2的螺钉和螺帽。

## ◆ 技术

（1）平面传动技术。
（2）激光切割技术。
（3）资料检索技术。

（4）计算机制作 PPT 并上传。
（5）手机拍摄图片。

## 学习成果

（1）学习使用各种工具设计并制作 1 个雨刮器模型，能实现至少 75°的往复运动。
（2）学习使用力学知识制作小设备。
（3）学习使用办公软件制作 PPT。
（4）学习理论并制作 1 张常用机构的知识心智图。

# 一、常用机构的知识心智图

| 班级 | | 姓名 | |
|---|---|---|---|

注：此知识心智图请同学们完成后拆卸扫描成图片上传至学习平台。

## 二、汽车前窗雨刮器机构设计与制作案例

### 1. 模型设计制作要求

（1）模型制作中基座使用多孔密度板，连杆利用亚克力板进行切割。

（2）模型结构可实现图 2-2 中尺寸的汽车车窗的雨刮功能，单个雨刮的摆动角度为 120°。

（3）模型使用曲柄连杆机构原理设计，可在其基础上增加连杆，实现最大面积的刮擦功能。

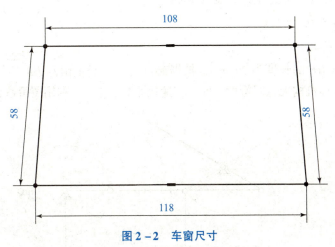

图 2-2 车窗尺寸

### 2. 模型结构设计

依据曲柄连杆机构特性，绘制雨刮器结构简图，如图 2-3 所示。在该简图中，连杆 AB 为主动件，可实现连杆 FK 和连杆 CE 一定角度的摆动。

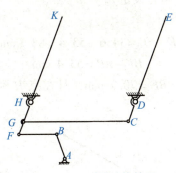

图 2-3 雨刮器结构简图

计算模型的自由度，验证该结构设计是否能实现雨刮器的摆动。

模型中共有 5 个构件、7 个转动副，应用自由度公式计算其自由度为

$$F = 3n - 2P_L - P_H = 3 \times 5 - 2 \times 7 = 1$$

说明该机构具有确定的运动。

## 3. 连杆结构设计

### 3.1 各连杆尺寸条件判断

根据曲柄和摇杆存在的条件：
（1）连架杆和机架中必有一杆是最短杆。
（2）最短杆与最长杆长度之和小于或等于其他两杆长度之和。
（3）当以最短杆为连架杆时，该机构成为曲柄摇杆机构。

在图 2-3 中，将进一步简化，将曲柄连杆机构独立出来，杆 AB 是连架杆，杆 FH 是摇杆，杆 BF 是连杆，杆 AH 为机架。以上各杆的长度应该满足以下条件。
（1）AB 为最短杆，即连架杆，也为曲柄。
（2）$L_{AB}+L_{FH} \leqslant L_{BF}+L_{AH}$。

### 3.2 各连杆尺寸确定

初步确定摇杆 HF 的长度为 20 mm，根据窗口的大小确定雨刮 HK 的长度为 40 mm 设计该平面四杆机构无急回特性，即行程速比系数 $k$ 取 1，利用图解法计算其他杆长度。

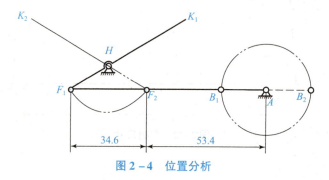

图 2-4 位置分析

图 2-4 中，$A—B_1—F_1—H—K_1$ 为极限位置 1，$A—B_2—F_2—H—K_2$ 为极限位置 2，根据雨刮要求的摆动角度 120°，杆 HF 的长度为 20 mm，可计算出 $F_1F_2$ 的距离为 34.6 mm，设定点 A 距离 $F_2$ 为 53.4 mm（自行设定）。

根据以上图解：
$$BF+AB=34.6+53.4=88\ (\text{mm})$$
$$BF-AB=53.4\ \text{mm}$$

求解以上公式，$AB=17.3$，$BF=70.7$ mm，且在点 H 到点 A 的垂直距离为 10 mm 时，水平距离为 70.7 mm。

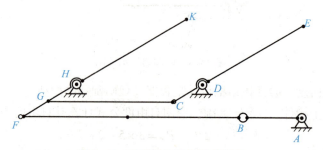

图 2-5 雨刮器极限位置时简图

通过以上计算后,将点 $G$ 设定在杆 $FH$ 的中点,则该雨刮器中各杆长度见表 2-1。

表 2-1　雨刮器中各杆长度　　　　　　　　　　　　　　　　　　mm

| 名称 | $AB$（曲柄） | $BF$（连杆） | $FH$（摇杆） | $HK$ | $GH$ | $CG$ |
|---|---|---|---|---|---|---|
| 长度 | 17.3 | 70.7 | 20 | 40 | 20 | 38 |

## 4. 模型制作

### 4.1　杆件制作

根据上个步骤已经完成的各杆件尺寸设计,设计杆件的形状,并将其绘制在 2D 软件中,如图 2-6 所示。

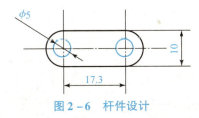

图 2-6　杆件设计

将 2D 图纸导入到软件中,使用亚克力板,在激光切割机上切割出各杆件。

### 4.2　杆件连接

杆件连接过程中,首先确定好各杆件的位置,然后用 M3×12 的螺栓将各杆件连接起来,用螺母固定轴向位置,依次对各杆件进行装配。装配时的杆件方向可交错进行,使机构轴向总体尺寸不会太大。

### 4.3　模型固定

根据要求,模型是需要固定在指定的多孔密度板上的。最终制成的雨刮器模型如图 2-7 所示。

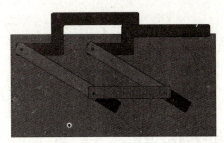

图 2-7　雨刮器模型

# 三、汽车前窗雨刮器机构设计与制作学习工单

| 汽车前窗雨刮器结构设计与制作 | | |
|---|---|---|
| _____队基本信息： | | |
| 队名： | | 主要成员： |
| 设计目标 | 汽车玻璃基本尺寸图：<br><br><br><br><br><br><br><br>雨刮器目标摆动角度 $\psi_0 =$ _____°。 | |
| 分解雨刮器 | 1. 模型准备材料：_____。<br><br>2. 雨刮器结构初步设计简图：<br><br><br><br><br><br><br><br><br><br>（1）该雨刮器的结构原理是_____。<br><br>（2）该雨刮器的自由度计算_____。 | |

续表

| | | |
|---|---|---|
| 设计雨刮器 | 1. 雨刮器中各杆尺寸条件判断 | 最短杆为_____。 |
| | 2. 计算各连杆尺寸 | （1）初步确定摇杆尺寸为_____mm 和雨刮器的长度尺寸为_____ mm。<br>（2）利用图解法确定其他各杆尺寸，并将具体尺寸填写在下表中。<br><br>| 杆件名称 | | | | | | | |<br>|---|---|---|---|---|---|---|---|<br>| 尺寸 | | | | | | | |<br>| 杆件名称 | | | | | | | |<br>| 尺寸 | | | | | | | | |

续表

| | | | |
|---|---|---|---|
| 制作雨刮器 | 1. 材料准备 | 材料 | |
| | | 工具 | |
| | 2. 制作过程 | | |
| 检验雨刮器 | 检验记录：<br>（1）实际摆动角度 $\psi$ = _____°。<br>（2）是否出现死角等无法正常运转情况：<br>_____<br>_____<br>_____ | | |
| 团队排名： | | | |
| | | 裁判团队签字确认：<br><br>检验员：<br><br>完成日期： | |

注：此工单请同学们完成后拆卸扫描成图片上传至学习平台。

## 四、学习心得

| 汽车前窗雨刮器机构设计与制作 ||
|---|---|
| 班级： | 姓名： |
|  ||

注：此学习心得请同学们完成后拆卸扫描成图片上传至学习平台。

# 项目三　创意小车设计与制作

## ≫ 摘要

充分发挥自身的综合设计能力和实践动手能力,考虑小车(图 3-1)的驱动形式、结构稳定性、减速方案及动力性能等因素,合理设计车架、车轮、传动、车身造型等主体结构,并在此基础上增加功能的多样性。最后,制作 1 个 PPT,展示设计作品的创意、原理、材料、特点及附加功能等。

图 3-1　创意小车模型

## ≫ 任务描述

模型结构形式和总高度不限,采用齿轮机构进行传动,选择合适的驱动形式及动力性能,使得小车速度最快。采用 2D、3D 设计软件合理设计车架、车轮、车身等主体结构,运用相关技术进行部件加工。最后将小车整体装配试行。

本项目要求设计与制作 1 个创意小车模型,具体过程如下:

- 确定目标:确定小车实现的功能。
- 小组讨论:采用头脑风暴法充分发散思维,小组讨论设计出实现目标步骤的具体实施方法。
- 绘制思路:发挥逻辑思维能力,把各步骤草图画出来,并连贯起来形成模型。
- 实施制作:选择手边现有的材料实施制作,要求以最常见的生活材料为主,尽量运用本任务的齿轮传动知识进行传动设计。
- 调试验证:运用制作实物验证绘制模型的可行性,采取挫折教育,在失败中修正设计错误和摆放误差,最终实现预计的功能。
- 拍摄视频:运用手机和计算机拍摄并制作小车的视频,制作 PPT 展示小车运行测算速度的方法,实现知识分享。

## 每人所需材料

(1) 1 块胶合木板/有机玻璃板。
(2) 1 套塑料齿轮套装。
(3) 1 个单轴微型电动机。
(4) 4 个塑料轮胎。
(5) 5 mm 直径圆木棒。
(6) 1 套电池、电池座。
(7) 若干 M4 螺钉及造型材料。
(8) 造型材料。

## 技术

(1) 3D 打印技术。
(2) 齿轮传动计算技术。
(3) 激光切割技术。
(4) 计算机剪辑并上传视频。
(5) 手机拍摄视频。

## 学习成果

(1) 学习使用齿轮传动与齿轮系知识设计并制作创意小车齿轮传动机构,达到目标速度。
(2) 学习使用工具装配创意小车模型,并能正常运行。
(3) 学习使用办公软件制作 PPT。
(4) 学习检验创意小车的运行速度,并对创意小车进行评测。
(5) 学习理论并制作 1 张齿轮传动与齿轮系的知识心智图。

一、齿轮传动与齿轮系的知识心智图

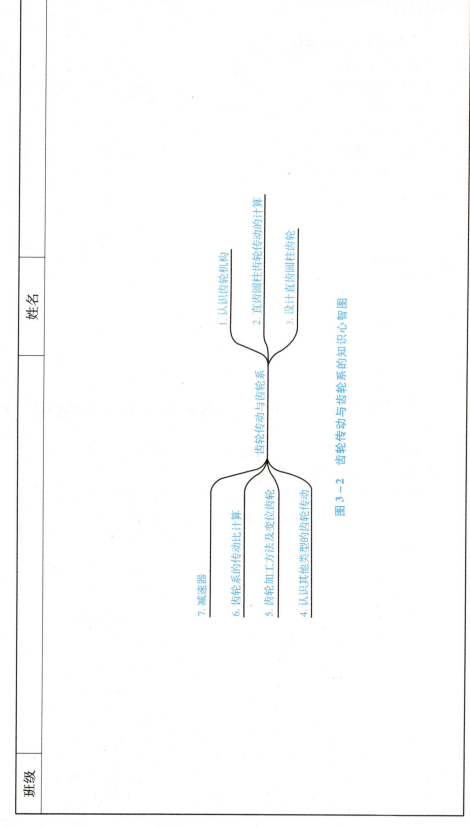

图3-2 齿轮传动与齿轮系的知识心智图

注：此知识心智图请同学们完成后拆卸扫描成图片上传至学习平台。

## 二、创意小车设计与制作案例

### 1. 创意小车设计制作要求

（1）创意小车的动力为 1 300 r/min 的电动机，选用合适的动力传动方式，实现给定的速度 $v_{车} = 3$ m/min。

（2）采用 2D、3D 设计软件合理设计车架、车身等主体结构，在制作过程中可运用激光切割技术、3D 打印技术、3D 切削技术等进行部件加工。

（3）学校提供齿轮套包，包括模数为 1 的各种齿数的齿轮、1 300 r/min 的电动机及相关配件。

（4）小车整体装配合理，小车外形设计个性鲜明。

（5）小车进行速度检验，与预设速度偏差率不大于 10%。

（6）分组数据见表 3-1。

表 3-1 分组数据

| 级别 | 速度级别 | 速度 $v/(\mathrm{m\cdot min^{-1}})$ | 给定参数 | 相关资料 | 车轮转速 $/(\mathrm{r\cdot min^{-1}})$ | 传动比 $i$ |
|---|---|---|---|---|---|---|
| A | 轻吞慢吐 | 2 | 电池电压：3 V 电动机转速：1 300 r/min $i_{12}=3\sim5$ | $v_{车}=2\pi r n_{车}\times 10^{-3}$ $i_{1,2}=n_1/n_2$ | | |
| B | 平波缓进 | 4 | | | | |
| C | 不疾不徐 | 6 | | | | |
| D | 风驰电掣 | 8 | | | | |

### 2. 创意小车传动机构设计

#### 2.1 传动方式选择

要在小车中应用一定的传动方式，将电动机的动力传递给车轮，实现创意小车的运行速度为 $v_{车}$，首先需计算出传动机构实现的传动比。

由车轮的直径 $d_{车} = 30$ mm 和小车的运行速度 $v_{车}$，可按公式计算出车轮的转速 $n_{车}$。

$$v_{车} = \pi d_{车} n_{车} \times 10^{-3}$$

$$n_{车} = \frac{v_{车}}{\pi d_{车}} \times 10^3 = \frac{3}{\pi \times 30} \times 10^3 = 31.8 \ (\mathrm{r/min})$$

从而可计算出传动机构实现的总传动比为

$$i_{目标} = \frac{n_{电动机}}{n_{车}} = \frac{1\ 300}{31.8} = 40.9$$

根据以上传动比数值,结合小车的实际应用,选择齿轮传动中的定轴齿轮系传动较为合适。

### 2.2 齿轮系设计

(1) 分拆传动比。

一对圆柱齿轮的传动比在 3~5,根据计算的总传动比,设计定轴齿轮系的传动级数。每一级齿轮传动均在 3~5。如对以上总传动比进行分拆:

$$i_{12}=3,\ i_{34}=3,\ i_{56}=4.5$$

因此,该齿轮系为总传动比为 40.9,三级变速的圆柱齿轮传动。

(2) 确定齿轮模数与齿数。

齿轮的齿数可在 8、10、15、20、30、44、55、60 内选择,若选择 $z_1=8$,根据传动比公式可计算出 $z_2$。

$$i_{12}=\frac{z_2}{z_1}$$

$$z_2=z_1 i_{12}=8\times 3=24$$

暂定 $z_2=20$。以此类推可初步确定各齿轮的齿数:

$$z_3=8 \qquad z_4=20$$
$$z_5=8 \qquad z_6=44$$

### 2.3 齿轮系验证

(1) 验证传动级数。一对圆柱齿轮的传动比是 3~5,二级传动适合范围为 9~25,三级传动适合范围为 27~75,验证齿轮系传动级数设计是否合理。

(2) 验证齿轮齿数。根据已确定的齿轮齿数,计算齿轮系传动比,相对于总传动比,误差控制在 5% 以内。

以上案例中,根据初步确定后的齿轮齿数,计算传动比为 40.5,符合齿轮的 $i_{设计}$ 为

$$i_{设计}=\frac{z_2 z_4 z_6}{z_1 z_3 z_5}=\frac{20\times 20\times 44}{8\times 8\times 8}=34.3$$

相对于目标传动比的偏差为

$$偏差=\frac{i_{目标}-i_{设计}}{i_{目标}}\times 100\% = \frac{40.5-34.3}{40.5}\times 100\% = 15\%$$

超出 5% 的范围,再对齿数进行调整,反复调整齿数,并进行验证,让设计传动比无限接近目标传动比。以上案例最后通过反复验算,确定各齿数见表 3-2。

表 3-2 各齿轮齿数

| 代号 | $z_1$ | $z_2$ | $z_3$ | $z_4$ | $z_5$ | $z_6$ |
|---|---|---|---|---|---|---|
| 齿数 | 8 | 15 | 8 | 30 | 8 | 44 |

确定后的设计传动比为 38.7,误差率为 4.5%。

### 2.4 计算齿轮系中心距

根据中心距的计算公式,确定每一对啮合齿轮之间的中心距。

$$a = \frac{m(z_1 + z_2)}{2}$$

本案例各对齿轮之间的中心距为

$$a_{12} = 11.5, \quad a_{34} = 19, \quad a_{56} = 26$$

则

$$a_{总} = 56.5$$

### 2.5 绘制齿轮系简图

根据确定的计算结果在工单中绘制出创意小车轮系简图，如图 3-3 所示。

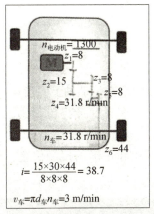

图 3-3 创意小车齿轮系简图

## 3. 创意小车车身与底盘设计与制作

### 3.1 车身、底盘设计

手绘小车车身，输入 2D 绘图软件完善车身设计（图 3-4），同时按比例绘制底盘、车轮等。

图 3-4 2D 绘图软件设计小车外形

### 3.2 车身、底盘制作

以 3 mm 胶合木板为原材料，采用激光雕刻制作车身、底盘（图 3-5）。

图 3-5 激光雕刻过程

小车车身应符合本组设计理念，体现本组设计特色，并能充分展现本组风格，且能与底板正确组装。设计方案可参考图3-6。

图3-6　设计方案

### 4. 创意小车组装

#### 4.1　齿轮传动机构装配与调试

（1）为保证传动正确，将齿轮固定在传动轴上，齿轮不得有偏心或歪斜现象。

（2）根据电动机转速及要求的小车车速计算传动比，合理选用齿轮，保证齿轮有准确的安装中心距，确定电动机、齿轮、输出轴的定位。

（3）保证齿面有一定的接触面积和正确的接触位置，确保齿侧有适当间隙，减少传动过程中的振动，如图3-7所示。

图3-7　齿轮装配与调试

#### 4.2　整车装配

将齿轮传动机构牢固地固定在车身中，以免振动引起齿轮不能正常啮合。用热熔胶枪进行车身、车架、底板等的定位和安装，如图3-8所示，最后将4个轮胎安装在前轴上。

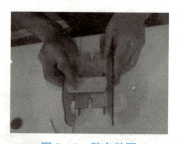

图3-8　整车装配

#### 4.3　整车调试

（1）调试车辆是否能正常运行。

(2) 调试车辆前进方向是否正确,若出现反向情况,可改变电动机转向或添加惰轮。

## 5. 创意小车路演规则

### 5.1 路演步骤

(1) 各小组以 PPT 展示本组创意小车的设计过程,并回答老师和同学的提问。
(2) 各小组展示设计创意小车的运行情况。

### 5.2 评价方法

(1) PPT 展示。为 PPT 展示最好的小组进行投票。各小组有两次投票权,且每组最多为本组投 1 票。

(2) 小车运行。指定裁判员、计时员与记录员,每组在模拟跑道上运行小车,每小组运行 3 次,以 3 次的平均速度为小车最终速度,并以各小车的实际速度与目标速度的偏差来核定各小车的设计吻合度,予以一定的加分。最高偏差不得超过 10%。

$$偏差\ P = \frac{v_{实际} - v_{车}}{v_{车}} \times 100\%$$

# 三、创意小车设计与制作学习工单

| _____队基本信息 | |
|---|---|
| 队名： | 主要成员： |
| 目标速度 | 目标车速 $v_{车0}$ = _____ m/min |
| 基础参数 | 电动机参数 / 车轮参数 |

| 基础参数 | 电动机参数 | 车轮参数 |
|---|---|---|
| | 额定电压（V）： | 车轮直径（mm）： |
| | 额定功率（W）： | 车轮周长（mm）： |
| | 额定转速 $n_{电动机}$（r/min）： | 车轮转速 $n_{车}$（r/min）： |
| | 电动机与车轮转速之比：$i = \dfrac{n_{电动机}}{n_{车}} =$ | |

| 分解小车 | |
|---|---|
| | 1. 小车传动方式：_____ |
| | 2. 核算齿轮模数：$m =$ _____（模数的选取参考标准：_____） |
| | 3. 选择齿轮传动类型：_____ |
| | 4. 齿轮传动比公式：$i =$ _____（取用范围：_____） |

续表

| | | | |
|---|---|---|---|
| 设计小车 | 1. 确定小车齿轮系的类型 | | |
| | 2. 设计小车的齿轮系 | 设计数据<br>（1）几级传动：_____<br>（2）各级减速比：$i_{12}$ = _____、$i_{34}$ = _____、$i_{56}$ = _____。<br>（3）初步确定各齿轮齿数：_____<br>_____。<br><br>（齿轮的齿数可在 8、10、15、20、30、44、55、60 范围内选择） | 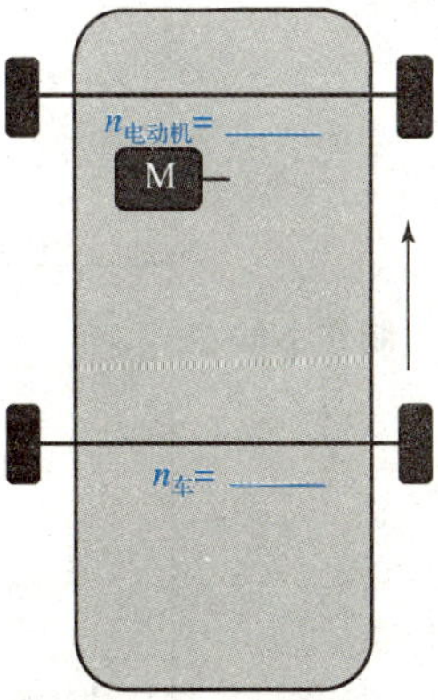 $n_{电动机}$ = _____<br>M<br>$n_{车}$ = _____ |
| | 3. 优化小车的齿轮系 | 设计数据<br>（1）几级传动：_____<br>（2）各级减速比：$i_{12}$ = _____、$i_{34}$ = _____、$i_{56}$ = _____。<br>（3）各齿轮齿数：_____<br>_____ | 轮系简图 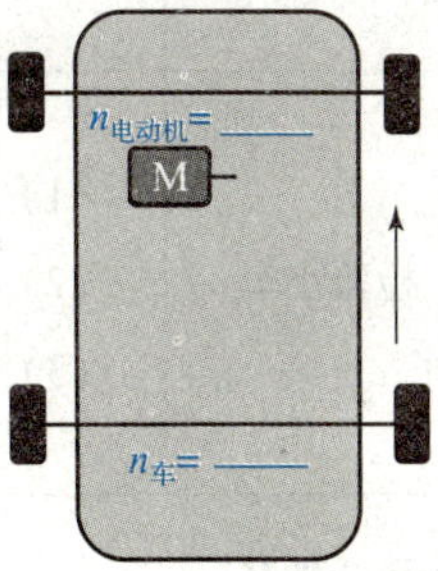<br>$n_{电动机}$ = _____<br>M<br>$n_{车}$ = _____ |
| | 4. 确定中心距 | （1）核算模数：_____。<br>（2）中心距公式：_____。<br>（3）$a_{12}$ = _____、$a_{34}$ = _____、$a_{56}$ = _____、$a_{总}$ = _____ | |

续表

| | | | |
|---|---|---|---|
| 制作小车 | 1. 制作小车 | (1) _____。确定_____为安装基准要点：_____为侧面边线，离底线_____mm。<br><br>(2) _____。钻孔、安装基座、安装轴与车轮。<br><br>(3) _____。要点：_____侧面边线，_____为径向距离（工单）。<br><br>(4) 安装齿轮。<br><br>(5) 安装电动机 | |
| | 2. 调试小车 | (1) 改变电动机转向<br><br>$n_{电动机}=$ _____<br>M<br>$n_{车}=$ _____ | (2) 添加惰轮<br><br>$n_{电动机}=$ _____<br>M<br>$n_{车}=$ _____ |
| 检验小车 | | (1) 目标车速 $v_{车0}=$ _____ m/min。<br>(2) 实测车速 $v_{实}=$ _____ m/min。<br>(3) 偏差 $P=$ _____ | |
| 团队排名： | | | |
| | | 裁判团队签字确认：<br><br>裁判员：　　　　计时员：　　　　记录员：<br><br>比赛日期： | |

注：此工单请同学们完成后拆卸扫描成图片上传至学习平台。

# 四、学习心得

| 创意小车设计与制作 ||
|---|---|
| 班级： | 姓名： |
|  ||

注：此学习心得请同学们完成后拆卸扫描成图片上传至学习平台。

# 项目四  创意自行车设计与制作

## 摘要

在过去几年时间里,自行车设计又经历了一轮革新,先进材料的应用、车架结构的改变,促进行业往新的方向不断发展。目前在城市中,自行车使用率不断增长,设计师也在不断拓展自行车功能。请设计并制作一款你心目中的创意自行车(图4-1为参考),以展示你想要带给人们的感受。在制作过程中,可以利用链传动或者皮带传动来作为你的传动装置,最后拍摄1个完整的视频,介绍你的团队、已经完成的工作,尽量使这件事看起来很有趣。

图4-1  创意自行车

## 任务描述

低碳是最近这两年最流行的概念,大家费尽力气寻找清洁能源,少用电、少吃牛羊肉等等,都是为了减少碳排放。当然,骑自行车也是其中一种非常好的办法,不但环保而且可以锻炼身体,因此设计师们对自行车的设计也非常热衷,每年都有不同创意的自行车创意面世。

国际自行车设计大赛1996年揭开序幕一直持续至今,主要宗旨是建构创意概念及设计作品汇集平台,引入全球重要消费市场设计原创概念,吸引各国设计师愿意对未来的自行车投入创意,以不同的国度文化特色和兴趣,提升全球自行车产品设计水准与国际化,持续创造全球自行车产业新风潮。他们每年都会面向全球征集关于自行车、零部件和服装的优秀设计,并进行评奖。

本项目要求设计与制作1款创意自行车,具体过程如下:

- 确定目标:确定创意自行车预实现的功能。
- 小组讨论:采用头脑风暴法充分发散思维,小组讨论设计出实现目标步骤的具体实施方法。
- 绘制思路:发挥逻辑思维能力,把各步骤草图画出来,并连贯起来形成模型。
- 实施制作:选择手边现有的材料实施制作,要求以最常见的生活材料为主,尽量运用本章的传动方法。

• 调试验证:运用制作实物验证绘制模型的可行性,采取制作中学习模式,在实践中修正设计错误和误差,最终实现预计的功能。

• 拍摄视频:运用手机和计算机拍摄并制作创意自行车的视频,实现知识分享。

## 每人所需材料

(1) 1 卷 $\phi 2$ mm 的可卷彩色铁丝。
(2) 1 对小轮子。
(3) 1 块 PVC 密度板。
(4) 1 套带轮与小皮带或 1 套链轮与链条。
(5) 若干金属或者木质材料。

## 技术

(1) 装配技术。
(2) 链传动与带传动技术。
(3) 计算机剪辑并上传视频。
(4) 手机拍摄视频。

## 学习成果

(1) 学习使用挠性传动技术设计一款属于自己的创意自行车,可实现运动功能。
(2) 学习使用挠性传动知识制作小设备。
(3) 学习使用视频编辑软件制作属于自己的视频。
(4) 学习理论并制作 1 张挠性传动的知识心智图。

一、挠性传动的知识心智图

| 班级 | | 姓名 | |
|---|---|---|---|
| | | | |

1. 带传动

挠性传动

2. 链传动

图 4-2 挠性传动的知识心智图

注：此知识心智图请同学们完成后拆卸扫描成图片上传至学习平台。

## 二、创意自行车设计与制作案例

### 1. 模型设计制作要求

(1) 模型制作材料为16#铁丝、22#铁丝、单股电线套管、双股电线套管,固定模型的底板为木工板。材料各小组自行准备,用到的工具为老虎钳、手工锯、锉刀等。

(2) 模型结构形式和总高度不限,模型的主要受力构件应合理布置,整体结构应体现"新颖、轻巧、美观、实用"的原则。

(3) 模型连接既要合理美观,又要加工简单。

### 2. 模型结构设计

自行车必备的基本功能有:承载架、传动部分、制动部分、导向部分。怎样将传动、制动、导向部分简化?哪些小部件可以省略?有哪些部件可以用一根铁丝完成?这些都是这模型结构设计中需要考虑的问题。

简化后的自行车模型由4组零件组成,如图4-3所示。

(1) 零件组1:货架、后叉、车座杆、车座、车架、竖杆、车把、刹车。

(2) 零件组2:竖杆、钢束、前叉、车架、脚撑。

(3) 零件组3:前后车轮、辐条。

(4) 零件组4:车轴、曲柄、脚踏。

注:□为单线套管 ▱为双线套管

1—零件组1;2—零件组2;
3—零件组;4—零件组4

图4-3 制作完成手工自行车模型图

### 3. 零件组组成

#### 3.1 零件组1——车身组件

制作方法:取1根64 cm长铁丝,对折开始加工。加工流程:货架→后叉→车座杆(双线套管)→车座(单线套管、双线套管)→车架→竖杆(双线套管)→车把→刹车。各部分结构及制作加工后如图4-4和图4-5所示。

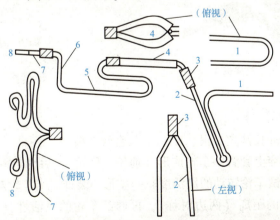

1—货架;2—后叉;3—车座杆;4—车座;5—车架;6—竖杆;7—车把;8—刹车

图4-4 零件组1

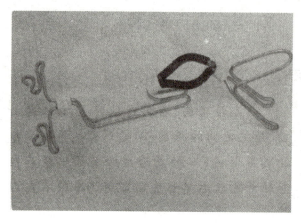

图 4-5　零件组 1 效果图

### 3.2　零件组 2——支撑柱组件

制作方法：取 1 根 54 cm 长铁丝（留 3.5 cm 脚撑），对折开始加工。加工流程：竖杆→与零件 1 竖杆固定（细铁丝缠绕）→钢束（双线套管）→前叉→车架（双线套管）→与车轴连接→与零件 1 后叉固定→脚撑→曲柄→脚踏。

质量要求：用细铁丝（22#）缠绕时必须平整、紧密，使零件组 1 和零件组 2 不能上下移动，如图 4-6 和图 4-7 所示。

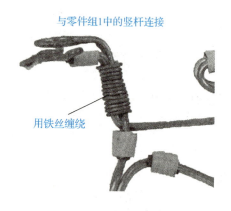

图 4-6　零件组 2 效果图 1

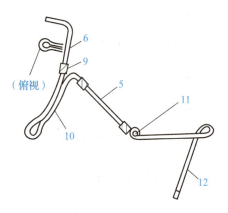

5—车架；6—竖杆；9—钢束；
10—前叉；11—车轴孔；12—脚撑

图 4-7　零件组 2

### 3.3　零件组 3——车轮组件

制作方法：取 22 cm 长铁丝 2 根、1.3 cm 长套管 2 根。

加工流程：铁丝外穿上套管→车轮成形（前轮、后轮）→后轮与零件 1 后叉连接→前轮与零件 2 前叉连接→调试车轮转动的灵活度）→整形→装饰。当车轮与前、后叉连接后，调试车轮与前、后叉之间的距离（两边对称），再调试车轮的灵活性（车轴是否成一直线），最后在车轴外侧装上单套管固定（使车轮不左右晃动），如图 4-8 和图 4-9 所示。

图 4-8　零件组 3 效果图

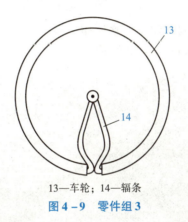

13—车轮；14—辐条

图 4-9　零件组 3

## 3.3　零件组 4——车轴组件

制作方法：取 1 根 6 cm 长铁丝、1 根 1.5 cm 长套管，将套管穿在铁丝的中间，完成车轴待用，如图 4-10 所示。

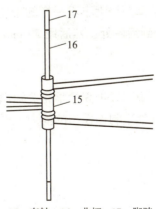

15—车轴；16—曲柄；17—脚踏

图 4-10　零件组 4（俯视）

车架与车轴连接如图 4-11 所示。质量要求：车轴不能左右移动，两根铁丝由中间向两边对称地进行缠绕，松紧必须一致，排列必须整齐。

325

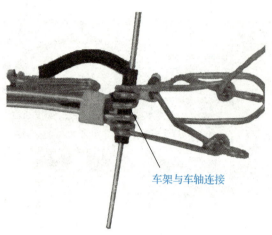

图 4-11　车架与车轴连接效果图

外侧固定完后，剪去多余的铁丝并夹紧环扣。再将内侧留出的 3.5 cm 长铁丝加工成脚撑。零件组 4 与零件组 1 连接如图 4-12 所示。

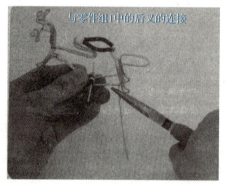

图 4-12　零件组 4 与零件组 1 连接示意图

零件组 4 与零件组 1 连接好后，安装两个大小不一样的带轮。

安装方法：从齿轮材料包里选择两个大小不一样的带轮：$\phi$20 mm 的带轮安装固定到脚踏板处，$\phi$12 mm 的带轮安装固定到后轮处，然后用 20 mm 长的橡皮筋把两带轮连接好。

### 4. 小结

通过本模型的设计与制作，希望可以巩固已学相关知识，并进一步巩固挠性传动——带传动、链传动相关知识，同时提升学生制作模型的能力、现场管理能力及团队协作能力。

# 三、创意自行车设计与制作学习工单

| 创意自行车设计与制作 | | |
|---|---|---|
| _____ 队基本信息： | | |
| 队名： | | 主要成员： |
| 创意来源 | 创意自行车手绘图： | |
| 分解自行车 | 1. 自行车结构形式：□二轮 □三轮 □四轮；传动形式：□链传动 □带传动 | |
| | 2. 模型准备材料：_____ | |
| | 3. 创意自行车功能分解（填写零件名称）。<br><br>承载架：<br><br><br>传动部分：<br><br><br>制动部分：<br><br><br>导向部分： | |
| | 4. 自行车尺寸：轮胎直径：_____，带/链轮直径：_____<br>带/链条周长：_____。 | |

续表

| 设计自行车 | 1. 确定自行车的基本尺寸 | 基本尺寸：_____ | |
|---|---|---|---|
| | 2. 设计自行车的结构 | 承载架结构设计简图： | 自行车整装结构设计图： |
| | | 传动部分结构设计简图： | |
| | | 制动部分结构设计简图： | |
| | | 导向部分结构设计简图： | |
| | 3. 承载能力设计 | 整车质量：_____ kg<br>皮带额定载荷：_____ kN<br>自行车加载质量：□2 kg，□4 kg，□6 kg，□8 kg<br>皮带根数：_____<br>计算过程： | |

续表

| 制作自行车 | 1. 材料准备 | 材料 | |
| | | 工具 | |
| | 2. 制作过程 | | |

| 检验自行车 | 目标载荷：_____kN。<br>测量承重梁变形角度：_____°。 |

团队排名：







裁判团队签字确认：

检验员：

完成日期：

注：此工单请同学们完成后拆卸扫描成图片上传至学习平台。

## 四、学习心得

| 创意自行车设计与制作 | |
|---|---|
| 班级： | 姓名： |
|  |  |

注：此学习心得请同学们完成后拆卸扫描成图片上传至学习平台。

# 项目五　鲁比高堡机器设计与制作

## ▶ 摘要

鲁比高堡是美国的漫画家，曾于 1942 年因政治漫画作品获得普立兹新闻奖（Pulitzer Prize），这位漫画家除了幽默的漫画作品为外人所称道外，还是一位影响后代艺术创作、工艺作品乃至科学研究的启发者。他创作的漫画作品包括不少奇妙的机器设计（Rube Goldberg's Inventions），这些机器设计由繁杂的零件所组成，用繁复的操作方式将零件的功能一环一环连接起来，而机器的目的则是完成一个或数个简单的功能，有人将之归类为荒诞玄学（Pataphysics），也有人归类于连锁反应（Chain Reaction）或骨牌效应（Domino Effect）。

用各种连接方式搭建一个属于你的鲁比高堡机器（图 5 – 1 为参考），以展示你想要给人们带来的感受。在制作过程中，可以利用各种工具和机器来搭建鲁比高堡机器，最后拍摄一个完整的视频，介绍你的团队、已经完成的工作，尽量使这件事看起来很有趣。

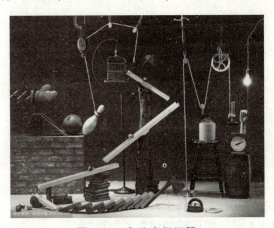

图 5 – 1　鲁比高堡机器

## ▶ 任务描述

鲁比高堡机器是用尽可能多的复杂步骤来完成一个简单的动作，这种有趣的设计方法在国外已经成为大学机械系训练创意思考的课程，甚至成为美国的一项全国性比赛。

确实，鲁比高堡机器如果由结果论视之，确实荒诞不经，往往设计一堆繁复的操作仅仅只为了削铅笔或擦窗户，但是如果从过程论视之，即从教育的角度出发，这个设计理念不仅可以活用物理、化学观念与机械运作原理，还可以训练系统思考与解决问题的能力，更重要的是创意思考与创造力的培养，因此美国、日本等国家的学校对这类设计创作都保持着支持态度，其实仔细想一下这不就是创新发明的起点吗？

本项目要求设计与制作一个鲁比高堡机器，具体过程如下：

- 确定目标：确定鲁比高堡机器实现的功能和预计的步骤数。
- 小组讨论：采用头脑风暴法充分发散思维，小组讨论设计出实现目标步骤的具体实施方法。
- 绘制思路：发挥逻辑思维能力，把各步骤草图画出来，并连贯起来形成模型。
- 实施制作：选择手边现有的材料实施制作，要求以最常见的生活材料为主，尽量运用本章的连接方法进行搭建。
- 调试验证：运用制作实物验证绘制模型的可行性，采取挫折教育，在失败中修正设计错误和摆放误差，最终实现预计的功能。
- 拍摄视频：运用手机和计算机拍摄并制作鲁比高堡机器的视频，实现知识分享。

## 每人所需材料准备

（1）1块绘图板做底板。
（2）1个气球或一颗钉子（最终是扎气球或者锤钉子）。
（3）1把胶枪。
（4）1卷细线。
（5）很多搭建材料。

## 技术

（1）剪裁技术。
（2）连接与搭建技术。
（3）计算机剪辑并上传视频。
（4）手机拍摄视频。

## 学习成果

（1）学习使用各种工具搭建一个属于自己的鲁比高堡机器，10步以上。
（2）学习使用机械连接知识制作小设备。
（3）学习使用视频编辑软件制作属于自己的视频。
（4）学习理论并制作1张机械连接的知识心智图。

# 项目五 鲁比高堡机器设计与制作

## 一、机械连接的知识心智图

| 班级 | | 姓名 | |

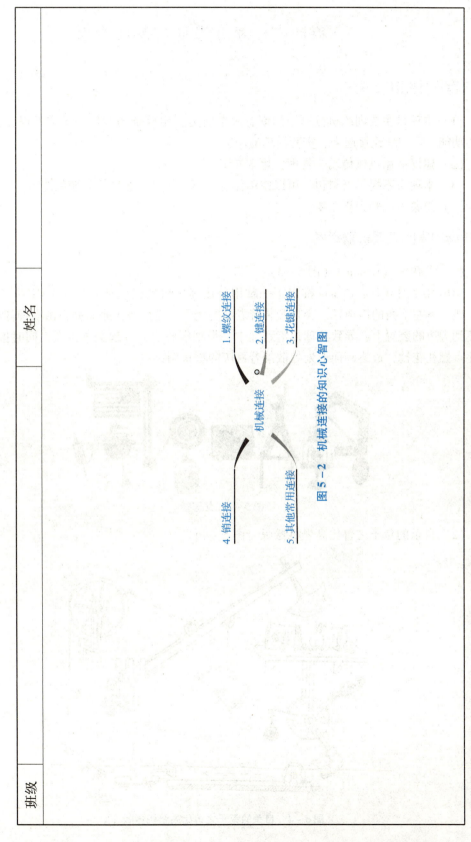

图 5-2 机械连接的知识心智图

1. 螺纹连接
2. 键连接
3. 花键连接
4. 销连接
5. 其他常用连接

注：此知识心智图请同学们完成后拆卸扫描成图片上传至学习平台。

# 二、鲁比高堡机器设计与制作案例

## 1. 模型设计制作要求

（1）本项目主要训练机械思维的创意思考能力，用繁杂的零件和繁多的操作方式将零件的功能一环一环连接起来，实验简单的功能。

（2）建议活用机械传动、物理、化学知识。

（3）本项目不提供材料包，可以使用任意材料，旨在考验解决问题的能力。

（4）想象力比知识更重要。

## 2. 典型的鲁比高堡机器举例

（1）戈德堡（Doodle）（图5-3）。

2010年7月4日，Google推出了一款用鲁比高堡机器纪念独立日的戈德堡。大致过程为：碰一下左下角的橄榄球，会打开装着老鹰的笼子，老鹰飞出来碰掉自由女神像模型，模型掉到旁边的装置上，导致黑球掉落到桶中，带动滑轮组，升起美国国旗，同时推动熨斗，熨斗点燃礼花捻，最终画面上处处散落着喜庆的星星雨……

图5-3 戈德堡

（2）自杀的兔子之鲁比高堡机器版（图5-4）。

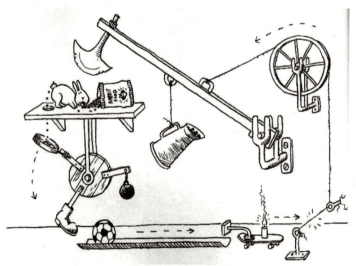

图5-4 自杀的兔子之鲁比高堡机器版

小兔兔吃兔粮后，将排泄物拉到转盘上，转动鞋子踢球，球推动滑板，滑板载的蜡烛烧断棉线，重物带动铡刀落下，了却了小兔子的心愿。

### 3. 如何设计鲁比高堡机器

（1）定义完成什么任务。

开始设计前，记得做需求分析。

为了让鲁比高堡机器具有存在意义，要给它设定一个很简单且很无聊的任务，这是指引鲁比高堡机器前进的小红旗。比如磕鸡蛋、做汉堡。之后的设计，都要时刻牢记不能一下达到这个目标，这叫目标躲避的设计。

（2）确定多少步完成任务。

比如至少 100 步，至少 1 min，诸如此类的数据。2011 年打破吉尼斯世界纪录的鲁比高堡机器名叫"时光机（Time Machine）"，用鲁比高堡机器的形式讲述了自大爆炸以来的历史。全程共 244 步，用时 2.5 min，参考一下这个数据。但是要注意，多米诺骨牌比的是骨牌数，而鲁比高堡机器比的是步骤数，相同的过程只能够算 1 步。即使在鲁比高堡机器中放 10 000 块骨牌，也只能算作 1 步。因此，说长时间看多米诺骨牌可能会非常无聊——毕竟每个过程都是一样的，但观看鲁比高堡机器可谓高潮迭起。

（3）想一个主题。

如果想让鲁比高堡机器再多一分意义及整体感，可以再为它想一个主题。比如玩具、汽车、食物、办公……这样，无论是从步骤的设定，还是用料的选取，都更有针对性。比如著名的本田广告，就是动用了汽车零件，充分发挥想象力完成的。

（4）头脑风暴。

灵感爆发的时刻到啦，能想到的都写下来，无偏见、无保留、无批判，这个阶段就是要充分发散思维。设计鲁比高堡机器的过程也是个非常好的训练大脑的方法。

（5）绘制思路。

头脑风暴完毕，你就可以慢慢整理写出来的一大堆东西了。挑一些觉得不错的想法，把它们连贯起来，绘制一个草稿。记得要考虑你定下的步数、时间目标及你的终极目标。

（6）验证。

在开始动手做之前，先验证一下你的设计。一些实现困难或者成功率低的步骤，可以尝试用其他方法代替。

### 4. 注意事项

（1）一切以安全第一。

（2）核心是无逻辑、多此一举，请抛开任何理性思维。

### 5. 鲁比高堡早餐机的设计制作

本项目要做的是一台鲁比高堡机器，用来打碎一个鸡蛋，过程不能少于 5 步。这个项目可以用你能找到的现有的材料来做，花钱少，做起来还快，只有你的想象力与预算会限制你实现的方法。为了完成任务，本书将列举一种方法，不过还是希望大家不要采用这种方法，争取能自己做一个项目。

(1) 项目分析。

1) 多数鸡蛋的蛋液应该留在最终的容器中,容器中的蛋壳不能超过鸡蛋总数量的一半。

2) 整个机器的占地面积不超过 1 m×1 m。

3) 操作时只能启动机器 1 次。可以是按下 1 个按钮,或在架子上推 1 辆玩具车,或是取下 1 个塞子。

4) 一旦启动,必须在 5 min 之内打碎鸡蛋。

5) 每 1 步能量转换的方法必须是唯一的,而且有助于达到最后的目标。比如,不能让高尔夫球滚下 1 个斜坡,转动 5 个风车,然后触动 1 把刀切鸡蛋。这个过程很麻烦,而且风车转动对最后打破鸡蛋并没有什么用。

(2) 材料清单。

1) 1 块 3 mm 厚的透明有机玻璃板,尺寸为 40 mm×80 mm。

2) 1 块 $\phi$3 mm、长 1 m 的木销。

3) 带锉和刀等多刃工具。

4) 捕鼠器。

5) 搅漆棒。

6) 渔线或其他细线。

7) 橡皮筋。

8) 胶带卷。

9) 小碗。

10) 勺子或叉子。

11) 鸡蛋若干。

(3) 操作方法。

1) 选择有机玻璃板/木质板/泡沫塑料板,在板上画出各步骤的位置,采用激光雕刻机进行加工,确定鲁比高堡机器的各部分位置。

2) 将木销按间隔 6~8 mm 的长度截断备用。

3) 把木销安插进有机玻璃板切割后的固定位置。

4) 如图 5-5 所示,将橡皮筋缠在左上角木销和下面的那根木销上,并固定搅漆棒。

图 5-5 用橡皮筋固定搅漆棒

5) 把勺子或叉子粘在底部中间的木销上,当胶带卷滚下来碰到它的时候,勺子或叉子能绕着木销转。

6）在勺子或叉子的柄上粘上一段 6 mm 长的渔线。

7）按照图 5-6，将两块亚克力板放在相应放置，同时固定上 11 根木销，并将线夹在两块亚克力板中间。

8）按照运动方向缠上渔线。把渔线系在鸡蛋挡板上的孔中。

9）把鸡蛋滑板插入前、后模板的槽中，必要时用胶带固定。

10）用橡皮筋将搅漆棒的末端缠起来，并用胶带固定（图 5-5）。在槽里滑移最后一根木销，并保持在一个位置上（图 5-6）。

图 5-6 装好的鲁比高堡打蛋机

11）捕鼠器按照图 5-6 的方向粘在最右侧的木销上。

12）小心地装上捕鼠器。

13）把鸡蛋挡板放在滑板上，再把鸡蛋放在挡板后，当胶带卷碰到勺子或叉子时，渔线应当足够紧。这样，只要渔线一动，就会打开鸡蛋挡板。

14）现在可以演示了！把木销从顶部的槽中拔出，搅漆棒就会拍到胶带卷，胶带卷掉在勺子上，猛拉绳子，拉开鸡蛋挡板，鸡蛋掉下来，就会碰到捕鼠器。

15）现在可以做鸡蛋了，来享受早餐了！

# 三、鲁比高堡机器设计与制作学习工单

| 鲁比高堡机器设计与制作 ||
|---|---|
| _____队基本信息： ||
| 队名： | 主要成员： |
| 设计目标 | 鲁比高堡机器目标：_____。<br>步数设定：_____。 |
| 分解鲁比高堡机器 | 1. 鲁比高堡机器主题：<br><br><br>2. 小组头脑风暴记录：<br><br><br><br><br><br>3. 653 书面集智法：创新设计<br><br><br><br><br> |

续表

| | | |
|---|---|---|
| 设计鲁比高堡机器 | 1. 第1步 | 主题：<br>连接方式： |
| | 2. 第2步 | 主题：<br>连接方式： |
| | 3. 第3步 | 主题：<br>连接方式： |
| | 4. 第4步 | 主题：<br>连接方式： |
| | 5. 第5步 | 主题：<br>连接方式： |
| | 6. 机器串绘 | |
| | 7. 确定尺寸 | 初步确定基座尺寸： |

续表

| | | | |
|---|---|---|---|
| 制作鲁比高堡机器 | 1. 材料准备 | 材料 | |
| | | 工具 | |
| | 2. 制作过程 | | |
| 检验鲁比高堡机器 | 鲁比高堡机器目标动作：＿＿＿＿＿＿。<br>检验记录：<br>（1）实际步数：＿＿＿＿＿＿。<br>（2）第几次成功：＿＿＿＿＿＿。 | | |
| 团队排名：<br><br><br><br><br><br>裁判团队签字确认：<br>检验员：<br>完成日期： | | | |

注：此工单请同学们完成后拆卸扫描成图片上传至学习平台。

## 四、学习心得

| 鲁比高堡机器设计与制作 ||
|---|---|
| 班级： | 姓名： |
|  ||

注：此学习心得请同学们完成后拆卸扫描成图片上传至学习平台。

# 项目六  减速器输出轴的设计

## 摘要

减速器(图6-1)是一种由封闭在刚性壳体内的齿轮传动、蜗轮蜗杆传动所组成的独立部件,常用作原动件与工作机之间的减速传动装置。在原动机和工作机或执行机构之间起匹配转速和传递转矩的作用,在现代机械中应用极为广泛。

1—双离合模块;2—发动机的动力;3,5—连接传动半轴和前轮;4—差速器;
6—输出轴;7—输入轴;8—倒挡齿轮

图6-1  手动减速器低速轴

## 任务描述

一般手动减速器的基本结构包括动力输入轴和输出轴两大件,再加上构成减速器的齿轮,就是一个手动减速器最基本的组件。动力输入轴与离合器相连,从离合器传递来的动力直接通过输入轴传递给齿轮组,齿轮组是由直径不同的齿轮组成的,不同的齿轮组合则产生不同的传动比,平常驾驶中的换挡也就是指换传动比。输入轴的动力通过齿轮间的传递,由输出轴传递给车轮,这就是手动减速器的基本工作原理。

本项目要求设计一给定参数减速器输出轴,具体过程如下:
- 确定目标:确定减速器形式。
- 小组讨论:采用头脑风暴法充分发散思维,小组讨论设计出实现目标步骤的具体实施方法。
- 绘制思路:发挥逻辑思维能力,把各步骤草图画出来,并连贯起来形成模型。
- 实施设计:依据设计步骤,完成各部分结构形状的设计,并确定输出各部分尺寸。
- 绘制零件图:选择合适规格的绘图纸,完成输出轴零件图的绘制。
- 编撰说明书:运用计算机完成手动减速器输出轴说明书的编写,实现知识分享。

## 每人所需材料准备

(1) 1台计算器。

(2) 1张A2图纸。
(3) 1套绘图工具。
(4) 1套减速器结构图片。
(5) 若干设计资料。

## 技术

(1) 结构设计技术。
(2) 轴与轴上零件设计技术。
(3) 计算机编写设计说明书。

## 学习成果

(1) 学习使用给定参数设计一手动减速器输出轴的设计，并绘制零件图。
(2) 学习使用轴与轴系知识进行轴的总成设计。
(3) 学习使用Word等编辑软件制作属于自己的说明书。
(4) 学习理论并制作1张轴与轴系的知识心智图。

一、轴与轴系的知识心智图

| 班级 | | 姓名 | |

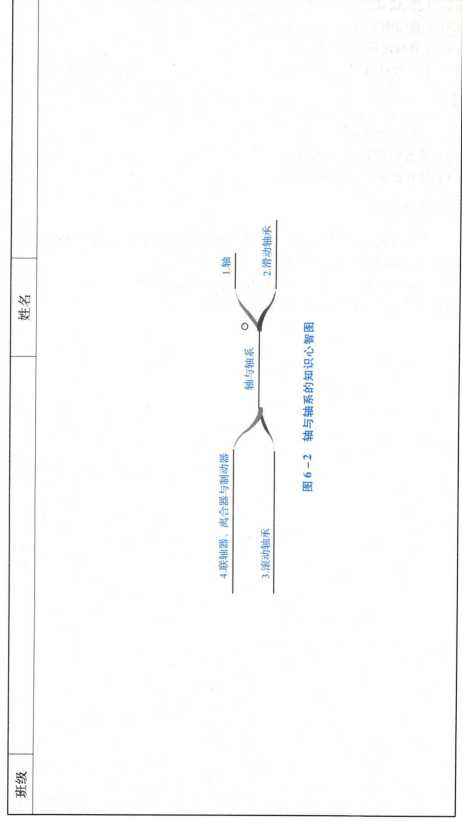

图 6-2 轴与轴系的知识心智图

注：此知识心智图请同学们完成后拆卸扫描成图片上传至学习平台。

## 二、减速器输出轴的设计案例

### 1. 模型设计制作要求

任务要求如下:

(1) 图 6-3 为一级直齿圆柱齿轮减速器,请设计出符合表 6-1 数据要求的输出轴,单向转动,轴的材料无特殊要求。

(2) 轴上零件及其轴向定位方法如图 6-4 所示。

(3) 手绘或运用 CAD 软件绘制出输出轴的零件图。

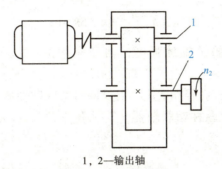

1,2—输出轴

图 6-3 减速器示意图

表 6-1 分组数据

| 数据组 | 数据组 1 | 数据组 2 | 数据组 3 | 数据组 4 | 数据组 5 |
|---|---|---|---|---|---|
| 输出轴功率 $P/\text{kW}$ | 13 | 8 | 4 | 2.06 | 1.93 |
| 输出轴转速 $n_2/(\text{r}\cdot\text{min}^{-1})$ | 220 | 280 | 70 | 116.7 | 57.3 |
| 大齿轮宽度 $b_2/\text{mm}$ | 90 | 60 | 70 | 60 | 48 |
| 大齿轮分度圆直径 $d_{分度圆}/\text{mm}$ | 269 | 265 | 324 | 243 | 200 |

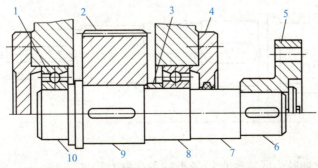

1—滚动轴承;2—齿轮;3—套筒;4—轴承盖;5—联轴器;6,9—轴头;7—轴身;8,10—轴颈

图 6-4 减速器输出轴

## 2. 预估轴的最小直径

以低速轴功率 $P = 5$ kW，低速轴转速 $n_2 = 86.2$ r/min，大齿轮宽度 $b_2 = 50$ mm，大齿轮分度圆直径 $d_{\text{分度圆}} = 232.5$ mm 为例。

### 2.1 选择轴的材料，确定许用应力

选用 45 钢调质处理，查书中表 6-1，其抗拉强度极限 $[\sigma_{-1}] = 650$ MPa，许用弯曲应力 $[\sigma_{-1b}] = 55$ MPa。

### 2.2 按扭转强度初估轴的最小直径

取 $A = 110$，按书中式（6-2）初步估算出轴的最小直径为

$$d \geq A \sqrt[3]{\frac{P_2}{n_2}} = 42.58 \text{ mm}$$

考虑轴上有键槽，削弱了轴的强度，轴径应增加 5%，即 $42.58 + 42.58 \times 5\% = 44.70$ mm。

为了使所选轴径与联轴器孔径相适应，需要同时选取联轴器，并参考书中表 6-5 轴的标准直径，选用 LT8 型弹性套柱销联轴器，其轴孔直径为 45 mm，与轴配合部分长度为 84 mm，故取 45 mm。

## 3. 轴的结构设计

### 3.1 确定轴上零件的位置和固定方式

轴头长度由其上所装传动零件的轮毂宽度决定，但轴头长度应分别比传动零件的宽度短 1~3 mm，以保证轴上零件可靠地轴向定位和固定。轴颈长度可与轴承宽度相同，但有时亦应比轴承宽度短 1~3 mm。各轴段的直径应与相配合的零件毂孔直径一致，并最好采用标准值。为使轴上零件定位可靠，装拆方便，并有良好的加工工艺性，常将轴制成阶梯形。当直径变化处的端面是为了固定轴上零件或承受轴向力时，直径变化值要大些，一般可取 6~8 mm。当直径变化仅为了减少装配长度和便于安装或区别加工表面，不承受轴向力也不固定轴上零件时，其变化量可取 1~3 mm。

### 3.2 确定各轴段直径

根据各轴颈的功用，以及轴上零件的安装位置，合理确定各轴段尺寸（图 6-5）。

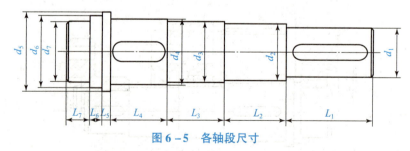

图 6-5 各轴段尺寸

（1）轴段 1。此轴段为低速轴直径最小轴段，取直径 $d_1 = 45$ mm。此轴段安装联轴器，且与联轴器之间依靠平键连接传递动力，考虑到联轴器与轴配合部分长度为 84 mm，为使压

板压住半联轴器，取其相应的轴长 $L_1 = 82$ mm。

（2）轴段 2。此轴段因要有轴肩定位联轴器，根据经验公式：
$$d_2 = d_1 + 2 \times 0.07 d_1 + (1 \sim 2)$$
取标准值 $d_2 = 53$ mm。

该轴段中，轴承盖与联轴器之间的距离取 $b = 16$ mm，轴承盖厚度取 42 mm，即可求得第 2 轴段的长度为
$$L_2 = 16 + 42 = 52 \text{（mm）}$$

（3）轴段 3。此轴段上安装了轴承，且应由轴肩定位齿轮，初步取 $d_3 = 55$ mm。

根据输出轴的使用工况，主要用于一级减速器中，传动齿轮为直齿圆柱齿轮，因此此轴段上的轴承主要承受径向载荷，可选用深沟球轴承，根据轴颈初步选取轴承系列代号为 6011，轴承的 $d \times D \times B = 55 \text{ mm} \times 90 \text{ mm} \times 18 \text{ mm}$。

箱体有铸造误差，取滚动轴承与箱体内边距 $s = 5$ mm。齿轮端面至箱体壁间的距离取 15 mm。齿轮宽度超出轴段 4 取 2 mm。

按以下公式可计算出段轴 3 颈的长度：
$$L_3 = B + s + a + 2 = 40 \text{ mm}$$

（4）轴段 4。轴段 4 上安装有齿轮，为方便定位，该段轴径还要小于轴承内圈直径，并将其标准化，初步取 $d_4 = 60$ mm，根据上面分析齿轮宽度超出轴段 4 取 2 mm，即
$$L_4 = b_2 + 2 = 54 \text{ mm}$$

（5）轴段 7。轴段 7 上安装了轴承，根据同轴两轴承取同样的型号确定 $d_7 = d_3 = 55$ mm，根据轴承的宽度取 $L_7 = 18$ mm。

（6）轴段 6。轴段 6 为轴环，根据轴承的安装尺寸可取 $d_6 = 62$ mm，根据经验取 $L_6 = 12$ mm。

（7）轴段 5。轴段 5 也为轴环，且对齿轮进行轴向定位，根据经验取 $d_5 = 72$ mm，$L_5 = 8$ mm。

根据设计计算初步确定输出轴的参数见表 6-2。

表 6-2 输出轴各轴段尺寸

| 轴段 | 1 | 2 | 3 | 4 | 5 | 6 | 7 |
|---|---|---|---|---|---|---|---|
| 长度/mm | 82 | 52 | 40 | 54 | 8 | 12 | 18 |
| 直径/mm | 45 | 53 | 55 | 60 | 72 | 62 | 55 |

### 3.3 确定键槽尺寸

根据轴径查阅设计手册 GB/T 1095—2003，取齿轮处的键剖面尺寸为 $b \times h = 18 \text{ mm} \times 11 \text{ mm}$，深度为 7 mm。半联轴器处的键剖面尺寸取 $b \times h = 14 \text{ mm} \times 9 \text{ mm}$，深度为 5.5 mm。再根据 GB/T 1095—2003，查阅普通平键的长度，并依据已经确定的轴颈长度合理选择键槽的长度，齿轮处键槽长度为 50 mm，联轴器处键槽长度为 70 mm。

输出轴两端面倒角设计为 2 mm×45°。

## 4. 轴的强度校核

### 4.1 齿轮受力计算

输出轴上的齿轮受力来源于高速轴中的动力传递，两齿轮啮合时所受转矩为：

$$T = 9.55 \times 10^3 \frac{P}{n_2} = 9.55 \times 10^3 \times \frac{5}{86.2} = 553.94 \text{（N·m）}$$

以此可求得在啮合齿轮节点处相互垂直的分力，即圆周力 $F_t$ 和径向力 $F_r$。

$$F_t = \frac{2T}{d_{分度圆}} = \frac{2 \times 553.94 \times 10^3}{232.5} = 4\,765.1 \text{（N）}$$

$$F_r = F_t \tan\alpha = 4\,765.1 \times \tan 20° = 1\,734 \text{（N）}$$

因为该减速器为一级圆柱齿轮减速器，且使用深沟球轴承支撑，所以轴向力 $F_a = 0$。

### 4.2 校核参数计算

根据确定的输出轴尺寸，绘制出轴的受力图（图6-6），其中 $l = 103$ mm，$a = 55$ mm，$b = 58$ mm。

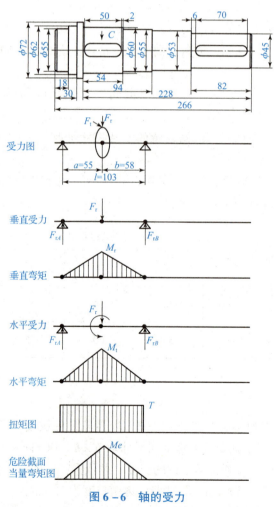

图6-6 轴的受力

(1) 求垂直面支承反力,并作出弯矩图。
垂直受力计算:

$$F_{rA} = \frac{F_r b}{l} = \frac{1\ 734 \times 58}{103} = 976.4 \text{ (N)}$$

$$F_{rB} = \frac{F_r a}{l} = \frac{1\ 734 \times 55}{103} = 925.9 \text{ (N)}$$

垂直弯矩计算:

$$M_r = \frac{F_r ab}{l} = \frac{1\ 734 \times 55 \times 58}{103} = 53\ 703.5 \text{ (N·mm)}$$

(2) 求水平支承反力,并作出弯矩图。
水平受力计算:

$$F_{tA} = \frac{F_t b}{l} = \frac{4\ 765.1 \times 58}{103} = 2\ 683.3 \text{ (N)}$$

$$F_{tB} = \frac{F_t a}{l} = \frac{4\ 765.1 \times 55}{103} = 2\ 544.5 \text{ (N)}$$

水平弯矩计算:

$$M_t = \frac{F_t ab}{l} = \frac{4\ 765.1 \times 55 \times 58}{103} = 177\ 095.2 \text{ (N·mm)}$$

(3) 求合成弯矩。

$$\begin{aligned} M_c &= \sqrt{M_r^2 + M_t^2} \\ &= \sqrt{53\ 703.5^2 + 177\ 095.2^2} \\ &= 185\ 058.8 \text{ (N·mm)} \end{aligned}$$

(4) 求各段扭矩,作扭矩图。

$$T = F_t \frac{d_{\text{分度圆}}}{2} = 4\ 765.1 \times \frac{232.5}{2} = 552\ 896.6 \text{ (N·mm)}$$

(5) 作危险截面当量弯矩图。

该轴单向回转,视转矩为脉动循环:$\alpha = \frac{[\sigma_{-1b}]}{[\sigma_{0b}]}$,由表 6-7 可得 $\alpha \approx 0.6$。

$$M_e = \sqrt{M_c^2 + (\alpha T_t)^2} = 379\ 864 \text{ N·mm}$$

### 4.3　校核危险截面强度

剖面当量弯矩最大,而其 $C$ 直径与邻接段相差不大,故剖面 $C$ 为危险剖面。查书中表 6-1,许用弯曲应力 $[\sigma_{-1b}] = 55$ MPa。

根据式 (6-3) 计算轴的当量应力:

$$\sigma_e = \frac{M_e}{W} = \frac{M_e}{0.1 d_4^3} = 17.58 \text{ MPa} < [\sigma_{-1b}]$$

计算结果显示小于轴的许用弯曲应力,判断该轴强度达到要求。

## 5. 绘制出轴的零件图

可使用绘图工具手工绘制，或者采用绘图软件 AutoCAD、CAXA 电子图板、3D 软件等绘制出轴的零件图，以下零件图由 UG NX10.0 绘制。

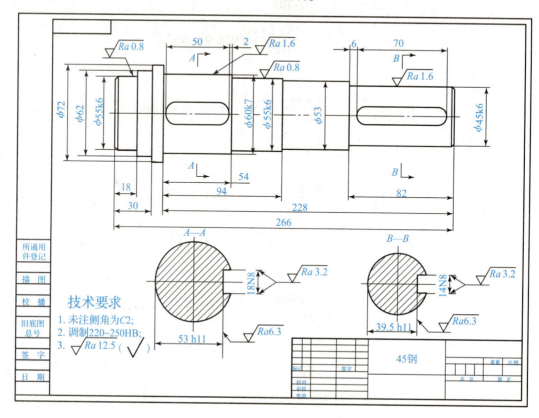

## 三、减速器输出轴的设计学习工单

| 减速器输出轴的设计 |||||
|---|---|---|---|---|
| _____ 队基本信息： |||||
| 队名： |||| 主要成员： |
| 目标数据 | 参数 || 数值 | 单位 |
| ^ | 低速轴功率 $P$ || | |
| ^ | 低速轴转速 $n_2$ || | |
| ^ | 大齿轮宽度 $b_2$ || | |
| ^ | 大齿轮分度圆直径 $d_{分度圆}$ || | |
| 分解低速轴 | 1. 选择轴的材料为 _____，查表获得抗拉强度极限 $[\sigma_{-1}]$ = _____ MPa，许用弯曲应力 $[\sigma_{-1b}]$ = _____ MPa ||||
| ^ | 2. 按扭转强度初步估计轴的最小直径（取 $A = 110$）$$d \geqslant A\sqrt[3]{\dfrac{P_2}{n_2}} = \underline{\hspace{3cm}} = \underline{\hspace{3cm}}$$ 确定最小轴颈为 _____ 。 ||||
| 结构设计 | 1. 请用草图的形式绘制出轴上零件的结构与装配图。 ||||

续表

| | 2. 确定各轴段的尺寸。 | | | | | | | |
|---|---|---|---|---|---|---|---|---|
| 结构设计 | 轴段 | 1 | 2 | 3 | 4 | 5 | 6 | 7 |
| | 长度/mm | | | | | | | |
| | 直径/mm | | | | | | | |

3. 确定键槽尺寸。

(1) 安装齿轮轴段的键槽尺寸：长度 $L=$ ＿＿＿＿＿＿；宽度 $b=$ ＿＿＿＿＿＿；深度 $t=$ ＿＿＿＿＿＿。

(2) 安装联轴器轴段的键槽尺寸：长度 $L=$ ＿＿＿＿＿＿；宽度 $b=$ ＿＿＿＿＿＿；深度 $t=$ ＿＿＿＿＿＿。

4. 确定轴承型号。选用代号为＿＿＿＿＿＿的＿＿＿＿＿＿类型轴承，其内径为＿＿＿＿＿＿，宽度为＿＿＿＿＿＿，安装直径为＿＿＿＿＿＿。

5. 轴端面倒角为＿＿＿＿＿＿。

---

轴的强度校核

1. 齿轮受力计算，绘制轴受力图。

$$T = 9.55 \times 10^3 \frac{P}{n_2} = \underline{\qquad\qquad}$$

啮合处的圆周力和径向力计算：

$$F_t = \frac{2T}{d_{\text{分度圆}}} = \underline{\qquad\qquad}$$

$$F_r = F_t \tan\alpha = \underline{\qquad\qquad}$$

| | |
|---|---|
| 轴的强度校核 | 2. 校核参数计算。<br>（1）垂直面支承反力计算，并作出弯矩图。<br>$F_{rA} = \dfrac{F_r b}{l} = $ _____<br><br>$F_{rB} = \dfrac{F_r a}{l} = $ _____<br><br>$M_r = \dfrac{F_r ab}{l} = $ _____<br><br>（2）水平面支承反力计算，并作出弯矩图。<br>$F_{tA} = \dfrac{F_t b}{l} = $ _____<br><br>$F_{tB} = \dfrac{F_t a}{l} = $ _____<br><br>$M_t = \dfrac{F_t ab}{l} = $ _____<br><br>（3）求合成弯矩。<br>$M_c = \sqrt{M_r^2 + M_t^2} = $ _____<br><br>（4）求各段扭矩，作扭矩图。<br>$T = F_t \dfrac{d_{\text{分度圆}}}{2} = $ _____<br><br>（5）作危险截面当量弯矩图。<br>单向回转，视转矩为脉动循环：$\alpha = \dfrac{[\sigma_{-1b}]}{[\sigma_{0b}]}$，由书中（表 6-7）可得 $\alpha \approx 0.6$。<br><br>$M_e = \sqrt{M_c^2 + (\alpha T_t)^2} = $ _____<br>（请在以下空白区绘制出轴的受力图） |

续表

| | |
|---|---|
| 轴的强度校核 | 3. 校核危险截面强度。<br>$\sigma_e = \dfrac{M_e}{W} = \dfrac{M_e}{0.1 d_4^3} = $ _____<br><br>该轴强度是否达到要求：□是　　□否 |
| 轴的零件图 | 绘制出输出轴零件图<br>（粘贴一个交作业的二维码）<br><br><br><br><br><br>可使用绘图工具手工绘制，建议采用 AutoCAD、CAXA 电子图板、UG、SolidWorks 等 3D 软件绘制出轴的零件图。 |
| 设计评价 | 评价指标　　　　　　　　　　　　　　　　　　　　　　分值　得分<br>1. 结构是否完整：轴段、键槽、倒角结构齐全　　　　20<br>2. 尺寸是否完整：各结构都具有合理来源的尺寸数据　20<br>3. 轴的强度满足工作需要　　　　　　　　　　　　　20<br>4. 完整的输出轴零件图　　　　　　　　　　　　　　20<br>5. 工单填写完整　　　　　　　　　　　　　　　　　20<br>总分　　　　　　　　　　　　　　　　　　　　　　100 |

团队排名：




裁判团队签字确认：

检验员：

完成日期：

注：此工单请同学们完成后拆卸扫描成图片上传至学习平台。

项目六　减速器输出轴的设计

## 四、学习心得

| 减速器输出轴的设计 ||
|---|---|
| 班级： | 姓名： |
|  ||
|  ||

注：此学习心得请同学们完成后拆卸扫描成图片上传至学习平台。

# 项目七　仿生机器人设计与制作

## ≫ 摘要

随着人类探索自然界步伐的不断加速，各应用领域对具有复杂环境自主移动能力机器人的需求日趋广泛而深入。理论上，足式机器人具有比轮式机器人更加卓越的应对复杂地形的能力，因而被给予了巨大关注，但到目前为止，由于自适应步行控制算法匮乏等原因，足式移动方式在许多实际应用中还无法付诸实践。另外，作为地球上最成功的运动生物，多足昆虫则以其复杂精妙的肢体结构和简易灵巧的运动控制策略，轻易地穿越各种复杂的自然地形，甚至能在光滑的表面上倒立行走。因此，将多足昆虫的行为学研究成果融入步行机器人的结构设计与控制，开发具有卓越移动能力的仿生机器人，对于足式机器人技术的研究与应用具有重要的理论和现实意义。

在此对一种基于单片机控制的多关节仿生机器人——六足机器人（图7-1）进行研究。其地形适应能力强，具有冗余肢体，可以在失去若干肢体的情况下继续执行一定的工作，适合承担野外侦查、水下搜寻及太空探测等对自主性、可靠性要求比较高的工作。

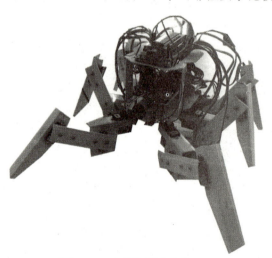

图7-1　六足机器人实物图

## ≫ 任务描述

本项目要求设计与制作一款仿生机器人，具体过程如下：
- 确定目标：确定仿生机器人驱动方式和结构造型等。
- 小组讨论：采用头脑风暴法充分发散思维，小组讨论设计出实现目标步骤的具体实施方法。
- 绘制思路：发挥逻辑思维能力，把各步骤草图画出来，并连贯起来形成模型。
- 实施制作：选择手边现有的材料实施制作，要求以最常见的生活材料为主，尽量运用本学期所学知识进行设计。

- 调试验证：运用制作实物验证绘制模型的可行性，采取挫折教育，在失败中修正设计错误和误差，最终实现预计的功能。
- 制作 PPT：运用文档编辑知识制作一个 PPT，实现知识分享。

## 每人所需材料

（1）1 包雪糕棍或多孔塑料。
（2）1 套塑料齿轮以设计减速机。
（3）1 个电动机。
（4）1 个电源盒与电池。
（5）1 个控制器，很多线材。
（6）1 台 3D 打印机。
（7）1 台激光雕刻机。

## 技术

（1）激光切割技术。
（2）3D 打印技术。
（3）资料检索技术。
（4）计算机制作 PPT 并上传。
（5）手机拍摄图片。

## 学习成果

（1）学习使用各种材料设计并制作一款仿生机器人。
（2）学习使用本学期的知识制作小设备。
（3）学习使用文档编辑软件制作属于自己的 PPT。
（4）学习理论并制作 1 张机械创新设计的知识心智图。

## 一、机械创新设计的知识心智图

| 班级 | | 姓名 | |
|---|---|---|---|

注：此知识心智图请同学们完成后拆卸扫描成图片上传至学习平台。

## 二、仿生机器人设计与制作案例

### 1. 模型设计制作要求

用 3D 软件 CATIA、Pro/E、SolidWorks 设计机器人 3D 模型,用多体动力学软件 Admas 做出机器人的虚拟样机,并进行验证。

机器人整体结构分为机身与腿部两部分。腿共有 6 条,每条均由 3 个舵机控制关节运动,如图 7-2 所示。身体分为两层,下层放置有舵机控制板和锂电池,舵机控制板下装有红外传感器。腿部为了增加与地面摩擦力而用了热熔胶处理。该机器人能实现以下动作。

(1) 六腿协调平衡,稳定站立正确识别运动指令。
(2) 能够转弯与直线前行,后退。
(3) 正确接收红外探测器信号,并据此自动判断是否转弯,达成避障功能。

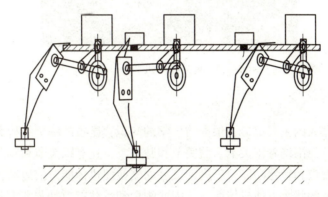

图 7-2 六足机器人行走

### 2. 模型结构设计

用 3D 软件 CATIA、Pro/E、SolidWorks 画出总设计图,如图 7-3 所示。

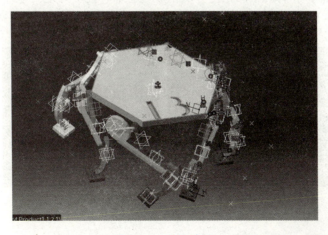

图 7-3 总设计图

## 2.1 机身的设计

通过观察大多数昆虫的外形，可以发现生物身体大小类似于椭圆形，通过查阅一些资料可以发现采用近似菱形机身的多足机器人可以减少腿部之间的碰撞，还使机身更加稳定，因此六足机器人机身采用六边形框架结构，机身的材料选择铝合金以减轻机器人质量，如图7-4所示。

图 7-4 机身

## 2.2 腿部的设计

腿部结构是机器人的主要部分，根据仿生学的知识，昆虫的腿部结构大致分为基节、股节、胫节三个部分，而围绕着跟关节、髋关节和膝关节，还有踝关节和脚。本项目采用曲柄摇杆机构实现直线行走和转弯功能。三脚架交替的变换使机体能向前运动，每组都能承受机体的质量，并在负重的状态下使机体前行，因此刚性和承载能力是非常重要的。设计对承载能力有所要求。

## 2.3 足

因为机械人的足部中间需要放置传感器，所以需要突起一部分来使压力传感器能更好地传递压力信息。当然，在脚的中间挖空一块来放传感器，能更好地传递外界的压力，反映环境的特点，如图7-5所示。基本尺寸如图7-6所示。

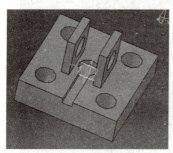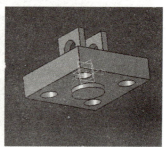

图 7-5 足

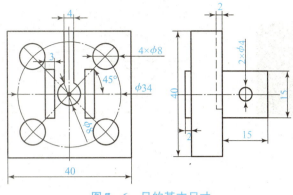

图 7-6 足的基本尺寸

## 2.4 小腿

为了简化舵机架在小腿（图 7-7）的作用，把舵机架简化到小腿上，小腿一方面用来连接脚，另一方面用来安装固定住膝盖部分的舵机，从而使其更好地转动，小腿的基本尺寸如图 7-8 所示。

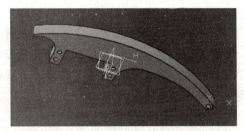

图 7-7 小腿

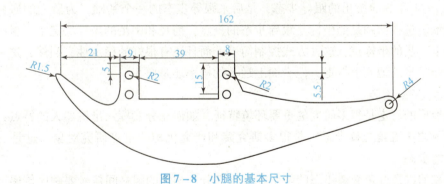

图 7-8 小腿的基本尺寸

为了减轻小腿的质量，采用铝合金制作，与舵机相连接部分采用螺栓连接。

## 2.5 大腿

大腿部分的作用是作为连接小腿和机身的关键点，它们两两之间是通过舵盘和螺钉连接，当跟关节的舵机转动时（从机身舵机角度看过去），舵机带动大腿转动从而带动小腿和足运动，当足落地后，接触到地面，产生了力，然后力矩通过小腿到大腿向上传递，传递上去的扭矩使机器人的机身运动。大腿的设计图主要如图 7-9 所示。通过两段弧连接两个圆使其成为大腿。两个圆的直径为 M24，圆上打上 4 个螺纹孔来连接舵机机构，基本尺寸如图 7-10 所示。

图 7-9 大腿的设计图

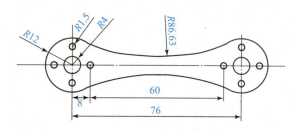

图 7-10 大腿的基本尺寸

## 3. 步态分析

### 3.1 步态分类

六足机器人要体现良好的地面适应能力和行走灵活性，需要规划合理有效的行走步态。步态不仅是指步态机器人各条腿抬腿、放腿的顺序，还包括机器人占空系数分析、足端轨迹的选择等。一般是模仿动物的行走姿态来研究机器人的步态。避免锁死现象，保证机器人步行的连续性和全方位。

#### 3.1.1 三角步态

交替三角步态也被称为三角步态，六足纲是很多人熟知的一种步态，三角步态也可以称之为最为快速最为有效的一种静态稳定步态结构，这种步态非常方便和快捷，能最简化地模拟昆虫的移动方式和方法，而且速度迅速。本项目就这种步态方式进行了简单的讨论，得出了三角步态最适合步行机器人直线行走的结论。

#### 3.1.2 跟导步态

很多人都采用三角步态，但是三角步态也有其局限性的，三角步态常被应用在不凸起的地面，在 1974 年 Sun 提出的跟导步态，是后来跟导步态的一个基础，为后人的研究做出了很大的贡献。选择前两足的坐标是跟导步态的重点，前足和中足的坐标决定了一对中足和一对后足的下一步的坐标点，这种方式控制简单，而且还有很好的稳定性，当然，这一切的前提是在凹凸不平的地面上行走，但平面上运动的概率还是更大。

#### 3.1.3 交替步态

复杂地形的行走是很多研究的重要环境特征，如何充分发挥六足机器人的特点，交替步态（也被称之为五角交替步态）是很多研究院和研究机构的重点研究对象，这是一种单腿交替行走的步态。

抬升和前进是五角交替步态的两个重要的部分，相邻的腿之间信号要顺序传递，一个靠地，另一个抬起，当这种状态能够持续地开始时，六足机器人就可以行走了。但是，你可以想象一下因为地形的原因，各个腿到地面的时间不同，位置不同，这样的话就不能预测出时间和转换的规律，因此对于凹凸不平的地面来讲是不可用的，当然，对于平整的地面来说就都一样了，时间规律有固定值，这也可以在试验中得到验证。

### 3.2 步态选择

自然界的昆虫一般都是用三角步态来达到疾走的目的。如图 7-11，3 个 $A$ 为 1 组腿，3 个 $B$ 为 1 组腿，每 3 个腿构成 1 个三角形，当其中 1 组处于支撑相的时候，另一组要迅速地处于悬空相，这两者之间是交替互换的，前足固定产生摩擦力带动重心移动，后足有转变方向的作用,他们是交替支撑身体的,因此,总的来说三角步态还是相当稳定的步态,相比较其他的方式有很大的优越点,下面用图7-11来简单说明。

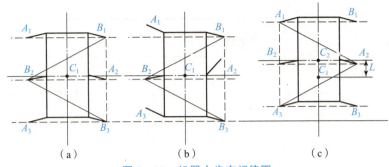

图7-11 机器人步态规律图

(1) 机器人6条腿都在地面上也就是处于支撑相,看到机器人的重心在$C_1$的地方,$B$组腿支撑机体质量,$A$组腿摆动。

(2) 机器人再次同时在地面上,发现重心到了$C_2$的位置,$A$、$B$组腿都支撑机体质量,机体向前移动了$L$。

(3) 机器人$A$组腿靠地面时候,$B$组腿开始动作,重心仍然不变,所有的状态回到初始,这就是一个周期,运动起来这就是一个循环往复的过程。

用慧鱼模型(图7-12)进行基本结构的搭建。

图7-12 慧鱼模型

在此基础上,可以进一步进行结构与功能的补充,安装各种附件可以进行不同功能的改变。例如,机械手可以进行搬运和障碍排除,可以安装各种传感器检测各种环境,人不宜进入的地方,机器人可以进入。

# 三、仿生机器人设计与制作学习工单

| 仿生机器人设计与制作 ||
|---|---|
| _____ 队基本信息： ||
| 队名： | 主要成员： |
| 目标生物 | |
| 分解机器人 | 1. 模型准备材料：_____<br><br>2. 仿生机器人工作原理：<br>由电动机带动□偏心轮 □蜗杆运动，从而带动 □2 □4 □6 □8 个机械脚，采用□3 □4 □5 角步态原理<br><br>3. 步态示意图（规律图）：要求对每个腿分别进行标记序号。<br><br><br><br><br><br><br><br>4. 行走设计<br>行走以 □1 □2 □3 □4 条腿为一组进行，即第_____足为一组，第_____足为另一组。这样就形成了一个□3 □4 □5 角形支架结构，当这□1 □2 □3 □4 条腿放在地面并向后蹬时，另外□1 □2 □3 □4 条腿即抬起向前准备替换。 |

续表

| 设计机器人 | 1. 确定机器人机体结构 | 机体尺寸：_____；____足；□方形 □圆形。 | |
|---|---|---|---|
| | 2. 设计机器人的结构 | 承载系统（底盘）： | 行走机构图：<br><br>腿部运动简图： |
| | | 运动控制系统： | |
| | | 运动传递系统： | |
| | | 动力系统： | 执行机构： |
| | | 加分步骤——转弯步态分析： | |

续表

| | | | |
|---|---|---|---|
| 制作机器人 | 1. 材料准备 | 材料 | |
| | | 工具 | |
| | 2. 制作过程 | | |
| 检验机器人 | (1) 目标模仿生物：_____。<br><br>(2) 功能实现数：□直行 □转弯 □浮游 □爬台阶 □飞行<br><br>(3) 其他实现功能：_____ | | |
| | 团队排名：<br><br><br><br><br><br>裁判团队签字确认：<br><br>检验员：<br><br>完成日期： | | |

注：此工单请同学们完成后拆卸扫描成图片上传至学习平台。

## 四、学习心得

| 仿生机器人设计与制作 ||
|---|---|
| 班级： | 姓名： |
|  ||

注：此学习心得请同学们完成后拆卸扫描成图片上传至学习平台。